2018贵州科技统计年鉴

贵州省科学技术厅（贵州省知识产权局） 贵州省统计局 编

贵州科技出版社

图书在版编目(CIP)数据

2018贵州科技统计年鉴/贵州省科学技术厅(贵州省知识产权局),贵州省统计局编. -- 贵阳:贵州科技出版社,2018.12

ISBN 978-7-5532-0706-3

Ⅰ.①2… Ⅱ.①贵… ②贵… Ⅲ.①科技统计-贵州-2018-年鉴 Ⅳ.①G322.773-54

中国版本图书馆CIP数据核字(2018)第268350号

出版发行	贵州科技出版社
地　　址	贵阳市中天会展城会展东路A座(邮政编码:550081)
网　　址	http://www.gzstph.com　http://www.gzkj.com.cn
出 版 人	熊兴平
经　　销	贵州省新华书店
印　　刷	深圳市新联美术印刷有限公司
版　　次	2018年12月第1版
印　　次	2018年12月第1次
字　　数	562千字
印　　张	19.5
开　　本	889 mm×1194 mm　1/16
书　　号	ISBN 978-7-5532-0706-3
定　　价	68.00元

天猫旗舰店:http://gzkjcbs.tmall.com

《2018贵州科技统计年鉴》编辑委员会及编辑人员

编者说明

《2018贵州科技统计年鉴》是由贵州省科学技术厅（贵州省知识产权局）和贵州省统计局共同编写的反映贵州省2017年度科技活动情况的统计资料汇编。

全书内容由八部分组成。第一部分为综合统计资料；第二部分为研究与开发机构统计资料；第三部分为规模以上工业企业统计资料；第四部分为高等院校统计资料；第五部分为高技术产业统计资料；第六部分为高新技术企业统计资料；第七部分为科技活动成果（包括专利、技术市场、省级科技成果登记及科技成果奖励）统计资料；第八部分为国家级科技计划课题跟踪统计资料。统计资料来源于贵州省科学技术厅（贵州省知识产权局）、贵州省统计局和贵州省教育厅。

本书有关符号说明：

“空格”表示该项统计指标数据不足本表最小单位；

“—”表示无该项统计指标；

“#”表示对应的统计指标其中的主要项。

“ * ”表示该指标数据未分至市、州。

本书中因小数取舍而产生的误差均未做配平处理。

对于年鉴的编辑过程出现的疏漏和不妥之处，敬请读者批评指正。我们将不断充实和完善科技统计资料，提高《贵州科技统计年鉴》的编辑水平，更好地服务于贵州省经济社会发展和科技管理工作。

在此，对有关单位和人员对本书出版给予的支持表示衷心感谢！

编　者

2018年11月

目　　录

一 综　合

1－1 贵州省行政区划

市(州)名称(9个)	行政区划代码	电话区号	邮编	县(市、区、特区)名称
贵阳市	5201	0851	550000	南明区(520102) 云岩区(520103) 花溪区(520111) 乌当区(520112) 白云区(520113) 观山湖区(520115) 开阳县(520121) 息烽县(520122) 修文县(520123) 清镇市(520181)
六盘水市	5202	0858	553000	钟山区(520201) 六枝特区(520203) 水城县(520221) 盘州市(520281)
遵义市	5203	0851	563000	红花岗区(520302) 汇川区(520303) 播州区(520321) 桐梓县(520322) 绥阳县(520323) 正安县(520324) 道真仡佬族苗族自治县(520325) 务川仡佬族苗族自治县(520326) 凤冈县(520327) 湄潭县(520328) 余庆县(520329) 习水县(520330) 赤水市(520381) 仁怀市(520382)
安顺市	5204	0851	561000	西秀区(520402) 平坝区(520421) 普定县(520422) 镇宁布依族苗族自治县(520423) 关岭布依族苗族自治县(520424) 紫云苗族布依族自治县(520425)
毕节市	5205	0857	551000	七星关区(520502) 大方县(520521) 黔西县(520522) 金沙县(520523) 织金县(520524) 纳雍县(520525) 威宁彝族回族苗族自治县(520526) 赫章县(520527)
铜仁市	5206	0856	554000	碧江区(520602) 万山区(520603) 江口县(520621) 石阡县(520623) 思南县(520624) 印江土家族苗族自治县(520625) 德江县(520626) 沿河土家族自治县(520627) 松桃苗族自治县(520628) 玉屏侗族自治县(520622)
黔西南布依族苗族自治州	5223	0859	562000	兴义市(522301) 兴仁县(522322) 普安县(522323) 晴隆县(522324) 贞丰县(522325) 望谟县(522326) 册亨县(522327) 安龙县(522328)
黔东南苗族侗族自治州	5226	0855	556000	凯里市(522601) 黄平县(522622) 施秉县(522623) 三穗县(522624) 镇远县(522625) 岑巩县(522626) 天柱县(522627) 锦屏县(522628) 剑河县(522629) 台江县(522630) 黎平县(522631) 榕江县(522632) 从江县(522633) 雷山县(522634) 麻江县(522635) 丹寨县(522636)
黔南布依族苗族自治州	5227	0854	558000	都匀市(522701) 福泉市(522702) 荔波县(522722) 贵定县(522723) 瓮安县(522725) 独山县(522726) 平塘县(522727) 罗甸县(522728) 长顺县(522729) 龙里县(522730) 惠水县(522731) 三都水族自治县(522732)

1－2　贵州省财政科技拨款(2013—2017)

分　布	2013 年	2014 年	2015 年	2016 年	2017 年
全省财政科技拨款总额/亿元	34.27	44.34	58.68	69.30	87.72
全省财政科技拨款占全省财政支出比重/%	1.10	1.25	1.49	1.63	1.90
按级别/亿元					
省级	12.68	15.41	16.63	16.40	17.71
省级以下	21.59	28.93	42.05	52.90	69.89
按功能支出/亿元					
科学技术管理事务	1.83	2.56	5.01	5.69	8.69
基础研究	0.71	0.63	0.80	0.85	1.02
应用研究	4.10	4.98	4.37	4.69	5.68
技术研究与开发	20.34	24.28	29.66	33.94	35.93
科技条件与服务	2.90	4.00	4.98	6.48	6.63
社会科学	0.51	0.98	0.78	0.76	1.34
科学技术普及	1.90	1.82	3.37	5.34	10.87
科技交流与合作	0.02	0.02	0.03	0.10	0.05
科技重大专项	0.20	0.23	0.01		0.02
其他科学技术支出	1.78	4.81	9.66	11.46	17.49
中央对地方科技专项转移支出					

1－3 贵州省科技综合情况(2013—2017)

项 目	计量单位	2017 年	2016 年	增幅/%
科技单位数	个	5 892	5 723	3.0
#有 R&D 活动单位	个	1 166	850	37.2
研究与试验发展(R&D)人员情况				
R&D 人员合计	人	52 746	45 222	16.6
#女性	人	14 991	13 473	11.3
#研究人员	人	24 780	22 874	8.3
#全时人员	人	30 962	25 501	21.4
非全时人员	人	21 784	19 721	10.5
#博士毕业	人	2 827	2 810	0.6
硕士毕业	人	8 574	7 782	10.2
本科毕业	人	22 408	19 784	13.3
其他学历	人	18 937	14 846	27.6
R&D 人员折合全时当量合计	人年	28 287.8	24 122.1	17.3
#研究人员	人年	13 326.9	11 872.3	12.3
#基础研究人员	人年	3 992.3	3 605.4	10.7
应用研究人员	人年	3 906.2	2 937.2	33.0
试验发展人员	人年	20 389.6	17 579.4	16.0
研究与试验发展(R&D)经费情况				
R&D 经费内部支出合计	万元	958 815.4	734 005.9	30.6
#基础研究支出	万元	98 003.4	74 254.7	32.0
应用研究支出	万元	125 748.7	69 500.7	80.9
试验发展支出	万元	735 063.2	590 250.5	24.5
#日常性支出	万元	762 786.2	593 820.2	28.5
#人员劳务费	万元	232 848.8	177 765.4	31.0
资产性支出	万元	196 029.2	140 185.7	39.8
#仪器和设备	万元	166 169.9	120 962.2	37.4
#政府资金	万元	260 656.3	152 854.3	70.5
企业资金	万元	657 388.2	537 891.9	22.2
境外资金	万元	1 070.7	751.9	42.4
其他资金	万元	39 700.2	42 507.7	-6.6

续1－3

项 目	计量单位	2017年	2016年	增幅/%
R&D经费外部支出合计	万元	49 005.3	34 478.3	42.1
#对境内研究机构支出	万元	17 976.0	17 853.1	0.7
对境内高等学校支出	万元	7 811.2	5 930.6	31.7
对境内企业支出	万元	22 816.1	10 435.7	118.6
对境外支出	万元	392.0	256.8	52.6
研究与试验发展(R&D)产出情况				
专利申请数	件	10 376	6 856	51.3
#发明专利	件	4 458	3 037	46.8
专利授权数	件	2 247	1 583	41.9
#发明专利	件	339	361	－6.1
有效发明专利数	件	10 400	7 175	44.9
专利所有权转让及许可数	件	141	112	25.9
专利所有权转让及许可收入	万元	4 144.9	4 918.7	－15.7
集成电路布图设计登记数	件	5	3	66.7
植物新品种权授予数	项	28	46	－39.1
形成国家或行业标准数	项	187	353	－47.0
发表科技论文	篇	21 251	20 710	2.6
出版科技著作	种	890	739	20.4
研究与试验发展(R&D)项目(课题)情况				
项目(课题)数	项	20 453	17 573	16.4
项目(课题)人员折合全时当量	人年	25 777.1	21 679.2	18.9
#研究人员	人年	11 448.7	9 954.6	15.0
项目(课题)经费内部支出	万元	865 479.2	673 115.9	28.6
研究机构情况				
机构数	个	744	741	0.4
R&D人员	人	16 251	15 476	5.0
#博士毕业	人	1 168	1 140	2.5
硕士毕业	人	3 152	2 516	25.3
R&D经费支出	万元	366 393.0	303 170.6	20.9
科研用仪器设备原价	万元	586 265.9	542 828.6	8.0
#进口	万元	139 330.2	113 807.5	22.4

1－4 贵州省研究与试验发展(R&D)人员

单位:人

分 布	R&D 人员	#女性	#研究人员	按工作量分		按学历分			
				全时人员	非全时人员	博士毕业	硕士毕业	本科毕业	其他学历
总 计	52 746	14 991	24 780	30 962	21 784	2 827	8 574	22 408	18 937
按地区									
贵阳市	23 556	7 733	13 263	13 009	10 547	2 126	5 013	10 631	5 786
六盘水市	2 735	371	961	1 516	1 219	17	163	807	1 748
遵义市	6 894	1 617	3 128	4 586	2 308	224	1 159	3 261	2 250
安顺市	2 469	833	1 277	1 559	910	55	326	1 460	628
毕节市	2 268	467	872	1 495	773	90	326	870	982
铜仁市	2 406	726	1 275	1 082	1 324	95	487	1 112	712
黔西南布依族苗族自治州	6 203	1 498	1 152	4 379	1 824	42	150	1 713	4 298
黔东南苗族侗族自治州	1 559	376	686	886	673	64	237	599	659
黔南布依族苗族自治州	2 659	826	1 225	1 333	1 326	107	337	1 274	941
按执行部门									
科研机构	4 020	1 398	2 739	3 204	816	476	1 341	1 749	454
高等院校	12 103	5 395	10 582	3 611	8 492	2 080	5 478	3 870	675
企业	35 399	7 850	10 938	23 843	11 556	220	1 651	16 615	16 913
规模以上工业企业	32 616	7 399	9 775	21 813	10 803	212	1 492	14 764	16 148
重点建筑业和服务业企业	2 776	451	1 163	2 023	753	8	159	1 851	758
其他企业	7			7					7
事业单位	1 224	348	521	304	920	51	104	174	895
73－75 行业的事业	266	79	142	204	62	51	101	89	25
其他事业	958	269	379	100	858		3	85	870
按隶属关系									
中央	11 103	2 719	4 922	7 997	3 106	353	1 340	6 330	3 080
地方	40 678	12 003	19 479	22 858	17 820	2 474	7 231	15 993	14 980
按行业									
农、林、牧、渔业	7			7					7
农业									
林业									
畜牧业	7			7					7
渔业									
农、林、牧、渔服务业									
采矿业	4 290	303	1 006	2 858	1 432	6	18	1 269	2 997
煤炭开采和洗选业	3 894	229	913	2 639	1 255	4	17	1 120	2 753
石油和天然气开采业	8	1	3	7	1			5	3

续 1－4

分　布	R&D 人员	#女性	#研究人员	按工作量分		按学历分			
				全时人员	非全时人员	博士毕业	硕士毕业	本科毕业	其他学历
黑色金属矿采选业	15	2	3	10	5			5	10
有色金属矿采选业	204	29	48	123	81			87	117
非金属矿采选业	169	42	39	79	90	2	1	52	114
开采辅助活动									
其他采矿业									
制造业	27 408	6 975	8 442	18 527	8 881	201	1 417	13 058	12 732
农副食品加工业	1 245	310	357	851	394	14	18	598	615
食品制造业	449	149	113	324	125		8	185	256
酒、饮料和精制茶制造业	2 119	436	524	1 571	548	33	220	684	1 182
烟草制品业	572	109	217	88	484	9	69	293	201
纺织业	87	33	30	75	12		3	55	29
纺织服装、服饰业	148	66	28	131	17		1	37	110
皮革、毛皮、羽毛及其制品和制鞋业	33	6	8	29	4	2		13	18
木材加工和木、竹、藤、棕、草制品业	488	155	107	334	154	1	7	186	294
家具制造业	118	34	35	89	29		1	66	51
造纸和纸制品业	50	20	21	30	20			39	11
印刷和记录媒介复制业	106	24	36	75	31			69	37
文教、工美、体育和娱乐用品制造业	446	330	40	374	72	4	6	33	403
石油加工、炼焦和核燃料加工业	95	12	50	65	30			70	25
化学原料和化学制品制造业	2 430	417	710	1 234	1 196	34	119	1 019	1 258
医药制造业	2 671	1 115	904	1 745	926	23	122	1 472	1 054
化学纤维制造业									
橡胶和塑料制品业	1 325	418	365	788	537			639	686
非金属矿物制品业	1 842	452	427	1 225	617	3	10	765	1 064
黑色金属冶炼和压延加工业	1 010	174	131	696	314	3	40	160	807
有色金属冶炼和压延加工业	1 289	185	304	844	445	5	19	544	721
金属制品业	1 192	166	317	536	656	2	55	495	640
通用设备制造业	529	76	191	400	129	10	12	282	225
专用设备制造业	629	116	196	475	154		22	342	265
汽车制造业	638	101	268	486	152	2	19	407	210

续 1－4

分布	R&D 人员	#女性	#研究人员	按工作量分		按学历分			
				全时人员	非全时人员	博士毕业	硕士毕业	本科毕业	其他学历
铁路、船舶、航空航天和其他运输设备制造业	4 257	1 205	1 768	3 444	813	33	235	2 845	1 144
电气机械和器材制造业	954	168	333	770	184	6	7	557	384
计算机、通信和其他电子设备制造业	1 446	388	481	1 110	336	15	222	583	626
仪器仪表制造业	205	43	85	158	47	2	14	141	48
其他制造业	981	254	378	533	448		188	446	347
废弃资源综合利用业	30	11	5	25	5			9	21
金属制品、机械和设备修理业	24	2	13	22	2			24	
电力、热力、燃气及水生产和供应业	918	121	327	428	490	5	57	437	419
电力、热力生产和供应业	883	113	320	402	481	5	57	425	396
燃气生产和供应业									
水的生产和供应业	35	8	7	26	9			12	23
建筑业	1 157	167	463	829	328	1	13	736	407
房屋建筑业	877	150	376	654	223	1	6	581	289
土木工程建筑业	273	15	83	175	98		7	148	118
建筑安装业	7	2	4		7			7	
建筑装饰和其他建筑业									
信息传输、软件和信息技术服务业	751	136	269	670	81		6	453	292
电信、广播电视和卫星传输服务	115	11	61	104	11			78	37
互联网和相关服务	439	75	150	395	44			274	165
软件和信息技术服务业	197	50	58	171	26		6	101	90
租赁和商务服务业	45	15	15	30	15			28	17
租赁业									
商务服务业	45	15	15	30	15			28	17
科学研究和技术服务业	5 102	1 610	3 294	3 896	1 206	534	1 582	2 467	519
研究和试验发展	4 251	1 442	2 847	3 348	903	520	1 385	1 859	487
专业技术服务业	818	157	427	528	290	14	187	588	29
科技推广和应用服务业	33	11	20	20	13		10	20	3
水利、环境和公共设施管理业	7		3	6	1			5	2
水利管理业									
生态保护和环境治理业									
公共设施管理业	7		3	6	1			5	2
教育	12 103	5 395	10 582	3 611	8 492	2 080	5 478	3 870	675
教育	12 103	5 395	10 582	3 611	8 492	2 080	5 478	3 870	675

1－5 贵州省研究与试验发展(R&D)经费

单位:万元

分　布	R&D经费内部支出	按活动类型分		
		基础研究	应用研究	试验发展
总　计	958 815.4	98 003.4	125 748.7	735 063.2
按地区				
贵阳市	475 527.2	64 471.7	71 337.9	339 717.7
六盘水市	43 875.8	3 572.3	3 348.0	36 955.5
遵义市	112 431.5	12 754.7	11 230.6	88 446.1
安顺市	41 721.8	1 250.5	942.0	39 529.3
毕节市	44 750.9	1 318.3	4 874.4	38 558.2
铜仁市	46 630.9	5 663.0	6 663.7	34 304.2
黔西南布依族苗族自治州	73 366.6	577.1	8 761.9	64 027.6
黔东南苗族侗族自治州	32 218.7	1 714.3	1 449.8	29 054.6
黔南布依族苗族自治州	51 346.6	5 514.4	1 393.2	44 439.0
按执行部门				
科研机构	97 006.5	32 519.3	24 788.0	39 699.2
高等院校	126 833.5	61 612.0	61 211.2	4 010.2
企业	724 693.5	3 011.5	35 749.8	685 932.2
规模以上工业企业	648 576.1	2 949.5	19 217.2	626 409.4
重点建筑业和服务业企业	76 098.4	62.0	16 532.6	59 503.8
其他企业	19.0			19.0
事业单位	10 281.9	860.6	3 999.7	5 421.6
73－75行业的事业	7 084.5	791.4	967.5	5 325.6
其他事业	3 197.4	69.2	3 032.2	96.0
按隶属关系				
中央	292 917.6	22 922.5	29 500.9	240 494.2
地方	665 878.8	75 080.9	96 247.8	494 550.0
按行业				
农、林、牧、渔业	31.3		12.3	19.0
农业	12.3		12.3	
林业				
畜牧业	19.0			19.0
渔业				
农、林、牧、渔服务业				
采矿业	46 069.4		3 316.2	42 753.2
煤炭开采和洗选业	41 550.1		3 316.2	38 233.9

续 1－5

分 布	R&D 经费内部支出	按活动类型分		
		基础研究	应用研究	试验发展
石油和天然气开采业	94.2			94.2
黑色金属矿采选业	1 054.3			1 054.3
有色金属矿采选业	1 112.4			1 112.4
非金属矿采选业	2 258.4			2 258.4
开采辅助活动				
其他采矿业				
制造业	583 347.5	2 949.5	15 888.0	564 510.0
农副食品加工业	17 689.5		425.5	17 264.0
食品制造业	9 347.2		269.1	9 078.1
酒、饮料和精制茶制造业	47 418.6	956.9	1 522.9	44 938.8
烟草制品业	8 019.3		5.0	8 014.3
纺织业	4 225.1			4 225.1
纺织服装、服饰业	1 069.8			1 069.8
皮革、毛皮、羽毛及其制品和制鞋业	343.3			343.3
木材加工和木、竹、藤、棕、草制品业	8 733.6			8 733.6
家具制造业	2 989.2			2 989.2
造纸和纸制品业	1 549.3			1 549.3
印刷和记录媒介复制业	2 433.5		40.9	2 392.6
文教、工美、体育和娱乐用品制造业	1 613.3			1 613.3
石油加工、炼焦和核燃料加工业	4 048.1			4 048.1
化学原料和化学制品制造业	67 040.4	140.0	1 314.9	65 585.5
医药制造业	62 472.7	1 852.6	4 282.9	56 337.2
化学纤维制造业				
橡胶和塑料制品业	27 986.9			27 986.9
非金属矿物制品业	23 890.6		1 566.4	22 324.2
黑色金属冶炼和压延加工业	24 609.6		664.0	23 945.6
有色金属冶炼和压延加工业	20 369.0		3 664.9	16 704.1
金属制品业	16 843.4		99.9	16 743.5
通用设备制造业	8 819.0		1 097.6	7 721.4
专用设备制造业	13 784.5		1.0	13 783.5
汽车制造业	15 194.5			15 194.5
铁路、船舶、航空航天和其他运输设备制造业	129 895.5		138.9	129 756.6
电气机械和器材制造业	19 442.3		138.4	19 303.9

续1－5

分　布	R&D经费内部支出	按活动类型分		
		基础研究	应用研究	试验发展
计算机、通信和其他电子设备制造业	26 372.1		488.9	25 883.2
仪器仪表制造业	3 923.9			3 923.9
其他制造业	12 365.4			12 365.4
废弃资源综合利用业	237.9			237.9
金属制品、机械和设备修理业	620.0		166.8	453.2
电力、热力、燃气及水生产和供应业	19 159.2		13.0	19 146.2
电力、热力生产和供应业	18 736.3		13.0	18 723.3
燃气生产和供应业				
水的生产和供应业	422.9			422.9
建筑业	46 433.4		16 123.6	30 309.8
房屋建筑业	39 879.1		15 709.7	24 169.4
土木工程建筑业	6 550.3		413.9	6 136.4
建筑安装业	4.0			4.0
建筑装饰和其他建筑业				
信息传输、软件和信息技术服务业	14 428.6			14 428.6
电信、广播电视和卫星传输服务	4 784.0			4 784.0
互联网和相关服务	7 478.8			7 478.8
软件和信息技术服务业	2 165.8			2 165.8
租赁和商务服务业	1 210.2		74.2	1 136.0
租赁业				
商务服务业	1 210.2		74.2	1 136.0
科学研究和技术服务业	118 054.2	33 372.7	26 090.3	58 591.2
研究和试验发展	102 752.0	32 964.8	24 948.0	44 839.2
专业技术服务业	14 921.3	289.9	879.4	13 752.0
科技推广和应用服务业	380.9	118.0	262.9	
水利、环境和公共设施管理业	123.7	60.7		63.0
水利管理业				
生态保护和环境治理业	60.7	60.7		
公共设施管理业	63.0			63.0
教育	126 833.5	61 612.0	61 211.2	4 010.2
教育	126 833.5	61 612.0	61 211.2	4 010.2
卫生和社会工作	3 124.4	8.5	3 019.9	96.0
卫生	3 124.4	8.5	3 019.9	96.0
社会工作				

1－6 贵州省研究与试验发展(R&D)产出

分 布	专利所有权转让及许可收入/万元	集成电路布图设计登记数/件	植物新品种权授予数/项	形成国家或行业标准数/项	发表科技论文/篇	出版科技著作/种
总 计	4 144.9	5	28	187	21 251	890
按地区						
贵阳市	1 852.1	1	24	113	12 611	473
六盘水市	5.0	4	2	3	582	9
遵义市	501.0			35	2 458	90
安顺市				7	524	44
毕节市				2	520	26
铜仁市	2.8			12	1 379	109
黔西南布依族苗族自治州	73.2		2	3	476	11
黔东南苗族侗族自治州				3	1 173	46
黔南布依族苗族自治州	0.8			9	1 056	23
按执行部门						
科研机构	1 720.0		22	9	2 169	72
高等院校	36.2	5	6	8	17 090	756
企业	2 388.7			167	1 379	
规模以上工业企业	2 388.7			167	1 379	
重点建筑业和服务业企业						
其他企业						
事业单位				3	613	62
73－75 行业的事业				3	197	3
其他事业					416	59
按隶属关系						
中央	3 524.1			47	1 453	3
地方	620.8	5	28	140	19 798	887
按行业						
采矿业					74	
煤炭开采和洗选业					74	
石油和天然气开采业						
黑色金属矿采选业						
有色金属矿采选业						
非金属矿采选业						
开采辅助活动						
其他采矿业						
制造业	2 388.7			161	889	
农副食品加工业				8	78	
食品制造业				4		
酒、饮料和精制茶制造业	70.1			13	42	
烟草制品业				4	98	
纺织业						

续1－6

分　布	专利所有权转让及许可收入/万元	集成电路布图设计登记数/件	植物新品种权授予数/项	形成国家或行业标准数/项	发表科技论文/篇	出版科技著作/种
纺织服装、服饰业					3	
皮革、毛皮、羽毛及其制品和制鞋业				1		
木材加工和木、竹、藤、棕、草制品业					1	
家具制造业						
造纸和纸制品业						
印刷和记录媒介复制业						
文教、工美、体育和娱乐用品制造业						
石油加工、炼焦和核燃料加工业						
化学原料和化学制品制造业	0.6			7	103	
医药制造业				39	27	
化学纤维制造业						
橡胶和塑料制品业				3	15	
非金属矿物制品业					13	
黑色金属冶炼和压延加工业				1	16	
有色金属冶炼和压延加工业	3.1			2	21	
金属制品业				5	47	
通用设备制造业				9	36	
专用设备制造业					10	
汽车制造业	1.0			1	13	
铁路、船舶、航空航天和其他运输设备制造业	1 813.1			7	193	
电气机械和器材制造业				1	17	
计算机、通信和其他电子设备制造业	500.0			56	65	
仪器仪表制造业	0.8				15	
其他制造业					76	
废弃资源综合利用业						
金属制品、机械和设备修理业						
电力、热力、燃气及水生产和供应业				6	416	
电力、热力生产和供应业				6	416	
燃气生产和供应业						
水的生产和供应业						
科学研究和技术服务业	1 720.0		22	12	2 366	75
研究和试验发展	1 720.0		22	9	2 236	72
专业技术服务业				1	92	3
科技推广和应用服务业				2	38	
教育	36.2	5	6	8	17 090	756
教育	36.2	5	6	8	17 090	756
卫生和社会工作					415	59
卫生					415	59
社会工作						

1－7 贵州省研究与试验发展(R&D)项目(课题)

分 布	项目(课题)数/项	项目(课题)参加人员折合全时当量/人年	#研究人员	项目(课题)经费内部支出/万元
总 计	20 453	25 777.1	11 448.7	865 479.2
按地区				
贵阳市	12 344	11 810.4	6 379.7	419 472.5
六盘水市	506	926.9	232.2	42 555.8
遵义市	2 911	3 665.7	1 561.0	102 444.4
安顺市	581	1 201.4	505.0	40 260.5
毕节市	659	1 339.2	438.3	40 079.5
铜仁市	1 066	790.1	413.4	41 376.2
黔西南布依族苗族自治州	470	2 513.3	482.6	71 558.9
黔东南苗族侗族自治州	682	830.7	288.6	30 844.4
黔南布依族苗族自治州	1 014	1 537.3	554.8	46 474.7
按执行部门				
科研机构	1 540	3 106.1	2 261.2	60 757.0
高等院校	15 657	4 467.4	4 007.2	77 468.1
企业	3 035	17 821.5	5 032.4	723 214.5
规模以上工业企业	2 758	16 883.2	4 673.2	647 188.4
重点建筑业和服务业企业	275	931.3	359.2	76 007.1
其他企业	2	7.0		19.0
事业单位	221	382.1	147.9	4 039.6
73－75 行业的事业	101	196.5	119.8	2 874.5
其他事业	120	185.6	28.1	1 165.1
按隶属关系				
中央	1 449	7 098.5	3 025.9	279 480.3
地方	19 002	18 671.6	8 422.9	585 979.9
按行业				
农、林、牧、渔业	3	7.8		29.0
农业	1	0.8		10.0
林业				
畜牧业	2	7.0		19.0
渔业				
农、林、牧、渔服务业				
采矿业	157	2 041.8	348.7	45 958.8
煤炭开采和洗选业	131	1 850.7	317.4	41 461.9

续 1－7

分　布	项目(课题)数/项	项目(课题)参加人员折合全时当量/人年	#研究人员	项目(课题)经费内部支出/万元
石油和天然气开采业	1	5.3	1.7	94.2
黑色金属矿采选业	2	11.7	1.9	1 036.0
有色金属矿采选业	11	107.0	14.7	1 110.4
非金属矿采选业	12	67.2	13.1	2 256.3
开采辅助活动				
其他采矿业				
制造业	2 522	14 425.7	4 204.8	582 161.0
农副食品加工业	92	503.2	132.4	17 532.5
食品制造业	29	313.2	62.7	9 344.8
酒、饮料和精制茶制造业	143	1 124.0	253.4	47 396.1
烟草制品业	105	169.8	54.6	8 016.6
纺织业	6	68.2	23.9	4 218.7
纺织服装、服饰业	8	65.4	10.7	1 069.8
皮革、毛皮、羽毛及其制品和制鞋业	4	17.3	3.8	343.3
木材加工和木、竹、藤、棕、草制品业	33	213.1	40.0	8 733.6
家具制造业	14	99.8	29.4	2 989.1
造纸和纸制品业	6	46.3	18.6	1 549.3
印刷和记录媒介复制业	18	71.4	25.3	2 216.0
文教、工美、体育和娱乐用品制造业	14	75.5	9.1	1 612.7
石油加工、炼焦和核燃料加工业	8	35.4	12.9	4 047.9
化学原料和化学制品制造业	196	1 251.0	348.9	66 872.9
医药制造业	358	1 547.9	487.4	62 352.1
化学纤维制造业				
橡胶和塑料制品业	73	659.6	163.0	27 977.9
非金属矿物制品业	170	864.2	197.3	23 743.4
黑色金属冶炼和压延加工业	68	267.9	33.1	24 587.2
有色金属冶炼和压延加工业	94	684.7	167.1	20 326.5
金属制品业	113	456.9	136.9	16 838.5
通用设备制造业	64	246.6	70.5	8 806.4
专用设备制造业	88	408.5	117.9	13 779.8
汽车制造业	56	237.0	65.5	15 186.9
铁路、船舶、航空航天和其他运输设备制造业	217	3 024.9	1 105.2	129 839.7
电气机械和器材制造业	137	464.2	140.3	19 343.9
计算机、通信和其他电子设备制造业	294	615.4	188.5	26 290.3

续 1－7

分 布	项目(课题)数/项	项目(课题)参加人员折合全时当量/人年		项目(课题)经费内部支出/万元
			#研究人员	
仪器仪表制造业	67	131.7	52.1	3 923.9
其他制造业	41	731.5	241.5	12 365.0
废弃资源综合利用业	3	7.2	1.0	236.2
金属制品、机械和设备修理业	3	24.0	12.0	620.0
电力、热力、燃气及水生产和供应业	79	415.7	119.7	19 068.6
电力、热力生产和供应业	76	405.1	117.9	18 671.7
燃气生产和供应业				
水的生产和供应业	3	10.6	1.8	396.9
建筑业	132	492.3	188.5	46 422.8
房屋建筑业	103	387.0	151.2	39 878.6
土木工程建筑业	25	103.3	36.3	6 540.2
建筑安装业	4	2.0	1.0	4.0
建筑装饰和其他建筑业				
信息传输、软件和信息技术服务业	28	145.6	46.6	14 351.2
电信、广播电视和卫星传输服务	3	4.3	1.5	4 784.0
互联网和相关服务	2	46.5	13.4	7 416.4
软件和信息技术服务业	23	94.7	31.7	2 150.8
租赁和商务服务业	2	18.7	2.8	1 209.7
租赁业				
商务服务业	2	18.7	2.8	1 209.7
科学研究和技术服务业	1 753	3 571.5	2 500.2	77 591.9
研究和试验发展	1 614	3 274.4	2 335.4	63 627.2
专业技术服务业	136	268.2	144.8	13 896.7
科技推广和应用服务业	3	29.0	19.9	68.0
水利、环境和公共设施管理业	4	13.8	4.9	84.1
水利管理业				
生态保护和环境治理业	3	8.0	2.8	21.1
公共设施管理业	1	5.8	2.1	63.0
教育	15 657	4 467.4	4 007.2	77 468.1
教育	15 657	4 467.4	4 007.2	77 468.1
卫生和社会工作	116	176.8	25.3	1 134.0
卫生	116	176.8	25.3	1 134.0
社会工作				

1－8　贵州省研究机构

分　布	机构数/个	R&D 人员/人	#博士	硕士	R&D 经费支出/万元	科研用仪器设备原价/万元	#进口
总　计	744	16 251	1 168	3 152	366 393.0	586 265.9	139 330.2
按地区							
贵阳市	312	7 732	906	1 894	209 699.4	333 333.2	119 237.7
六盘水市	30	354	3	40	4 280.6	7 832.4	601.3
遵义市	80	2 638	84	466	52 919.5	145 940.4	6 193.5
安顺市	22	627	14	50	13 379.1	7 754.6	1 866.9
毕节市	41	619	64	98	13 351.1	10 177.2	238.1
铜仁市	49	365	14	43	2 507.5	7 679.9	464.7
黔西南布依族苗族自治州	80	1 860	23	63	16 508.0	14 077.9	217.7
黔东南苗族侗族自治州	61	497	17	39	6 768.8	13 022.0	1 485.5
黔南布依族苗族自治州	56	484	36	85	12 717.6	20 552.0	1 895.8
按执行部门							
科研机构	76	4 020	476	1 341	97 006.5	87 741.5	33 185.0
高等院校	174	1 221	456	401	9 025.2	64 862.4	31 683.2
企业	484	10 859	192	1 365	254 731.8	429 276.9	73 188.0
规模以上工业企业	442	10 012	184	1 210	226 691.9	403 695.1	73 118.6
重点建筑业和服务业企业	42	847	8	155	28 039.9	25 581.8	69.4
其他企业							
事业单位	10	151	44	45	5 629.5	4 385.1	1 274.0
73－75 行业的事业	3	108	44	44	5 097.1	3 242.8	896.0
其他事业	7	43		1	532.4	1 142.3	378.0
按隶属关系							
中央	110	5 411	334	1 112	178 310.9	291 022.9	91 377.5
地方	634	10 840	834	2 040	188 082.1	295 243.0	47 952.7
按行业							
采矿业	25	478	6	14	5 625.6	6 281.0	165.3
煤炭开采和洗选业	23	460	4	13	4 712.1	6 212.4	165.3
石油和天然气开采业							
黑色金属矿采选业							
有色金属矿采选业							
非金属矿采选业	2	18	2	1	913.5	68.6	
开采辅助活动							
其他采矿业							

续 1－8

分 布	机构数/个	R&D 人员/人	#博士	硕士	R&D 经费支出/万元	科研用仪器设备原价/万元	#进口
制造业	399	9 359	177	1 189	218 363.1	366 628.8	65 777.3
农副食品加工业	35	320	14	18	2 566.6	5 072.0	
食品制造业	10	125		8	569.8	785.8	
酒、饮料和精制茶制造业	33	1 517	29	218	31 136.3	58 173.3	48.5
烟草制品业	3	67	4	29	3 496.6	17 148.2	14 448.3
纺织业	1	21		3	70.0	30.0	
纺织服装、服饰业	2	5		1	73.2	87.0	
皮革、毛皮、羽毛及其制品和制鞋业	4	15	2		161.8	746.5	24.5
木材加工和木、竹、藤、棕、草制品业	13	314	1	7	1 311.6	2 390.8	
家具制造业	5	61		1	2 019.2	497.7	
造纸和纸制品业							
印刷和记录媒介复制业							
文教、工美、体育和娱乐用品制造业	4	112	4	6	420.1	391.4	100.0
石油加工、炼焦和核燃料加工业							
化学原料和化学制品制造业	49	772	31	105	20 723.0	34 909.0	5 003.0
医药制造业	40	899	20	110	28 144.8	14 364.6	1 421.8
化学纤维制造业							
橡胶和塑料制品业	8	52			3 860.0	4 289.7	187.6
非金属矿物制品业	35	364	3	9	4 007.2	8 531.6	32.0
黑色金属冶炼和压延加工业	15	217	2	28	2 138.8	9 546.1	1 067.0
有色金属冶炼和压延加工业	13	447	4	17	5 673.0	4 744.8	80.8
金属制品业	9	177	2	31	6 224.3	11 347.7	1 859.5
通用设备制造业	11	130	10	12	1 472.9	6 054.8	1 770.0
专用设备制造业	12	218		20	2 351.5	7 737.6	531.3
汽车制造业	27	128	2	12	3 144.1	27 537.0	760.4
铁路、船舶、航空航天和其他运输设备制造业	20	1 743	30	205	73 351.9	60 767.6	15 143.9
电气机械和器材制造业	19	192	6	6	2 476.7	12 498.3	253.0
计算机、通信和其他电子设备制造业	19	716	11	171	12 843.6	63 147.3	18 017.6
仪器仪表制造业	5	125	2	13	2 900.7	4 920.8	250.0
其他制造业	5	605		159	7 198.0	10 866.8	4 778.1
废弃资源综合利用业	2	17			27.4	42.4	
金属制品、机械和设备修理业							

续1－8

分布	机构数/个	R&D人员/人	#博士	硕士	R&D经费支出/万元	科研用仪器设备原价/万元	#进口
电力、热力、燃气及水生产和供应业	18	175	1	7	2 703.2	30 785.3	7 176.0
电力、热力生产和供应业	17	175	1	7	2 703.2	30 735.3	7 176.0
燃气生产和供应业							
水的生产和供应业	1					50.0	
建筑业	19	442	1	11	23 722.2	12 790.8	
房屋建筑业	14	251	1	5	18 763.6	2 885.9	
土木工程建筑业	4	191		6	4 958.6	9 882.9	
建筑安装业	1					22.0	
建筑装饰和其他建筑业							
信息传输、软件和信息技术服务业	6	64		6	875.5	656.9	
电信、广播电视和卫星传输服务							
互联网和相关服务							
软件和信息技术服务业	6	64		6	875.5	656.9	
科学研究和技术服务业	95	4 462	527	1 523	105 500.9	102 996.9	34 150.4
研究和试验发展	79	4 128	520	1 385	102 103.6	90 984.3	34 081.0
专业技术服务业	16	334	7	138	3 397.3	12 012.6	69.4
科技推广和应用服务业							
水利、环境和公共设施管理业	3	19			97.8	121.5	
水利管理业							
生态保护和环境治理业	2	12			52.9		
公共设施管理业	1	7			44.9	121.5	
教育	174	1 221	456	401	9 025.2	64 862.4	31 683.2
教育	174	1 221	456	401	9 025.2	64 862.4	31 683.2
卫生和社会工作	4	31		1	479.5	1 142.3	378.0
卫生	4	31		1	479.5	1 142.3	378.0
社会工作							
文化、体育和娱乐业	1						
新闻和出版业							
广播、电视、电影和影视录音制作业							
文化艺术业	1						
体育							
娱乐业							

三 研究与开发机构

2－1 政府属独立研究与开发机构科技活动(2013—2017)

项 目	单位	2013 年	2014 年	2015 年	2016 年	2017 年
机构数	个	105	106	105	82	75
职工总数	人	7 010	7 752	8 093	4 867	5 037
#单位在职从事科技活动人员	人	4 948	5 499	5 373	4 088	4 206
#大学本科及以上学历	人	3 792	4 266	4 268	3 347	3 484
R&D 人员折合全时工作量	人年	2 437	2 475	2 848	2 400	2 580
科技活动收入	千元	1 214 593	1 377 246	1 414 658	1 176 229	1 282 617
#政府拨款	千元	895 938	1 022 401	1 076 769	1 038 235	1 192 826
科技经费内部支出	千元	1 234 906	1 187 975	1 419 151	1 429 718	1 141 553
#资产购建支出	千元	363 896	302 487	396 044	571 073	160 188
R&D 经费内部支出	千元	557 368	595 580	788 735	609 600	632 775
固定资产	千元	1 586 296	2 682 359	1 933 829	1 147 697	1 087 745
课题数	个	1 923	2 093	2 118	1 714	1 841
课题经费支出	千元	338 220	425 410	441 466	360 283	439 626
#R&D 课题经费支出	千元	204 239	240 717	282 064	239 582	315 290
课题投入人员	人年	3 238	3 603	3 852	2 944	3 060
#R&D 课题投入人员	人年	1 752	2 030	2 352	1 974	2 137
专利申请受理数	项	251	415	431	244	326
#发明专利	项	110	232	244	159	214
专利授权数	项	185	264	330	140	137
#发明专利	项	70	89	134	77	74
#国外授权	项			1		
有效发明专利数	项	290	421	533	357	423
专利所有权转让及许可数	项	5	1	6	1	1
专利所有权转让与许可收入	千元		75	200	50	100
科技论文	篇	2 235	2 513	2 554	1 983	2 125
#国外发表	篇	286	244	314	196	272
科技著作	种	31	76	66	79	72
形成国家或行业标准数	项	16	6	9	34	9
集成电路布图设计登记数	件					
植物新品种权授予数	项	14	13	19	41	22
软件著作权数	件	23	27	68	80	21
新药证书数	件					

注:从 2016 年起,政府属独立研究与开发机构科技活动单位不再包含县级以上研究与开发转制机构,此类单位由统计局调查。

2－2　各类科技机构概况

项　目	单位	政府部门属科技机构					从事研发与技术服务的其他事业单位
		县以上部门属研究与开发机构合计	自然科学和技术领域	社会与人文科学领域	科技信息和文献机构	县属研究与开发机构	
机构数	个	70	60	5	5	5	18
职工总数	人	4 973	4 529	298	146	64	1 732
#单位在职从事科技活动人员	人	4 146	3 722	281	143	60	1 281
#大学本科及以上学历	人	3 451	3 070	263	118	33	1 048
R&D 人员折合全时工作量	人年	2 580	2 309	253	18		225
科技活动收入	千元	1 269 262	1 155 495	78 356	35 411	13 355	516 909
#政府拨款	千元	1 179 471	1 071 721	75 617	32 133	13 355	376 768
科技经费内部支出	千元	1 132 468	1 005 643	89 683	37 142	9 085	642 491
#资产购建支出	千元	156 814	150 271	4 062	2 481	3 374	308 287
R&D 经费内部支出	千元	632 775	563 454	66 761	2 560		70 845
固定资产	千元	1 078 982	1 010 455	43 269	25 258	8 763	433 214
课题数	个	1 833	1 704	110	19	8	218
课题经费支出	千元	435 204	410 353	18 760	6 091	4 422	189 739
#R&D 课题经费支出	千元	315 290	296 067	18 760	463		28 745
课题投入人员	人年	3 040	2 710	229	100	20	461
#R&D 课题投入人员	人年	2 137	1 890	229	18		197
专利申请受理	项	326	326				6
专利授权	项	137	137				1
科技论文	篇	2 113	1 583	494	36	12	185
科技专著	种	72	18	54			3

县级以上政府部门属研究与开发机构

2－3　机构情况

分　布	机构数/个	从业人员总数/人	#单位在职科技活动人员	#大学本科及以上学历	经费收入总额/千元	#政府资金	科技活动贷款/千元	经费支出总额/千元	#科技经费支出
总　计	70	4 973	4 146	3 451	1 457 508	1 260 200		1 371 062	1 132 468
按地区									
贵阳市	46	3 828	3 279	2 878	1 226 393	1 052 241		1 127 407	951 546
六盘水市	2	31	31	29	5 764	5 763		6 593	6 449
遵义市	3	210	176	138	35 614	35 104		35 969	27 985
安顺市	3	121	117	94	27 143	25 887		26 578	17 023
毕节市	6	297	234	105	60 012	58 915		64 630	57 889
铜仁市									
黔西南布依族苗族自治州	2	144	134	85	37 398	36 853		45 544	37 587
黔东南苗族侗族自治州	4	280	130	96	48 440	30 403		48 308	28 400
黔南布依族苗族自治州	4	62	45	26	16 744	15 034		16 033	5 589
按隶属关系									
地方部门属	69	4 535	3 779	3 123	1 159 091	989 607		1 114 542	910 241
省级部门属	43	3 364	2 900	2 509	910 686	764 332		857 172	723 580
地市级部门属	26	1 171	879	614	248 405	225 275		257 370	186 661
中央部门属	1	438	367	328	298 417	270 593		256 520	222 227
中国科学院	1	438	367	328	298 417	270 593		256 520	222 227
按服务的国民经济行业									
农、林、牧、渔业	38	2 261	1 942	1 510	618 455	577 857		604 754	493 996
农业	22	1 485	1 311	1 008	418 881	401 667		417 917	360 169
林业	6	274	210	178	77 159	62 004		68 489	44 610
畜牧业	2	167	119	92	39 973	38 193		39 647	26 908
渔业	1	64	56	51	16 952	16 952		16 009	12 535
农、林、牧、渔专业及辅助性活动	7	271	246	181	65 490	59 041		62 692	49 774
制造业	3	132	116	112	33 976	27 468		29 384	24 042
橡胶和塑料制品业	1	68	61	60	16 957	16 630		16 790	16 790
专用设备制造业	2	64	55	52	17 019	10 838		12 594	7 252
信息传输、软件和信息技术服务业	1	47	42	36	40 912	40 912		6 097	5 543
软件和信息技术服务业	1	47	42	36	40 912	40 912		6 097	5 543

续2－3

分　布	机构数/个	从业人员总数/人	#单位在职科技活动人员	#大学本科及以上学历	经费收入总额/千元	#政府资金	科技活动贷款/千元	经费支出总额/千元	#科技经费支出
科学研究和技术服务业	19	1 895	1 629	1 434	627 967	516 077		588 024	517 037
研究和试验发展	12	1 078	963	894	465 012	422 035		441 989	378 066
专业技术服务业	4	719	570	461	137 419	72 001		117 729	111 459
科技推广和应用服务业	3	98	96	79	25 536	22 041		28 306	27 512
水利、环境和公共设施管理业	5	342	259	215	79 456	53 960		80 826	40 714
水利管理业	2	117	93	75	16 793	6 713		15 155	6 699
生态保护和环境治理业	2	198	139	120	55 215	39 799		58 237	27 022
公共设施管理业	1	27	27	20	7 448	7 448		7 434	6 993
卫生和社会工作	2	210	77	66	38 447	25 669		45 652	34 984
卫生	2	210	77	66	38 447	25 669		45 652	34 984
文化、体育和娱乐业	1	30	26	26	6 680	6 680		6 166	5 998
体育	1	30	26	26	6 680	6 680		6 166	5 998
公共管理、社会保障和社会组织	1	56	55	52	11 615	11 577		10 159	10 154
国家机构	1	56	55	52	11 615	11 577		10 159	10 154
按机构所属学科领域									
自然科学领域	10	1 325	1 094	949	484 367	389 037		415 320	374 121
农业科学领域	32	2 099	1 787	1 409	575 671	542 115		565 761	463 652
医学科学领域	4	330	190	178	69 163	55 935		72 695	61 989
工程科学与技术领域	15	784	659	540	197 688	165 489		177 686	107 640
社会、人文科学领域	9	435	416	375	130 619	107 624		139 600	125 066
按机构中从事科技活动人员规模									
300～499人	1	438	367	328	298 417	270 593		256 520	222 227
200～299人	1	346	299	246	34 476	22 787		29 814	27 905
100～199人	6	1 017	807	680	310 398	233 545		288 524	259 368
50～99人	27	2 104	1 827	1 494	529 098	488 122		549 482	431 981
30～49人	10	448	423	377	160 265	140 355		124 620	108 854
20～29人	10	280	252	198	61 698	61 057		59 835	44 804
10～19人	10	300	138	105	53 531	35 965		54 167	31 809
0～9人	5	40	33	23	9 625	7 776		8 100	5 520

2－4 人员情况

单位：人

分 布	从业人员总数	#单位在职科技活动人员	#女性	外来流动科技人员 外聘的流动学者	外来流动科技人员 非本单位在读研究生	离退休人员
总 计	4 973	4 146	1 634	51	456	3 457
按地区						
贵阳市	3 828	3 279	1 365	51	456	2 509
六盘水市	31	31	10			6
遵义市	210	176	63			210
安顺市	121	117	40			129
毕节市	297	234	68			144
铜仁市						
黔西南布依族苗族自治州	144	134	43			170
黔东南苗族侗族自治州	280	130	35			155
黔南布依族苗族自治州	62	45	10			134
按隶属关系						
地方部门属	4 535	3 779	1 512	31	84	3 203
省级部门属	3 364	2 900	1 223	27	76	2 341
地市级部门属	1 171	879	289	4	8	862
中央部门属	438	367	122	20	372	254
中国科学院	438	367	122	20	372	254

2－5 人员按工作性质分类

单位：人

分 布	单位在职科技科技人员	科技管理人员	课题活动	科技服务	生产经营活动人员	其他人员
总 计	4 146	790	2 663	693	351	476
按地区						
贵阳市	3 279	643	2 083	553	183	366
六盘水市	31	2	13	16		
遵义市	176	35	130	11		34
安顺市	117	16	80	21	1	3
毕节市	234	55	124	55	39	24
铜仁市						
黔西南布依族苗族自治州	134	26	93	15	1	9
黔东南苗族侗族自治州	130	9	103	18	122	28
黔南布依族苗族自治州	45	4	37	4	5	12
按隶属关系						
地方部门属	3 779	741	2 468	570	351	405

续2－5

分　布	单位在职科技科技人员	科技管理人员	课题活动	科技服务	生产经营活动人员	其他人员
省级部门属	2 900	555	1 906	439	152	312
地市级部门属	879	186	562	131	199	93
中央部门属	367	49	195	123		71
中国科学院	367	49	195	123		71
按机构所属学科领域						
自然科学领域	1 094	178	699	217	68	163
农业科学领域	1 787	259	1 245	283	119	193
医学科学领域	190	29	136	25	120	20
工程科学与技术领域	659	186	391	82	44	81
社会、人文科学领域	416	138	192	86		19

2－6　科技活动人员的资历和文化程度

单位：人

分　布	单位在职科技活动人员	学　历					职　称		
		博士毕业	硕士毕业	本科毕业	大专毕业	其他	高级	中级	其他
总　计	4 146	418	1 219	1 814	392	303	1 326	1 247	1 573
按地区									
贵阳市	3 279	409	1 087	1 382	260	141	1 127	945	1 207
六盘水市	31		16	13	2		5	15	11
遵义市	176	2	18	118	23	15	47	59	70
安顺市	117		15	79	18	5	16	34	67
毕节市	234	2	39	64	18	111	63	92	79
铜仁市									
黔西南布依族苗族自治州	134	4	28	53	25	24	27	42	65
黔东南苗族侗族自治州	130	1	13	82	33	1	26	42	62
黔南布依族苗族自治州	45		3	23	13	6	15	18	12
按隶属关系									
地方部门属	3 779	199	1 172	1 752	361	295	1 095	1 155	1 529
省级部门属	2 900	192	1 052	1 265	238	153	922	860	1 118
地市级部门属	879	7	120	487	123	142	173	295	411
中央部门属	367	219	47	62	31	8	231	92	44
中国科学院	367	219	47	62	31	8	231	92	44

2－7　经费收入

单位：千元

分　布	科技活动收入	政府资金	#财政拨款	承担政府科研项目收入	其他
总　计	1 269 262	1 179 471	788 382	317 762	20 308
按地区					
贵阳市	1 087 851	1 000 840	655 173	287 866	16 005
六盘水市	5 763	5 763	3 408		
遵义市	29 314	29 044	21 269	7 210	
安顺市	24 237	23 062	19 633	525	2 904
毕节市	53 283	53 283	43 799	6 144	774
铜仁市					
黔西南布依族苗族自治州	32 663	32 663	17 996	9 353	
黔东南苗族侗族自治州	26 261	26 146	21 475	4 248	
黔南布依族苗族自治州	9 890	8 670	5 629	2 416	625
按隶属关系					
地方部门属	988 755	908 878	594 903	245 133	15 823
省级部门属	799 269	722 210	449 841	218 874	11 490
地市级部门属	189 486	186 668	145 062	26 259	4 333
中央部门属	280 507	270 593	193 479	72 629	4 485
中国科学院	280 507	270 593	193 479	72 629	4 485
按服务的国民经济行业					
农、林、牧、渔业	536 909	514 715	327 971	129 102	8 657
农业	375 710	369 644	221 193	100 859	2 258
林业	71 826	56 752	38 591	15 520	1 345
畜牧业	26 918	26 918	25 618	1 300	
渔业	11 952	11 952	8 697	3 255	
农、林、牧、渔专业及辅助性活动	50 503	49 449	33 872	8 168	5 054
制造业	24 965	24 850	16 728	7 072	1 050
橡胶和塑料制品业	16 745	16 630	9 558	7 072	
专用设备制造业	8 220	8 220	7 170		1 050
信息传输、软件和信息技术服务业	40 912	40 912	3 264	37 577	71
软件和信息技术服务业	40 912	40 912	3 264	37 577	71
科学研究和技术服务业	573 483	507 724	373 898	119 860	10 500
研究和试验发展	432 483	418 928	299 346	111 386	5 038
专业技术服务业	115 780	66 854	58 550	3 234	4 762
科技推广和应用服务业	25 220	21 942	16 002	5 240	700
水利、环境和公共设施管理业	50 331	48 746	25 575	22 603	
水利管理业	6 736	6 078	6 078		
生态保护和环境治理业	36 588	35 661	13 668	21 993	
公共设施管理业	7 007	7 007	5 829	610	
卫生和社会工作	24 467	24 367	24 367		
卫生	24 467	24 367	24 367		
文化、体育和娱乐业	6 580	6 580	6 580		
体育	6 580	6 580	6 580		
公共管理、社会保障和社会组织	11 615	11 577	9 999	1 548	30
国家机构	11 615	11 577	9 999	1 548	30
按机构所属学科领域					
自然科学领域	441 655	381 719	275 769	90 951	14 301
农业科学领域	505 374	483 964	306 599	126 954	3 603
医学科学领域	55 159	54 609	49 440	3 301	
工程科学与技术领域	155 627	153 749	72 899	77 344	1 151
社会、人文科学领域	111 447	105 430	83 675	19 212	1 253

续2－7

分　布	科技活动收入			生产经营活动收入	其他收入
	非政府资金	#技术性收入	国外资金		
总　计	89 791	69 571	232	75 983	112 263
按地区					
贵阳市	87 011	68 011	232	62 575	75 967
六盘水市					1
遵义市	270	270		240	6 060
安顺市	1 175	1 175			2 906
毕节市					6 729
铜仁市					
黔西南布依族苗族自治州					4 735
黔东南苗族侗族自治州	115	115		12 678	9 501
黔南布依族苗族自治州	1 220			490	6 364
按隶属关系					
地方部门属	79 877	60 306		58 489	111 847
省级部门属	77 059	58 708		45 321	66 096
地市级部门属	2 818	1 598		13 168	45 751
中央部门属	9 914	9 265	232	17 494	416
中国科学院	9 914	9 265	232	17 494	416
按服务的国民经济行业					
农、林、牧、渔业	22 194	5 135		2 036	79 510
农业	6 066	4 066		490	42 681
林业	15 074	15			5 333
畜牧业				1 546	11 509
渔业					5 000
农、林、牧、渔专业及辅助性活动	1 054	1 054			14 987
制造业	115	100		212	8 799
橡胶和塑料制品业	115	100		212	
专用设备制造业					8 799
信息传输、软件和信息技术服务业					
软件和信息技术服务业					
科学研究和技术服务业	65 759	63 271	232	37 238	17 246
研究和试验发展	13 555	11 067	232	22 840	9 689
专业技术服务业	48 926	48 926		14 182	7 457
科技推广和应用服务业	3 278	3 278		216	100
水利、环境和公共设施管理业	1 585	927		23 819	5 306
水利管理业	658			9 330	727
生态保护和环境治理业	927	927		14 489	4 138
公共设施管理业					441
卫生和社会工作	100	100		12 678	1 302
卫生	100	100		12 678	1 302
文化、体育和娱乐业					100
体育					100
公共管理、社会保障和社会组织	38	38			
国家机构	38	38			
按机构所属学科领域					
自然科学领域	59 936	59 287	232	31 581	11 131
农业科学领域	21 410	4 351		2 036	68 261
医学科学领域	550	550		12 678	1 326
工程科学与技术领域	1 878	1 205		24 271	17 790
社会、人文科学领域	6 017	4 178		5 417	13 755

2－8　经费支出

单位：千元

分　布	科技经费内部支出	科技经费日常支出	人员劳务费	设备购置费	其他日常支出	科研基建	生产经营支出	其他支出
总　计	1 132 468	1 065 402	479 485	89 748	496 169	67 066	69 358	169 236
按地区								
贵阳市	951 546	902 703	390 794	74 772	437 137	48 843	58 372	117 489
六盘水市	6 449	4 094	2 242	209	1 643	2 355		144
遵义市	27 985	27 420	15 584	1 550	10 286	565	1 560	6 424
安顺市	17 023	17 023	10 409	161	6 453		300	9 255
毕节市	57 889	55 323	31 406	3 932	19 985	2 566		6 741
铜仁市								
黔西南布依族苗族自治州	37 587	32 273	13 746	6 726	11 801	5 314		7 957
黔东南苗族侗族自治州	28 400	20 977	10 791	2 398	7 788	7 423	9 126	10 782
黔南布依族苗族自治州	5 589	5 589	4 513		1 076			10 444
按隶属关系								
地方部门属	910 241	843 175	386 818	69 349	387 008	67 066	51 864	152 437
省级部门属	723 580	674 528	290 067	55 203	329 258	49 052	38 261	95 331
地市级部门属	186 661	168 647	96 751	14 146	57 750	18 014	13 603	57 106
中央部门属	222 227	222 227	92 667	20 399	109 161		17 494	16 799
中国科学院	222 227	222 227	92 667	20 399	109 161		17 494	16 799
按机构所属学科领域								
自然科学领域	374 121	373 423	165 845	24 677	182 901	698	17 663	23 536
农业科学领域	463 652	412 215	184 208	37 429	190 578	51 437	14 623	87 486
医学科学领域	61 989	53 121	11 351	13 756	28 014	8 868	9 126	1 580
工程科学与技术领域	107 640	102 867	56 582	9 023	37 262	4 773	27 918	42 128
社会、人文科学领域	125 066	123 776	61 499	4 863	57 414	1 290	28	14 506
按服务的国民经济行业								
农、林、牧、渔业	493 996	440 382	199 861	40 047	200 474	53 614	14 623	96 135
农业	360 169	314 406	135 646	31 385	147 375	45 763		57 748
林业	44 610	43 314	21 567	2 040	19 707	1 296	12 452	11 427
畜牧业	26 908	26 908	13 730	3 893	9 285			12 739
渔业	12 535	8 335	3 920	51	4 364	4 200	2 171	1 303
农、林、牧、渔专业及辅助性活动	49 774	47 419	24 998	2 678	19 743	2 355		12 918
制造业	24 042	24 042	11 082	2 243	10 717			5 342
橡胶和塑料制品业	16 790	16 790	6 088	2 069	8 633			
专用设备制造业	7 252	7 252	4 994	174	2 084			5 342
信息传输、软件和信息技术服务业	5 543	5 543	3 598	333	1 612			554
软件和信息技术服务业	5 543	5 543	3 598	333	1 612			554
科学研究和技术服务业	517 037	513 571	230 895	30 214	252 462	3 466	19 251	51 736
研究和试验发展	378 066	374 908	160 892	26 203	187 813	3 158	17 525	46 398
专业技术服务业	111 459	111 151	57 577	3 062	50 512	308	1 698	4 572
科技推广和应用服务业	27 512	27 512	12 426	949	14 137		28	766
水利、环境和公共设施管理业	40 714	37 728	23 705	1 935	12 088	2 986	26 353	13 759
水利管理业	6 699	6 699	6 165	474	60		7 692	764
生态保护和环境治理业	27 022	24 604	14 266	1 401	8 937	2 418	18 661	12 554
公共设施管理业	6 993	6 425	3 274	60	3 091	568		441
卫生和社会工作	34 984	27 984	2 701	12 092	13 191	7 000	9 126	1 542
卫生	34 984	27 984	2 701	12 092	13 191	7 000	9 126	1 542
文化、体育和娱乐业	5 998	5 998	2 940	547	2 511			168
体育	5 998	5 998	2 940	547	2 511			168
公共管理、社会保障和社会组织	10 154	10 154	4 703	2 337	3 114		5	
国家机构	10 154	10 154	4 703	2 337	3 114		5	

2－9 科技课题

分 布	课题数合计/个	#R&D课题	课题经费内部支出/千元	#政府资金	#R&D课题经费	课题投入人员/人年	#R&D人员
总 计	1 833	1 442	435 204	413 773	315 290	3 040	2 137
按地区							
贵阳市	1 568	1 289	382 737	371 897	279 663	2 592	1 885
六盘水市	17	4	1 458	1 458	134	26	7
遵义市	31	19	9 941	4 439	8 727	58	36
安顺市	36	3	2 399	2 399	824	78	21
毕节市	58	35	15 228	10 220	8 624	110	65
铜仁市							
黔西南布依族苗族自治州	80	63	18 868	18 868	14 910	106	80
黔东南苗族侗族自治州	31	22	2 819	2 739	1 729	50	33
黔南布依族苗族自治州	12	7	1 754	1 754	679	20	11
按隶属关系							
地方部门属	1 337	962	293 641	277 175	183 258	2 542	1 657
省级部门属	1 104	837	243 296	231 919	156 421	2 120	1 441
地市级部门属	233	125	50 345	45 257	26 836	422	216
中央部门属	496	480	141 563	136 598	132 032	498	480
中国科学院	496	480	141 563	136 598	132 032	498	480
按课题活动类型							
基础研究	780	780	178 692	174 177	178 692	978	978
应用研究	303	303	45 732	40 852	45 732	575	575
试验发展	359	359	90 866	82 017	90 866	584	584
研究与试验发展成果应用	207		45 331	44 860		470	
技术推广与科技服务	184		74 583	71 867		433	
按服务的国民经济行业							
农、林、牧、渔业	840	575	149 067	143 293	101 717	1 315	862
农业	605	428	116 261	115 996	79 327	959	633
林业	62	37	4 978	4 978	2 738	103	63
畜牧业	36	24	5 184	2 046	4 336	55	38
渔业	34	12	4 411	4 409	445	56	23
农、林、牧、渔专业及辅助性活动	103	74	18 234	15 864	14 871	144	105
制造业	67	45	15 158	14 875	8 460	88	51
橡胶和塑料制品业	54	42	13 127	13 009	7 498	55	40
专用设备制造业	13	3	2 031	1 866	962	33	11
信息传输、软件和信息技术服务业	5		23	23		2	
软件和信息技术服务业	5		23	23		2	
科学研究和技术服务业	871	796	247 099	234 547	195 732	1 462	1 142
研究和试验发展	819	781	198 041	190 991	185 462	1 028	990
专业技术服务业	38	15	43 840	38 338	10 270	357	152

续 2－9

分　布	课题数合计/个	#R&D 课题	课题经费内部支出/千元	#政府资金	#R&D 课题经费	课题投入人员/人年	#R&D 人员
科技推广和应用服务业	14		5 218	5 218		77	
水利、环境和公共设施管理业	35	17	12 608	10 505	7 303	122	60
水利管理业	7	3	3 626	3 460	498	56	19
生态保护和环境治理业	24	11	8 372	6 435	6 645	57	34
公共设施管理业	4	3	610	610	160	9	7
卫生和社会工作	7	6	417	337	317	12	10
卫生	7	6	417	337	317	12	10
文化、体育和娱乐业	1	1	678	40	678	6	6
体育	1	1	678	40	678	6	6
公共管理、社会保障和社会组织	7	2	10 154	10 154	1 083	33	6
国家机构	7	2	10 154	10 154	1 083	33	6
按课题所属学科							
信息科学与系统科学	9	6	18 069	18 059	17 359	25	19
信息科学与系统科学基础学科	4	1	12 597	12 587	11 887	11	5
信息科学与系统科学其他学科	5	5	5 472	5 472	5 472	14	14
物理学	1		80	80		1	
物理学其他学科	1		80	80		1	
化学	5	3	640	640	550	76	53
分析化学	5	3	640	640	550	76	53
天文学	3	1	294	281	13	4	
宇宙化学	1	1	13		13		
射电天文学	2		281	281		4	
地球科学	525	496	166 137	161 668	134 028	596	502
地球化学	487	471	143 339	138 943	131 555	506	480
大地测量学	2		2 090	2 090		14	
地理学	15	14	1 337	1 307	1 307	11	10
地质学	12	5	15 224	15 182	44	41	1
水文学	1		2 500	2 500		8	
地球科学其他学科	8	6	1 646	1 646	1 122	17	11
生物学	132	110	20 643	20 643	17 461	166	132
生物化学	4	4	176	176	176	8	8
细胞生物学	1	1	9	9	9		
遗传学	5	5	157	157	157	9	9
分子生物学	3	3	217	217	217	4	4
专题生物学研究	1	1	500	500	500	1	1
生态学	32	30	3 256	3 256	3 192	32	30
植物学	43	33	10 585	10 585	8 801	53	38
昆虫学	7	6	970	970	942	15	14

续2－9

分　布	课题数合计/个	#R&D课题	课题经费内部支出/千元	#政府资金	#R&D课题经费	课题投入人员/人年	#R&D人员
动物学	9	7	738	738	640	9	7
微生物学	22	18	3 762	3 762	2 738	28	18
生物学其他学科	5	2	276	276	92	6	3
农学	547	386	96 103	95 836	61 636	896	606
农业史	4		575	575		8	
农业基础学科	175	143	28 944	28 944	20 380	250	200
农艺学	106	70	22 928	22 928	10 755	196	110
园艺学	88	66	11 888	11 888	9 160	119	89
农产品贮藏与加工	14	11	3 630	3 630	3 017	28	22
土壤学	10	9	1 651	1 641	1 571	17	15
植物保护学	34	31	5 827	5 572	5 508	42	38
农学其他学科	116	56	20 660	20 658	11 245	236	132
林学	80	51	8 261	8 261	5 404	129	86
林业基础学科	8	8	696	696	696	14	14
林木遗传育种学	5	2	210	210	45	3	2
森林培育学	28	23	3 462	3 462	2 519	51	43
森林经理学	2	2	80	80	80	3	3
森林保护学	9	4	352	352	175	15	7
经济林学	7		604	604		6	
园林学	5	4	1 225	1 225	1 155	10	8
林业工程	1	1	10	10	10	1	1
林业经济学	1	1	20	20	20	1	1
林学其他学科	14	6	1 601	1 601	704	25	8
畜牧、兽医科学	85	66	12 984	9 826	11 609	107	82
畜牧、兽医科学基础学科	5	4	520	500	320	6	4
畜牧学	71	56	11 905	8 878	10 918	91	72
兽医学	6	4	388	307	263	6	4
畜牧、兽医科学其他学科	3	2	171	141	108	4	2
水产学	34	12	4 411	4 409	445	56	23
水产学基础学科	3	3	45	45	45	6	6
水产增殖学	2	1	55	55	35	3	1
水产养殖学	14	4	1 713	1 713	287	23	8
水产饲料学	1	1	18	16	18	2	2
水产保护学	5		285	285		6	
水产品贮藏与加工	1	1	10	10	10	2	2
水产资源学	4	2	183	183	50	7	4
水产学其他学科	4		2 102	2 102		7	
基础医学	10	10	800	790	800	23	23

续 2－9

分 布	课题数合计/个	#R&D课题	课题经费内部支出/千元	#政府资金	#R&D课题经费	课题投入人员/人年	#R&D人员
药理学	10	10	800	790	800	23	23
临床医学	2	2	112	112	112	1	1
临床医学其他学科	2	2	112	112	112	1	1
预防医学与公共卫生学	8	4	10 185	10 185	2 825	96	45
毒理学	2	2	2 500	2 500	2 500	23	23
流行病学	1	1	25	25	25	2	2
食品卫生学	5	1	7 660	7 660	300	71	20
药学	70	70	13 177	11 225	13 177	132	132
药物化学	47	47	11 105	10 030	11 105	97	97
微生物药物学	3	3	250	250	250	3	3
药学其他学科	20	20	1 822	945	1 822	31	31
中医学与中药学	6	5	573	493	473	15	12
民族医学	1	1	60	60	60	3	3
中药学	5	4	513	433	413	12	9
信息与系统科学相关工程与技术	1		200	200		7	
信息技术系统性应用	1		200	200		7	
自然科学相关工程与技术	24	9	4 468	2 098	2 409	42	18
农业工程	24	9	4 468	2 098	2 409	42	18
测绘科学技术	2	2	78	78	78	1	1
摄影测量与遥感技术	2	2	78	78	78	1	1
材料科学	56	44	15 460	15 342	9 831	64	49
材料检测与分析技术	3	1	3 500	3 500	25	11	8
材料实验	1	1	179	179	179	2	2
材料合成与加工工艺	25	21	4 023	3 905	2 576	24	19
有机高分子材料	1	1	255	255	255	2	2
复合材料	26	20	7 503	7 503	6 796	24	18
矿山工程技术	2	2	5 753	251	5 753	14	14
矿山安全	1	1	253	251	253	6	6
矿山工程技术其他学科	1	1	5 500		5 500	8	8
冶金工程技术	1	1	40		40	2	2
冶金工程技术其他学科	1	1	40		40	2	2
机械工程	9	4	1 386	1 386	1 162	23	12
机械设计	2	1	770	770	762	13	6
机械制造工艺与设备	7	3	616	616	400	10	6
电子与通信技术	2		180	180		5	
信息处理技术	2		180	180		5	
计算机科学技术	14	3	11 155	11 155	2 051	37	7
计算机软件	2	1	978	978	968	2	1

续2－9

分　布	课题数合计/个	#R&D课题	课题经费内部支出/千元	#政府资金	#R&D课题经费	课题投入人员/人年	#R&D人员
计算机应用	12	2	10 177	10 177	1 083	35	6
化学工程	1		20			1	
煤化学工程	1		20			1	
食品科学技术	11	4	1 084	1 084	118	18	7
食品科学技术基础学科	2	2	50	50	50	4	4
食品加工技术	9	2	1 034	1 034	68	15	3
水利工程	5	3	3 076	3 060	448	37	12
水处理	1	1	50	50	50	1	1
环境水利	2	2	398	390	398	11	11
水利工程其他学科	2		2 628	2 620		25	
环境科学技术及资源科学技术	48	27	14 361	11 760	8 067	136	58
环境科学技术基础学科	17	15	1 028	338	881	12	11
环境学	7	7	3 371	3 337	3 371	31	31
环境工程学	19	5	6 142	4 415	3 815	40	16
资源科学技术	1		1 100	1 100		9	
环境科学技术及资源科学技术其他学科	4		2 720	2 570		44	
管理学	51	36	6 346	6 336	1 076	127	50
科学学与科技管理	13		5 128	5 128		75	
人力资源开发与管理	3	2	179	179	42	2	1
管理学其他学科	35	34	1 039	1 029	1 034	50	49
马克思主义	5	5	115	115	115	8	8
马克思主义其他学科	5	5	115	115	115	8	8
哲学	2	2	35	35	35	3	3
哲学其他学科	2	2	35	35	35	3	3
文学	2	2	72	72	72	2	2
中国少数民族文学	1	1	25	25	25	1	1
文学其他学科	1	1	47	47	47	1	1
艺术学	1	1	20	20	20	2	2
艺术学其他学科	1	1	20	20	20	2	2
历史学	5	5	139	139	139	7	7
历史学其他学科	5	5	139	139	139	7	7
考古学	6	6	10 126	10 126	10 126	30	30
中国考古	6	6	10 126	10 126	10 126	30	30
经济学	29	26	1 560	1 405	885	62	49
宏观经济学	2		645	500		6	
比较经济学	1	1	31	31	31	2	2
工业经济学	1	1	49	49	49	2	2
农村经济学	1		30	30		7	
农业经济学	1	1	96	96	96	2	2
旅游经济学	2	2	55	55	55	4	4

续 2－9

分 布	课题数合计/个	#R&D课题	课题经费内部支出/千元	#政府资金	#R&D课题经费	课题投入人员/人年	#R&D人员
财政学	1	1	18	8	18	1	1
金融学	1	1	49	49	49	3	3
经济学其他学科	19	19	587	587	587	36	36
法学	10	10	305	305	305	20	20
法学其他学科	10	10	305	305	305	20	20
社会学	10	10	589	589	589	14	14
实验社会学	1	1	30	30	30	1	1
应用社会学	1	1	68	68	68	1	1
发展社会学	4	4	212	212	212	7	7
社会学其他学科	4	4	280	280	280	5	5
民族学与文化学	15	15	5 051	5 051	5 051	43	43
民族史学	1	1	2 000	2 000	2 000	6	6
文化人类学与民俗学	2	2	80	80	80	3	3
文化学	1	1	30	30	30	2	2
民族和文化学其他学科	11	11	2 941	2 941	2 941	33	33
图书馆、情报与文献学	2	1	420	420	330	9	7
图书馆、情报与文献学其他学科	2	1	420	420	330	9	7
教育学	1	1	20	20	20	1	1
教育经济学	1	1	20	20	20	1	1
体育科学	1	1	678	40	678	6	6
体育科学其他学科	1	1	678	40	678	6	6
按课题技术领域							
非技术领域	627	596	170 618	165 488	156 593	817	701
信息技术	45	24	36 184	36 174	18 600	191	95
生物和现代农业技术	825	565	137 632	131 865	90 145	1 380	917
新材料技术	58	45	15 520	15 342	9 871	67	51
先进制造与自动化技术	1	1	200	200	200	1	1
资源与环境技术	132	87	46 322	44 196	15 577	300	142
其他技术领域	145	124	28 729	20 509	24 303	285	231
按课题来源							
国家重大科技专项	11	10	8 271	8 271	7 671	20	19
国家自然科学基金课题	225	225	38 847	38 647	38 847	318	318
国家科技支撑(攻关)计划课题	13	8	5 098	5 098	3 003	18	11
国家重点研发计划课题	32	28	15 913	15 913	14 982	91	82
国家发改委产业化示范工程	1	1	320	320	320	10	10
国家公益性行业科研专项	20	3	25 639	25 639	644	106	9
国家社会科学基金课题	4	4	395	395	395	13	13
除上述国家计划外由中央政府部门下达的课题	52	29	23 793	23 678	15 821	123	66
地方自然科学基金课题	115	102	8 830	8 108	7 301	158	134

续2－9

分　布	课题数合计/个	#R&D课题	课题经费内部支出/千元	#政府资金	#R&D课题经费	课题投入人员/人年	#R&D人员
地方科技支撑(攻关)计划课题	258	197	48 511	43 605	36 140	425	307
火炬计划地方级课题	5	1	3 619	3 619	99	18	1
星火计划地方级课题	7		478	478		8	
地方社会科学基金课题	31	22	8 080	8 057	3 249	58	37
除上述地方计划外由地方政府部门下达的课题	413	266	94 346	87 804	62 360	689	403
企业委托:各类生产企业委托课题	27	22	2 530	615	2 309	37	31
自选:本机构选定并支付费用的课题	388	367	117 993	115 880	106 118	479	446
国际合作课题	1	1	26	26	26	2	2
其他:不能归入前述各类的课题	230	156	32 517	27 623	16 006	466	248
按课题的社会经济目标							
环境保护、生态建设及污染防治	138	95	31 879	28 931	15 752	257	137
环境一般问题	14	9	1 144	1 126	694	9	6
环境与资源评估	20	16	4 876	4 415	3 175	41	28
环境监测	37	31	6 480	5 937	3 635	76	37
生态建设	24	18	5 522	5 514	2 758	39	26
环境污染预防	25	10	10 664	8 937	4 531	55	23
环境治理	17	11	2 994	2 802	958	29	18
自然灾害的预防、预报	1		200	200		7	
能源生产、分配和合理利用	20	11	20 333	20 165	3 892	68	17
能源一般问题研究	3		4 680	4 680		19	
能源矿产的勘探技术	12	7	12 919	12 791	1 319	38	8
能源矿物的开采和加工技术	1	1	25	25	25	8	8
能源设施和设备建造	2	2	2 508	2 508	2 508	1	1
能源生产、输送、分配、储存、利用过程中污染的防治与处理	2	1	201	161	40	2	
卫生事业发展	16	12	3 803	3 702	3 527	119	96
卫生一般问题	2	2	120	40	120	4	4
诊断与治疗	6	5	263	242	207	10	8
营养和食品卫生	5	3	820	820	700	80	61
卫生医疗其他研究	3	2	2 600	2 600	2 500	25	23
基础设施以及城市和农村规划	11	7	9 136	9 136	5 145	23	5
交通运输	2		3 318	3 318		10	
通信	1	1	4 967	4 967	4 967	1	1
农村发展规划与建设	8	6	851	851	178	13	4
基础社会发展和社会服务	226	199	57 803	49 725	44 530	505	411
社会发展和社会服务一般问题	95	91	8 966	8 298	8 266	184	176
社会保障	1	1	14	14	14	1	1
公共安全	2		1 300	1 300		30	
社会管理	2		5 303	5 303		16	

续 2－9

分 布	课题数合计/个	#R&D课题	课题经费内部支出/千元	#政府资金	#R&D课题经费	课题投入人员/人年	#R&D人员
就业	1		449	449		1	
法律与司法	1	1	31	31	31	2	2
政府与政治	3	2	348	348	48	4	3
遗产保护	8	8	10 187	10 146	10 187	32	32
语言与文化	3	3	557	557	557	8	8
传媒	1	1	585	585	585	3	3
科技发展	104	90	28 423	21 054	23 242	219	183
国土资源管理	1		24	24			
其他社会发展和社会服务	4	2	1 615	1 615	1 600	4	3
地球和大气层的探索与利用	19	12	8 522	8 509	3 149	35	16
地壳、地幔，海底的探测和研究	10	5	2 843	2 830	470	9	3
水文地理	4	3	4 276	4 276	1 776	16	8
大气	4	4	903	903	903	5	5
地球探测和开发其他研究	1		500	500		5	
民用空间探测及开发	4	4	683	683	683	3	3
空间探测一般研究	3	3	643	643	643	3	3
空间探测和开发其他研究	1	1	40	40	40	1	1
农林牧渔业发展	837	577	152 506	146 720	102 839	1 361	898
农林牧渔业发展一般问题	95	85	22 374	22 119	20 783	155	139
农作物种植及培育	514	350	80 441	80 436	45 050	800	502
林业和林产品	37	22	2 006	2 006	678	39	24
畜牧业	63	48	8 048	5 028	6 811	85	63
渔业	29	12	2 293	2 291	445	47	23
农林牧渔业体系支撑	88	50	35 811	33 349	27 569	192	112
农林牧渔业生产中污染的防治与处理	11	10	1 534	1 491	1 504	42	34
工商业发展	44	31	11 988	11 611	3 908	89	44
促进工商业发展的一般问题	9	7	3 032	2 887	2 856	16	11
食品、饮料和烟草制品业	12	4	1 141	1 094	326	17	6
非金属与金属制品业	1	1	40		40	2	2
电子设备、仪器仪表及办公机械	1		1 000	1 000		11	
信息与通信技术（ICT）服务业	1	1	30	30	30	3	3
技术服务业	5	3	6 259	6 124	169	22	4
商业及其他服务业	15	15	487	477	487	18	18
非定向研究	442	442	122 563	118 722	122 563	447	447
自然科学领域的非定向研究	440	440	122 539	118 698	122 539	446	446
农业科学领域的非定向研究	1	1	9	9	9		
其他	1	1	15	15	15	1	1
其他民用目标	76	52	15 988	15 870	9 301	133	64

2－10 课题经费内部支出按活动类型分类

单位：千元

分布	课题经费内部支出	基础研究	应用研究	试验发展	R&D 成果应用	科技服务
总　计	435 204	178 692	45 732	90 866	45 331	74 583
按地区						
贵阳市	382 737	176 317	39 868	63 477	37 657	65 417
六盘水市	1 458			134	13	1 311
遵义市	9 941	316	1 313	7 098	1 058	155
安顺市	2 399			824	1 401	174
毕节市	15 228	363	3 079	5 182	1 662	4 942
铜仁市						
黔西南布依族苗族自治州	18 868	999	1 472	12 439	1 905	2 054
黔东南苗族侗族自治州	2 819	180		1 549	560	530
黔南布依族苗族自治州	1 754	517		162	1 075	
按隶属关系						
地方部门属	293 641	48 212	45 640	89 406	45 331	65 052
省级部门属	243 296	46 099	39 491	70 832	39 309	47 566
地市级部门属	50 345	2 113	6 149	18 574	6 022	17 486
中央部门属	141 563	130 480	92	1 460		9 531
中国科学院	141 563	130 480	92	1 460		9 531

2－11 课题投入人员按活动类型分类

单位：人年

分布	课题投入人员	基础研究	应用研究	试验发展	R&D 成果应用	科技服务
总　计	3 040	978	575	584	470	433
按地区						
贵阳市	2 592	940	530	415	338	369
六盘水市	26			7	3	16
遵义市	58	3	11	23	18	4
安顺市	78			21	51	6
毕节市	110	7	19	39	19	26
铜仁市						
黔西南布依族苗族自治州	106	17	16	47	21	5
黔东南苗族侗族自治州	50	7		26	10	7
黔南布依族苗族自治州	20	4		7	9	
按隶属关系						
地方部门属	2 542	502	575	580	470	415
省级部门属	2 120	469	536	436	356	323
地市级部门属	422	33	40	144	113	92
中央部门属	498	476		4		18
中国科学院	498	476		4		18

2-12 专 利

分 布	专利申请受理数/件	#发明专利	专利授权数/件	#发明专利	#国外授权	有效发明专利数/件	专利所有权转让及许可数/件	专利所有权转让与许可收入/千元
总 计	326	214	137	74		423	1	100
按地区								
贵阳市	260	161	123	63		369	1	100
六盘水市	1	1	1	1		1		
遵义市	9	6	5	5		5		
安顺市	5	4						
毕节市	7	5	3	2		13		
铜仁市								
黔西南布依族苗族自治州	12	5	3	1		33		
黔东南苗族侗族自治州	32	32	2	2		2		
黔南布依族苗族自治州								
按隶属关系								
地方部门属	298	190	97	52		356	1	100
省级部门属	244	142	86	42		335	1	100
地市级部门属	54	48	11	10		21		
中央部门属	28	24	40	22		67		
中国科学院	28	24	40	22		67		
按服务的国民经济行业								
农、林、牧、渔业	196	121	52	28		174		
农业	137	98	29	14		108		
林业	16	9	8	5		19		
畜牧业	9	2	4	2		27		
渔业	23	1	4			7		
农、林、牧、渔专业及辅助性活动	11	11	7	7		13		
制造业	36	23	17	8		47	1	100
橡胶和塑料制品业	24	21	8	7		45	1	100
专用设备制造业	12	2	9	1		2		
科学研究和技术服务业	88	68	63	37		201		
研究和试验发展	79	61	61	35		183		
专业技术服务业	9	7	2	2		18		
水利、环境和公共设施管理业	6	2	5	1		1		
水利管理业	6	2	1	1		1		
生态保护和环境治理业			4					
按机构所属学科领域								
自然科学领域	76	62	57	31		152		
农业科学领域	185	110	46	22		162		
医学科学领域	15	9	8	8		38		
工程科学与技术领域	50	33	26	13		71	1	100
社会、人文科学领域								

2－13 其他科技产出

分布	科技论文/篇	#国外发表	科技著作/种	形成国家或行业标准数/项	集成电路布图设计登记数/件	植物新品种权授予数/项	软件著作权数/件	新药证书数/件
总　计	2 113	272	72	9		22	21	
按地区								
贵阳市	1 923	271	70	7		20	21	
六盘水市	6							
遵义市	30	1		2				
安顺市	15							
毕节市	37		2					
铜仁市								
黔西南布依族苗族自治州	31					2		
黔东南苗族侗族自治州	60							
黔南布依族苗族自治州	11							
按隶属关系								
地方部门属	1 614	100	72	9		22	19	
省级部门属	1 451	99	70	8		22	19	
地市级部门属	163	1	2	1				
中央部门属	499	172					2	
中国科学院	499	172					2	
按国民经济行业								
农、林、牧、渔业	726	41	11	1		22	1	
农业	462	23	5			9		
林业	127	5	5			13		
畜牧业	44		1					
渔业	20	2						
农、林、牧、渔专业及辅助性活动	73	11		1			1	
制造业	51	24		1				
橡胶和塑料制品业	46	24						
专用设备制造业	5			1				
科学研究和技术服务业	1 261	205	59	5			20	
研究和试验发展	1 132	200	58	2			6	
专业技术服务业	106	5	1	3			14	
科技推广和应用服务业	23							
水利、环境和公共设施管理业	53	2	1	2				
水利管理业	26	2	1	1				
生态保护和环境治理业	20							
公共设施管理业	7			1				
卫生和社会工作	19							
卫生	19							
文化、体育和娱乐业	3		1					
体育	3		1					
按机构所属学科领域								
自然科学领域	684	189	3	4			18	
农业科学领域	676	31	11	1		22		
医学科学领域	91	21	3				2	
工程科学与技术领域	132	31	1	4				
社会、人文科学领域	530		54				1	

2－14 R&D 人员

单位：人

分 布	R&D 人员	#女性	按工作量分		按学历分			
			全时人员	非全时人员	博士	硕士	本科	其他
总 计	2 988	1 123	2 194	794	469	968	1 153	398
按地区								
贵阳市	2 483	983	1 937	546	461	868	881	273
六盘水市	20	8	12	8		9	11	
遵义市	78	32	35	43	1	12	61	4
安顺市	38	5	38			8	27	3
毕节市	111	34	51	60	2	27	52	30
铜仁市								
黔西南布依族苗族自治州	144	43	85	59	4	28	53	59
黔东南苗族侗族自治州	102	14	26	76	1	13	61	27
黔南布依族苗族自治州	12	4	10	2		3	7	2
按隶属关系								
地方部门属	2 503	1 001	1 711	792	188	901	1 088	326
省级部门属	2 055	872	1 494	561	182	815	823	235
地市级部门属	448	129	217	231	6	86	265	91
中央部门属	485	122	483	2	281	67	65	72
中国科学院	485	122	483	2	281	67	65	72
按机构所属学科领域								
自然科学领域	950	339	644	306	299	202	320	129
农业科学领域	1 251	456	926	325	98	449	491	213
医学科学领域	216	107	183	33	20	81	111	4
工程科学与技术领域	273	96	182	91	24	115	110	24
社会、人文科学领域	298	125	259	39	28	121	121	28

2－15 R&D 人员折合全时工作量

单位:人年

分 布	R&D 折合全时工作量	研究人员	按活动类型分组		
			基础研究人员	应用研究人员	试验发展人员
总 计	2 580	1 965	1 078	780	722
按地区					
贵阳市	2 251	1 758	1 031	720	500
六盘水市	12	8			12
遵义市	49	39	4	17	28
安顺市	38	21			38
毕节市	72	52	7	22	43
铜仁市					
黔西南布依族苗族自治州	102	51	22	21	59
黔东南苗族侗族自治州	45	30	10		35
黔南布依族苗族自治州	11	6	4		7
按隶属关系					
地方部门属	2 096	1 495	598	780	718
省级部门属	1 821	1 295	560	729	532
地市级部门属	275	200	38	51	186
中央部门属	484	470	480		4
中国科学院	484	470	480		4
按机构所属学科领域					
自然科学领域	894	795	543	276	75
农业科学领域	1 010	671	241	234	535
医学科学领域	192	155	117	57	18
工程科学与技术领域	213	133	46	103	64
社会、人文科学领域	271	211	131	110	30
按服务的国民经济行业					
农、林、牧、渔业	1 106	750	289	246	571
农业	815	510	192	154	469
林业	80	66	26	25	29
畜牧业	44	34	7	14	23
渔业	27	17	6	21	
农、林、牧、渔专业及辅助性活动	140	123	58	32	50
制造业	81	43	27	31	23
橡胶和塑料制品业	59	30	27	19	13
专用设备制造业	22	13		12	10
科学研究和技术服务业	1 283	1 093	734	424	125
研究和试验发展	1 016	917	730	175	111
专业技术服务业	267	176	4	249	14
水利、环境和公共设施管理业	78	63	16	62	
水利管理业	25	20	7	18	
生态保护和环境治理业	44	34	3	41	
公共设施管理业	9	9	6	3	
卫生和社会工作	13	10	12	1	
卫生	13	10	12	1	
文化、体育和娱乐业	12	4		12	
体育	12	4		12	
公共管理、社会保障和社会组织	7	2		4	3
国家机构	7	2		4	3

2-16 R&D 经费支出

单位：千元

分布	R&D经费内部支出	按活动类型分			按来源分					R&D经费外部支出
		基础研究	应用研究	试验发展	政府资金	企业资金	事业单位资金	国外资金	其他资金	
总　计	632 775	314 213	120 730	197 832	617 708	6 951	6 874	611	631	2 168
按地区										
贵阳市	563 702	306 679	110 859	146 164	555 063	6 951	1 072	611	5	2 090
六盘水市	1 760			1 760	1 760					
遵义市	12 914	715	2 507	9 692	7 412		5 502			
安顺市	3 406			3 406	2 480		300		626	
毕节市	16 579	3 001	5 039	8 539	16 579					78
铜仁市										
黔西南布依族苗族自治州	26 372	1 874	2 325	22 173	26 372					
黔东南苗族侗族自治州	6 310	1 165		5 145	6 310					
黔南布依族苗族自治州	1 732	779		953	1 732					
按隶属关系										
地方部门属	414 956	97 457	120 585	196 914	402 784	4 672	6 874		626	2 168
省级部门属	359 115	90 007	110 251	158 857	347 869	4 672	6 574			2 090
地市级部门属	55 841	7 450	10 334	38 057	54 915		300		626	78
中央部门属	217 819	216 756	145	918	214 924	2 279		611	5	
中国科学院	217 819	216 756	145	918	214 924	2 279		611	5	
按机构所属学科领域										
自然科学领域	269 492	224 797	22 043	22 652	266 597	2 279		611	5	790
农业科学领域	219 337	33 039	36 886	149 412	216 731	800	1 180		626	1 300
医学科学领域	27 800	16 971	8 994	1 835	25 865	1 935				78
工程科学与技术领域	46 825	8 647	22 524	15 654	39 194	1 937	5 694			
社会、人文科学领域	69 321	30 759	30 283	8 279	69 321					

2－17　R&D 经费内部支出

单位:千元

分　布	R&D经费内部支出	经常费支出	人员费用	设备购置费	其他	基本建设费	仪器设备费	土建费
总　计	632 775	587 590	300 174	58 180	229 236	45 185	8 466	36 719
按地区								
贵阳市	563 702	526 178	261 807	46 175	218 196	37 524	4 757	32 767
六盘水市	1 760	1 281	1 240	41		479		479
遵义市	12 914	12 914	5 763	1 473	5 678			
安顺市	3 406	3 406	3 140		266			
毕节市	16 579	14 711	9 722	3 577	1 412	1 868	1 868	
铜仁市								
黔西南布依族苗族自治州	26 372	21 058	10 837	6 726	3 495	5 314	1 841	3 473
黔东南苗族侗族自治州	6 310	6 310	6 081	188	41			
黔南布依族苗族自治州	1 732	1 732	1 584		148			
按隶属关系								
地方部门属	414 956	369 771	209 345	38 186	122 240	45 185	8 466	36 719
省级部门属	359 115	319 774	177 617	28 689	113 468	39 341	6 497	32 844
地市级部门属	55 841	49 997	31 728	9 497	8 772	5 844	1 969	3 875
中央部门属	217 819	217 819	90 829	19 994	106 996			
中国科学院	217 819	217 819	90 829	19 994	106 996			
按机构所属学科领域								
自然科学领域	269 492	269 184	119 693	23 506	125 985	308	308	
农业科学领域	219 337	178 744	107 156	24 970	46 618	40 593	4 889	35 704
医学科学领域	27 800	25 932	9 529	1 829	14 574	1 868	1 868	
工程科学与技术领域	46 825	44 409	19 301	6 660	18 448	2 416	1 401	1 015
社会、人文科学领域	69 321	69 321	44 495	1 215	23 611			
按服务的国民经济行业								
农、林、牧、渔业	235 936	194 924	118 274	26 385	50 265	41 012	4 829	36 183
农业	190 759	150 226	88 097	22 891	39 238	40 533	4 829	35 704
林业	11 956	11 956	7 417	1 543	2 996			
畜牧业	5 142	5 142	4 326	536	280			
渔业	2 686	2 686	2 183		503			
农、林、牧、渔专业及辅助性活动	25 393	24 914	16 251	1 415	7 248	479		479
制造业	17 463	17 463	7 296	2 179	7 988			
橡胶和塑料制品业	14 734	14 734	5 639	2 069	7 026			
专用设备制造业	2 729	2 729	1 657	110	962			
科学研究和技术服务业	359 745	357 569	165 543	26 394	165 632	2 176	2 176	
研究和试验发展	336 064	334 196	152 007	23 895	158 294	1 868	1 868	
专业技术服务业	23 681	23 373	13 536	2 499	7 338	308	308	
水利、环境和公共设施管理业	12 831	10 834	6 233	1 868	2 733	1 997	1 461	536
水利管理业	2 826	2 826	2 323	467	36			
生态保护和环境治理业	8 372	6 435	2 942	1 401	2 092	1 937	1 401	536
公共设施管理业	1 633	1 573	968		605	60	60	
卫生和社会工作	1 302	1 302	1 030	165	107			
卫生	1 302	1 302	1 030	165	107			
文化、体育和娱乐业	4 414	4 414	1 356	547	2 511			
体育	4 414	4 414	1 356	547	2 511			
公共管理、社会保障和社会组织	1 084	1 084	442	642				
国家机构	1 084	1 084	442	642				

2－18　R&D 经费外部支出

单位:千元

分　布	R&D 经费外部支出	#对国内科研机构支出	对国内高等学校支出	对国内企业支出	对境外机构支出
总　计	2 168	690	338	1 040	
按地区					
贵阳市	2 090	650	300	1 040	
六盘水市					
遵义市					
安顺市					
毕节市	78	40	38		
铜仁市					
黔西南布依族苗族自治州					
黔东南苗族侗族自治州					
黔南布依族苗族自治州					
按隶属关系					
地方部门属	2 168	690	338	1 040	
省级部门属	2 090	650	300	1 040	
地市级部门属	78	40	38		
中央部门属					
中国科学院					
按服务的国民经济行业					
农、林、牧、渔业	1 300	500	300	500	
农业	1 300	500	300	500	
科学研究和技术服务业	868	190	38	540	
研究和试验发展	868	190	38	540	

2－19 R&D 经常费支出

单位：千元

分布	R&D经常费支出	按活动类型分			按来源分				
		基础研究	应用研究	试验发展	政府资金	企业资金	事业单位资金	国外资金	其他资金
总　计	587 590	302 241	115 508	169 841	574 460	5 014	6 874	611	631
按地区									
贵阳市	526 178	296 858	106 227	123 093	519 476	5 014	1 072	611	5
六盘水市	1 281			1 281	1 281				
遵义市	12 914	715	2 507	9 692	7 412		5 502		
安顺市	3 406			3 406	2 480		300		626
毕节市	14 711	1 216	4 956	8 539	14 711				
铜仁市									
黔西南布依族苗族自治州	21 058	1 508	1 818	17 732	21 058				
黔东南苗族侗族自治州	6 310	1 165		5 145	6 310				
黔南布依族苗族自治州	1 732	779		953	1 732				
按隶属关系									
地方部门属	369 771	85 485	115 363	168 923	359 536	2 735	6 874		626
省级部门属	319 774	80 070	105 532	134 172	310 465	2 735	6 574		
地市级部门属	49 997	5 415	9 831	34 751	49 071		300		626
中央部门属	217 819	216 756	145	918	214 924	2 279		611	5
中国科学院	217 819	216 756	145	918	214 924	2 279		611	5
按机构所属学科领域									
自然科学领域	269 184	224 489	22 043	22 652	266 289	2 279		611	5
农业科学领域	178 744	23 179	33 664	121 901	176 138	800	1 180		626
医学科学领域	25 932	15 186	8 911	1 835	23 997	1 935			
工程科学与技术领域	44 409	8 629	20 606	15 174	38 715		5 694		
社会、人文科学领域	69 321	30 758	30 284	8 279	69 321				

2－20 对外科技服务活动

单位：人年

分布	合计	科技成果的示范性推广工作	为用户提供可行性报告、技术方案、建议及进行技术论证等技术咨询工作	地形、地质和水文考察，天文、气象和地震的日常观察	为社会和公众提供的检验、检疫、测试、标准化、计量、计算、质量控制和专利服务	科技信息文献服务	其他科技服务活动	科技培训工作
总　计	2 107	359	311	197	475	62	289	414
按地区								
贵阳市	1 813	312	248	197	432	46	243	335
六盘水市	6						3	3
遵义市	99	4	40		43		7	5
安顺市	27					9	11	7
毕节市	64	25	3			4	13	19
铜仁市								
黔西南布依族苗族自治州	65	12	20					33
黔东南苗族侗族自治州	18	3					7	8
黔南布依族苗族自治州	15	3				3	5	4
按隶属关系								
地方部门属	1 966	357	295	185	371	61	289	408
省级部门属	1 687	302	253	185	369	45	190	343
地市级部门属	279	55	42		2	16	99	65
中央部门属	141	2	16	12	104	1		6
中国科学院	141	2	16	12	104	1		6

三 规模以上工业企业

3－1 基本情况

分布	企业数/个	#有R&D活动	#有研发机构	有新产品销售的企业	主营业务收入/万元	利润总额/万元	资产总计/万元	出口交货值/万元
总　计	5 295	946	368	527	106 308 285.8	8 996 828.8	151 910 041.2	2 458 886.5
按地区								
贵阳市	741	193	78	149	31 009 423.9	1 600 212.6	45 601 242.8	634 816.6
六盘水市	452	33	11	14	11 284 100.1	385 791.3	21 276 107.2	7 272.0
遵义市	1 060	155	49	86	22 097 279.5	4 883 194.9	33 943 702.7	327 326.8
安顺市	369	39	14	22	6 571 985.4	451 532.8	6 755 824.1	1 054 654.2
毕节市	546	65	23	18	9 297 172.0	363 001.7	13 372 890.1	109 430.6
铜仁市	536	92	41	43	6 447 022.3	279 778.9	4 183 929.7	26 326.5
黔西南布依族苗族自治州	449	157	77	100	5 365 142.3	355 002.7	8 785 021.8	32 157.6
黔东南苗族侗族自治州	283	93	47	58	2 233 739.3	74 782.2	4 466 554.2	28 312.6
黔南布依族苗族自治州	859	119	28	37	12 002 421.0	603 531.7	13 524 768.6	238 589.6
按企业规模								
大型	67	47	26	35	34 054 503.3	5 100 836.8	63 926 509.1	1 663 958.4
中型	512	169	91	99	20 597 579.5	702 577.3	39 742 593.7	341 882.7
小型	4 156	698	245	380	48 271 037.6	3 026 913.1	42 636 991.3	448 242.3
微型	560	32	6	13	3 385 165.4	166 501.6	5 603 947.1	4 803.1
按登记注册类型								
内资企业	5 196	922	361	517	103 449 742.0	8 773 804.3	147 242 208.3	2 400 270.6
国有企业	52	25	16	18	6 551 058.1	62 660.6	9 748 836.4	44.0
集体企业	10				129 863.0	10 995.8	94 352.3	
股份合作企业	6				60 335.1	2 087.5	34 538.4	
联营企业	2				52 274.9	279.8	1 818.7	
国有联营企业								
集体联营企业	2				52 274.9	279.8	1 818.7	
国有与集体联营企业								
其他联营企业								
有限责任公司	1 635	353	146	215	52 759 131.7	5 902 523.5	95 144 933.2	1 885 586.3
国有独资公司	136	33	24	27	18 963 075.9	4 305 486.3	40 816 731.6	327 851.1
其他有限责任公司	1 499	320	122	188	33 796 055.8	1 597 037.2	54 328 201.6	1 557 735.2
股份有限公司	138	52	18	34	5 799 717.8	407 371.7	14 024 367.6	184 832.0
私营企业	3 344	491	180	249	37 966 621.6	2 369 337.0	28 077 177.0	329 808.3
私营独资企业	262	34	7	11	3 519 519.4	279 310.0	3 553 153.3	37 255.9
私营合伙企业	147	21	8	7	1 833 547.5	125 117.5	1 886 508.2	
私营有限责任公司	2 819	407	154	214	30 967 118.8	1 901 770.7	21 087 282.3	280 345.3
私营股份有限公司	116	29	11	17	1 646 435.9	63 138.8	1 550 233.2	12 207.1

续3－1

分　布	企业数/个	#有R&D活动	#有研发机构	有新产品销售的企业	主营业务收入/万元	利润总额/万元	资产总计/万元	出口交货值/万元
其他企业	9	1	1	1	130 739.8	18 548.4	116 184.7	
港、澳、台商投资企业	64	18	4	9	1 875 859.9	119 119.9	2 994 762.2	44 937.3
合资经营企业（港或澳、台资）	28	10	3	7	1 022 031.4	32 097.8	1 903 346.7	25 821.5
合作经营企业（港或澳、台资）	5	2		1	53 605.3	1 943.4	44 047.2	
港、澳、台商独资经营企业	26	6	1	1	758 745.3	78 973.1	981 904.1	19 115.8
港、澳、台商投资股份有限公司	2				28 250.0	3 788.1	3 513.4	
其他港澳台投资企业	3				13 227.9	2 317.5	61 950.8	
外商投资企业	35	6	3	1	982 683.9	103 904.6	1 673 070.7	13 678.6
中外合资经营企业	16	2	1	1	244 162.3	17 558.7	467 699.8	11 391.3
中外合作经营企业	2	1	1		171 434.5	39 188.2	228 763.8	
外资企业	14	3	1		540 983.8	47 150.4	919 897.9	2 134.7
外商投资股份有限公司	1				20 868.6	277.4	11 693.4	
其他外商投资企业	2				5 234.7	－270.1	45 015.8	152.6
按国民经济行业大类								
采矿业	925	103	25	20	16 881 241.8	1 025 431.7	24 858 204.3	40 614.7
煤炭开采和洗选业	605	78	23	18	13 553 459.5	782 693.9	22 564 273.8	40 106.5
石油和天然气开采业	2	1			53 686.8	－2 100.0	55 968.5	
黑色金属矿采选业	36	2			541 252.4	14 600.7	243 693.4	
有色金属矿采选业	30	11			637 151.4	52 193.1	502 627.0	13.6
非金属矿采选业	251	11	2	2	2 079 733.3	176 976.1	1 472 703.6	494.6
开采辅助活动								
其他采矿业	1				15 958.4	1 067.9	18 938.0	
制造业	4 122	815	335	503	78 626 690.1	7 895 646.1	91 107 797.0	2 398 068.9
农副食品加工业	361	80	34	54	3 685 814.8	187 456.8	2 016 954.8	5 001.3
食品制造业	144	23	10	11	1 715 072.7	167 209.5	1 161 595.5	
酒、饮料和精制茶制造业	480	69	31	51	10 627 054.0	4 411 420.3	21 842 629.8	50 010.0
烟草制品业	2	2	1	1	3 349 393.6	276 049.6	3 526 203.5	4 498.5
纺织业	25	4	1	4	195 639.8	5 499.6	167 423.1	
纺织服装、服饰业	72	6	2	3	546 597.3	21 869.4	330 139.1	24 084.0
皮革、毛皮、羽毛及其制品和制鞋业	35	3	4	2	561 568.9	33 441.7	240 084.5	34 598.0
木材加工和木、竹、藤、棕、草制品业	99	23	13	10	720 075.2	22 442.9	446 453.0	

续 3－1

分 布	企业数/个	#有 R&D 活动	#有研发机构	有新产品销售的企业	主营业务收入/万元	利润总额/万元	资产总计/万元	出口交货值/万元
家具制造业	57	11	5	6	526 326.8	32 856.6	202 389.4	
造纸和纸制品业	64	6		2	773 979.7	63 095.9	679 453.2	
印刷和记录媒介复制业	44	6		4	453 452.8	53 983.7	404 446.3	
文教、工美、体育和娱乐用品制造业	55	10	4	5	453 860.4	26 622.0	193 769.9	2 378.6
石油加工、炼焦和核燃料加工业	16	2			695 342.7	25 752.2	876 069.4	
化学原料和化学制品制造业	234	54	28	39	9 707 241.9	162 460.8	12 913 570.5	487 928.4
医药制造业	147	79	31	39	3 297 953.8	494 691.2	4 700 422.6	5 163.2
化学纤维制造业	2				17 492.8	1 392.8	4 331.7	
橡胶和塑料制品业	169	31	8	17	2 287 864.1	97 787.4	1 963 916.5	146 879.1
非金属矿物制品业	988	118	35	44	12 311 895.8	857 216.0	11 303 213.0	20 697.4
黑色金属冶炼和压延加工业	124	16	10	10	4 156 626.4	24 711.2	4 486 133.4	7 459.0
有色金属冶炼和压延加工业	89	32	12	17	4 309 883.6	258 876.0	5 071 395.9	
金属制品业	168	32	8	17	2 230 716.5	136 621.1	2 817 646.7	16 830.4
通用设备制造业	93	25	11	24	1 011 593.4	37 379.0	1 147 686.1	21 635.7
专用设备制造业	90	29	10	21	982 326.8	30 235.4	1 075 173.7	29 518.4
汽车制造业	70	22	12	17	2 544 654.7	73 716.0	1 872 241.3	13 056.9
铁路、船舶、航空航天和其他运输设备制造业	58	29	17	29	1 897 551.7	23 136.4	4 175 101.5	159 131.6
电气机械和器材制造业	182	51	18	34	2 446 976.4	114 349.0	2 847 821.2	49 913.4
计算机、通信和其他电子设备制造业	186	34	18	29	6 186 597.5	214 367.7	3 420 478.3	1 310 944.5
仪器仪表制造业	23	7	5	6	199 856.3	15 049.6	260 029.8	8 340.5
其他制造业	24	7	5	5	555 689.7	19 080.1	856 354.9	
废弃资源综合利用业	18	3	2	2	165 689.9	6 653.2	74 043.6	
金属制品、机械和设备修理业	3	1			11 900.1	223.0	30 624.8	
电力、热力、燃气及水生产和供应业	248	28	8	4	10 800 353.9	75 751.0	35 944 039.9	20 202.9
电力、热力生产和供应业	165	25	7	4	10 072 856.9	－74 284.2	32 054 633.0	10 240.6
燃气生产和供应业	31				404 459.6	11 904.5	964 790.0	
水的生产和供应业	52	3	1		323 037.4	138 130.7	2 924 616.9	9 962.3

3－2　R&D 人员

分　布	R&D 人员/人	#女性	#研究人员	#全时人员	R&D 人员折合全时当量/人年
总　计	32 616	7 399	9 775	21 813	18 786
按地区					
贵阳市	11 237	2 913	3 898	7 243	6 705
六盘水市	2 464	247	745	1 430	1 388
遵义市	5 048	943	1 634	3 519	3 330
安顺市	1 985	659	853	1 420	1 331
毕节市	1 635	247	403	1 245	1 063
铜仁市	1 439	296	437	893	547
黔西南布依族苗族自治州	5 850	1 368	917	4 197	2 385
黔东南苗族侗族自治州	988	191	256	728	666
黔南布依族苗族自治州	1 970	535	632	1 138	1 372
按企业规模					
大型	11 283	2 403	3 748	7 019	7 255
中型	10 155	2 404	3 006	7 159	5 590
小型	10 854	2 533	2 930	7 438	5 794
微型	324	59	91	197	147
按登记注册类型					
内资企业	31 895	7 209	9 574	21 303	18 362
国有企业	2 002	487	840	1 436	1 316
集体企业					
股份合作企业					
联营企业					
国有联营企业					
集体联营企业					
国有与集体联营企业					
其他联营企业					
有限责任公司	16 908	3 528	5 252	10 930	10 297
国有独资公司	5 266	1 085	1 959	3 375	4 062
其他有限责任公司	11 642	2 443	3 293	7 555	6 235
股份有限公司	3 909	1 037	1 293	2 607	2 065
私营企业	9 061	2 155	2 184	6 328	4 672
私营独资企业	904	134	224	569	512
私营合伙企业	834	65	98	677	438
私营有限责任公司	6 751	1 834	1 646	4 661	3 397
私营股份有限公司	572	122	216	421	325
其他企业	15	2	5	2	13
港、澳、台商投资企业	351	96	105	204	153
合资经营企业(港或澳、台资)	165	43	53	126	116
合作经营企业(港或澳、台资)	15	5	6	11	7
港、澳、台商独资经营企业	171	48	46	67	30
港、澳、台商投资股份有限公司					
其他港澳台投资企业					
外商投资企业	370	94	96	306	271
中外合资经营企业	21	3	7	16	8
中外合作经营企业	146	10	28	131	110
外资企业	203	81	61	159	154

续 3－2

分　布	R&D 人员/人	#女性	#研究人员	#全时人员	R&D 人员折合全时当量/人年
外商投资股份有限公司					
其他外商投资企业					
按国民经济行业大类					
采矿业	4 290	303	1 006	2 858	2 550
煤炭开采和洗选业	3 894	229	913	2 639	2 350
石油和天然气开采业	8	1	3	7	5
黑色金属矿采选业	15	2	3	10	12
有色金属矿采选业	204	29	48	123	109
非金属矿采选业	169	42	39	79	74
开采辅助活动					
其他采矿业					
制造业	27 408	6 975	8 442	18 527	15 731
农副食品加工业	1 245	310	357	851	519
食品制造业	449	149	113	324	325
酒、饮料和精制茶制造业	2 119	436	524	1 571	1 488
烟草制品业	572	109	217	88	178
纺织业	87	33	30	75	68
纺织服装、服饰业	148	66	28	131	87
皮革、毛皮、羽毛及其制品和制鞋业	33	6	8	29	17
木材加工和木、竹、藤、棕、草制品业	488	155	107	334	215
家具制造业	118	34	35	89	101
造纸和纸制品业	50	20	21	30	46
印刷和记录媒介复制业	106	24	36	75	71
文教、工美、体育和娱乐用品制造业	446	330	40	374	91
石油加工、炼焦和核燃料加工业	95	12	50	65	45
化学原料和化学制品制造业	2 430	417	710	1 234	1 463
医药制造业	2 671	1 115	904	1 745	1 590
化学纤维制造业					
橡胶和塑料制品业	1 325	418	365	788	684
非金属矿物制品业	1 842	452	427	1 225	879
黑色金属冶炼和压延加工业	1 010	174	131	696	308
有色金属冶炼和压延加工业	1 289	185	304	844	687
金属制品业	1 192	166	317	536	484
通用设备制造业	529	76	191	400	274
专用设备制造业	629	116	196	475	409
汽车制造业	638	101	268	486	297
铁路、船舶、航空航天和其他运输设备制造业	4 257	1 205	1 768	3 444	3 319
电气机械和器材制造业	954	168	333	770	502
计算机、通信和其他电子设备制造业	1 446	388	481	1 110	641
仪器仪表制造业	205	43	85	158	133
其他制造业	981	254	378	533	776
废弃资源综合利用业	30	11	5	25	7
金属制品、机械和设备修理业	24	2	13	22	24
电力、热力、燃气及水生产和供应业	918	121	327	428	506
电力、热力生产和供应业	883	113	320	402	494
燃气生产和供应业					
水的生产和供应业	35	8	7	26	11

3－3 R&D经费

分布	R&D经费内部支出	（一）按支出用途分				（二）按资金来源分			
		日常性（经常性）支出	#人员劳务费	资产性支出	#仪器和设备	政府资金	企业资金	境外资金	其他资金
总　计	648 576.1	525 440.0	138 333.3	123 136.1	121 748.7	73 465.8	559 695.3	740.2	14 674.8
按地区									
贵阳市	277 372.6	247 039.7	53 352.9	30 332.9	29 875.9	51 535.8	216 486.4		9 350.4
六盘水市	35 823.8	20 596.6	6 157.9	15 227.2	15 070.3	413.0	35 409.5		1.3
遵义市	84 883.9	76 788.4	32 531.8	8 095.5	8 013.2	2 908.7	79 569.5	740.2	1 665.5
安顺市	39 287.1	35 457.6	7 098.3	3 829.5	3 790.9	6 742.0	32 145.1		400
毕节市	34 433.9	21 377.7	7 042.7	13 056.2	13 037.5	516.0	32 413.8		1 504.1
铜仁市	35 840.9	27 618.1	5 760.8	8 222.8	8 072.8	869.2	34 659.1		312.6
黔西南布依族苗族自治州	69 034.3	47 215.2	13 757.7	21 819.1	21 538.7	4 659.9	63 843.6		530.8
黔东南苗族侗族自治州	26 903.4	17 474.5	4 123.3	9 428.9	9 335.9	1 129.8	25 495.6		278
黔南布依族苗族自治州	44 996.2	31 872.2	8 507.9	13 124.0	13 013.5	4 691.4	39 672.7		632.1
按企业规模									
大型	271 760.0	237 755.8	58 499.7	34 004.2	33 933.8	44 884.8	219 166.3		7 708.9
中型	182 894.0	145 032.5	42 117.2	37 861.5	37 295.0	15 241.1	164 797.3	740.2	2 115.4
小型	188 053.7	138 568.9	36 856.7	49 484.8	48 736.8	13 316.4	170 246.6		4 490.7
微型	5 868.4	4 082.8	859.7	1 785.6	1 783.1	23.5	5 485.1		359.8
按登记注册类型									
内资企业	634 411.3	512 190.1	135 349.5	122 221.2	120 837.1	72 375.2	546 756.6	740.2	14 539.3
国有企业	29 501.2	25 295.4	10 023.0	4 205.8	4 111.3	2 928.7	25 266.5	740.2	565.8
集体企业									
股份合作企业									
联营企业									
国有联营企业									
集体联营企业									
国有与集体联营企业									
其他联营企业									
有限责任公司	379 658.9	327 519.7	84 314.3	52 139.2	51 539.9	53 215.7	315 983.7		10 459.5
国有独资公司	100 463.6	88 446.6	33 741.5	12 017.0	11 941.4	10 098.4	89 293.4		1 071.8
其他有限责任公司	279 195.3	239 073.1	50 572.8	40 122.2	39 598.5	43 117.3	226 690.3		9 387.7
股份有限公司	78 061.2	65 343.8	16 089.4	12 717.4	12 498.0	6 455.5	71 273.6		332.1
私营企业	146 869.1	93 712.2	24 854.6	53 156.9	52 686.9	9 766.3	133 920.9		3 181.9

单位:万元

R&D 经费外部支出	#对境内研究机构支出	对境内高等学校支出	对境内企业支出	对境外支出
39 865.6	14 286.5	5 837.1	19 356.8	385.2
20 733.4	4 662.4	2 197.8	13 797.7	75.5
2 754.0	794.9	123.9	1 834.4	0.8
1 764.7	1 183.8	393.9	159.5	27.5
1 685.8	866.4	432.3	274.4	112.7
3 489.5	3 414.6	44.5	30.4	
2 554.3	202.7	173.4	2 178.2	
2 171.4	1 198.4	336.6	468.0	168.4
447.7	65.5	101.7	280.5	
4 264.8	1 897.8	2 033.0	333.7	0.3
19 000.8	4 319.1	877.1	13 691.9	112.7
9 254.2	5 574.9	1 187.1	2 385.3	106.9
11 330.2	4 266.7	3 735.6	3 262.6	65.3
280.4	125.8	37.3	17.0	100.3
39 266.2	13 840.0	5 797.1	19 243.9	385.2
2 446.8	964.5	420.2	986.6	75.5
22 726.9	5 388.1	2 334.1	14 973.3	31.4
2 059.6	370.7	425.8	1 263.1	
20 667.3	5 017.4	1 908.3	13 710.2	31.4
2 995.8	1 697.4	412.9	772.8	112.7
11 086.7	5 790.0	2 619.9	2 511.2	165.6

续3－3

分　布	R&D经费内部支出	(一)按支出用途分				(二)按资金来源分			
		日常性(经常性)支出	#人员劳务费	资产性支出	#仪器和设备	政府资金	企业资金	境外资金	其他资金
私营独资企业	11 929.7	7 240.7	2 606.7	4 689.0	4 649.9	375.0	10 624.5		930.2
私营合伙企业	8 699.7	6 232.4	1 313.2	2 467.3	2 441.9	1 222.0	6 454.0		1 023.7
私营有限责任公司	107 597.4	70 219.8	18 175.2	37 377.6	36 980.0	5 703.7	100 724.9		1 168.8
私营股份有限公司	18 642.3	10 019.3	2 759.5	8 623.0	8 615.1	2 465.6	16 117.5		59.2
其他企业	320.9	319.0	68.2	1.9	1.0	9.0	311.9		
港、澳、台商投资企业	9 047.1	8 261.7	1 590.0	785.4	783.0	957.0	7 980.3		109.8
合资经营企业(港或澳、台资)	6 740.8	6 074.8	894.6	666.0	663.9	97.0	6 534.0		109.8
合作经营企业(港或澳、台资)	856.5	816.4	21.0	40.1	40.1	50.0	806.5		
港、澳、台商独资经营企业	1 449.8	1 370.5	674.4	79.3	79.0	810.0	639.8		
港、澳、台商投资股份有限公司									
其他港澳台投资企业									
外商投资企业	5 117.7	4 988.2	1 393.8	129.5	128.6	133.6	4 958.4		25.7
中外合资经营企业	102.9	68.2	15.6	34.7	33.8		77.2		25.7
中外合作经营企业	1 213.0	1 183.2	358.9	29.8	29.8		1 213.0		
外资企业	3 801.8	3 736.8	1 019.3	65.0	65.0	133.6	3 668.2		
外商投资股份有限公司									
其他外商投资企业									
按国民经济行业大类									
采矿业	46 069.4	28 712.6	10 472.4	17 356.8	17 246.3	2 338.0	41 507.0		2 224.4
煤炭开采和洗选业	41 550.1	24 942.5	9 387.7	16 607.6	16 519.5	2 335.5	36 996.6		2 218.0
石油和天然气开采业	94.2	49.0	28.3	45.2	45.2		94.2		
黑色金属矿采选业	1 054.3	835.4	170.8	218.9	200.6		1 054.3		
有色金属矿采选业	1 112.4	1 045.0	435.4	67.4	65.4	2.5	1 109.9		
非金属矿采选业	2 258.4	1 840.7	450.2	417.7	415.6		2 252.0		6.4
开采辅助活动									
其他采矿业									
制造业	583 347.5	486 756.1	124 775.3	96 591.4	95 405.2	71 057.8	499 277.4	740.2	12 272.1
农副食品加工业	17 689.5	13 562.0	3 356.8	4 127.5	3 970.5	1 645.2	15 935.2		109.1
食品制造业	9 347.2	3 865.5	1 101.7	5 481.7	5 479.4	305.0	8 929.1		113.1
酒、饮料和精制茶制造业	47 418.6	42 642.8	19 669.7	4 775.8	4 753.3	1 369.6	45 825.7		223.3
烟草制品业	8 019.3	5 982.6	2 216.8	2 036.7	2 034.0		8 019.3		
纺织业	4 225.1	2 057.0	315.9	2 168.1	2 161.7		4 225.1		

R&D经费外部支出	#对境内研究机构支出	对境内高等学校支出	对境内企业支出	对境外支出
271.4	119.2	41.3	10.6	100.3
151.3	147.9		3.4	
9 897.2	4 898.6	2 446.4	2 486.9	65.3
766.8	624.3	132.2	10.3	
10.0		10.0		
314.3	206.6	40.0	67.7	
206.5	198.8		7.7	
15.0		15.0		
92.8	7.8	25.0	60.0	
285.1	239.9		45.2	
285.1	239.9		45.2	
4 234.1	3 588.4	9.0	636.7	
4 211.6	3 577.2	4.0	630.4	
22.5	11.2	5.0	6.3	
33 078.3	9 913.6	5 708.2	17 072.1	384.4
365.6	86.0	167.7	111.6	0.3
110.6	7.3	101.5	1.8	
1 338.6	519.4	454.9	259.0	105.3
804.8	152.1	95.6	557.1	
50.0	50.0			

续3－3

分 布	R&D经费内部支出	(一)按支出用途分				(二)按资金来源分			
		日常性(经常性)支出	#人员劳务费	资产性支出	#仪器和设备	政府资金	企业资金	境外资金	其他资金
纺织服装、服饰业	1 069.8	1 038.8	520.8	31.0	31.0		1 069.8		
皮革、毛皮、羽毛及其制品和制鞋业	343.3	272.3	38.0	71.0	71.0		343.3		
木材加工和木、竹、藤、棕、草制品业	8 733.6	3 885.5	1 493.6	4 848.1	4 848.1	537.3	8 175.3		21.0
家具制造业	2 989.2	2 664.4	922.8	324.8	324.7	170.0	2 819.2		
造纸和纸制品业	1 549.3	1 020.4	387.9	528.9	528.9	150.0	1 399.3		
印刷和记录媒介复制业	2 433.5	2 121.3	434.6	312.2	94.8	175.0	2 148.7		109.8
文教、工美、体育和娱乐用品制造业	1 613.3	1 240.0	256.7	373.3	372.7	360.0	1 220.8		32.5
石油加工、炼焦和核燃料加工业	4 048.1	403.9	267.3	3 644.2	3 644.0		4 048.1		
化学原料和化学制品制造业	67 040.4	52 673.9	10 913.8	14 366.5	14 198.9	4 013.9	56 909.0		6 117.5
医药制造业	62 472.7	53 124.5	11 014.3	9 348.2	9 227.6	4 917.4	56 349.1		1 206.2
化学纤维制造业									
橡胶和塑料制品业	27 986.9	23 748.2	2 990.3	4 238.7	4 229.7	878.2	27 090.7		18.0
非金属矿物制品业	23 890.6	17 301.8	5 941.7	6 588.8	6 441.5	2 051.8	21 230.7		608.1
黑色金属冶炼和压延加工业	24 609.6	13 952.8	3 382.3	10 656.8	10 634.4	923.1	23 686.5		
有色金属冶炼和压延加工业	20 369.0	17 512.5	5 613.8	2 856.5	2 814.2	721.5	19 493.5		154.0
金属制品业	16 843.4	15 548.6	3 107.5	1 294.8	1 289.9	973.0	15 212.2		658.2
通用设备制造业	8 819.0	7 154.8	2 104.0	1 664.2	1 651.6	637.3	7 413.5	740.2	28.0
专用设备制造业	13 784.5	12 749.3	3 785.1	1 035.2	1 030.5	1 181.0	12 603.5		
汽车制造业	15 194.5	10 866.7	3 903.2	4 327.8	4 320.3	1 696.9	13 497.6		
铁路、船舶、航空航天和其他运输设备制造业	129 895.5	123 459.1	21 575.0	6 436.4	6 380.5	42 192.7	86 998.3		704.5
电气机械和器材制造业	19 442.3	16 487.4	4 407.7	2 954.9	2 856.5	505.5	18 260.6		676.2
计算机、通信和其他电子设备制造业	26 372.1	24 466.4	7 556.8	1 905.7	1 824.0	3 396.2	22 906.8		69.1
仪器仪表制造业	3 923.9	3 879.2	1 063.7	44.7	44.7	851.1	3 072.8		
其他制造业	12 365.4	12 218.2	6 249.6	147.2	146.8	1 244.4	9 697.5		1 423.5
废弃资源综合利用业	237.9	236.2	58.8	1.7			237.9		
金属制品、机械和设备修理业	620.0	620.0	125.1			161.7	458.3		
电力、热力、燃气及水生产和供应业	19 159.2	9 971.3	3 085.6	9 187.9	9 097.2	70.0	18 910.9		178.3
电力、热力生产和供应业	18 736.3	9 616.5	2 923.1	9 119.8	9 055.1	70.0	18 582.8		83.5
燃气生产和供应业									
水的生产和供应业	422.9	354.8	162.5	68.1	42.1		328.1		94.8

R&D 经费外部支出	#对境内研究机构支出	对境内高等学校支出	对境内企业支出	对境外支出
86.1			86.1	
68.1	68.1			
173.4	47.8	125.6		
94.0		94.0		
77.0		77.0		
97.2	97.2			
143.1	17.4	19.9	100.8	5.0
30.5		30.5		
704.4	101.0	300.0	303.4	
7 556.3	3 674.6	2 498.1	1 270.9	112.7
315.1	250.1	65.0		
966.7	489.2	118.0	358.4	1.1
911.5	403.7	175.8	332.0	
947.8	644.7	5.5	271.2	26.4
1 758.3	1 385.3	299.2	73.8	
804.5	438.9	340.0	25.6	
90.4		77.0	13.4	
2 099.5	4.6	94.9	2 000.0	
12 445.1	920.8	393.8	11 055.0	75.5
398.8	191.4	107.7	41.6	58.1
577.7	364.0	27.8	185.9	
10.0		10.0		
46.0		21.5	24.5	
7.2		7.2		
2 553.2	784.5	119.9	1 648.0	0.8
2 461.0	784.5	119.9	1 555.8	0.8
92.2			92.2	

3－4　R&D 项目

分　布	项目数/项	参加项目人员/人	项目人员折合全时当量/人年	全部项目经费内部支出/万元	#政府资金
总　计	2 758	30 446	16 883	647 188.4	63 976.9
按地区					
贵阳市	1 145	10 780	6 364	276 915.5	46 848.7
六盘水市	138	1 705	830	35 666.9	338.1
遵义市	337	4 849	2 859	84 801.4	2 458.4
安顺市	214	1 660	1 039	39 248.5	6 127.0
毕节市	209	1 579	1 028	34 415.2	396.0
铜仁市	120	1 360	491	35 690.9	827.3
黔西南布依族苗族自治州	209	5 692	2 332	68 753.8	3 404.5
黔东南苗族侗族自治州	163	952	640	26 810.5	1 095.8
黔南布依族苗族自治州	223	1 869	1 300	44 885.7	2 481.1
按企业规模					
大型	752	10 175	6 028	271 689.5	40 107.5
中型	743	9 471	5 131	182 327.3	12 633.5
小型	1 222	10 476	5 578	187 305.7	11 212.4
微型	41	324	145	5 865.9	23.5
按登记注册类型					
内资企业	2 680	29 740	16 469	633 026.9	62 962.3
国有企业	97	1 630	1 058	29 406.8	2 654.9
集体企业					
股份合作企业					
联营企业					
国有联营企业					
集体联营企业					
国有与集体联营企业					
其他联营企业					
有限责任公司	1 519	15 525	8 876	379 059.5	48 588.5
国有独资公司	354	4 473	3 030	100 388.2	9 511.7
其他有限责任公司	1 165	11 052	5 846	278 671.3	39 076.8
股份有限公司	301	3 834	2 020	77 841.8	4 852.5
私营企业	762	8 736	4 502	146 398.8	6 857.4

续3－4

分　布	项目数/项	参加项目人员/人	项目人员折合全时当量/人年	全部项目经费内部支出/万元	#政府资金
私营独资企业	49	901	509	11 890.6	208.5
私营合伙企业	24	832	436	8 674.3	1 033.0
私营有限责任公司	617	6 449	3 239	107 199.5	5 006.3
私营股份有限公司	72	554	317	18 634.4	609.6
其他企业	1	15	13	320.0	9.0
港、澳、台商投资企业	52	338	143	9 044.7	881.0
合资经营企业(港或澳、台资)	44	155	106	6 738.7	21.0
合作经营企业(港或澳、台资)	2	15	7	856.5	50.0
港、澳、台商独资经营企业	6	168	30	1 449.5	810.0
港、澳、台商投资股份有限公司					
其他港澳台投资企业					
外商投资企业	26	368	270	5 116.8	133.6
中外合资经营企业	3	21	8	102.0	
中外合作经营企业	4	146	110	1 213.0	
外资企业	19	201	153	3 801.8	133.6
外商投资股份有限公司					
其他外商投资企业					
按国民经济行业大类					
采矿业	157	3 708	2 042	45 958.8	1 787.7
煤炭开采和洗选业	131	3 329	1 851	41 461.9	1 785.2
石油和天然气开采业	1	8	5	94.2	
黑色金属矿采选业	2	15	12	1 036.0	
有色金属矿采选业	11	201	107	1 110.4	2.5
非金属矿采选业	12	155	67	2 256.3	
开采辅助活动					
其他采矿业					
制造业	2 522	25 954	14 426	582 161.0	62 119.2
农副食品加工业	92	1 202	503	17 532.5	1 524.3
食品制造业	29	427	313	9 344.8	235.0
酒、饮料和精制茶制造业	143	2 076	1 124	47 396.1	872.6
烟草制品业	105	548	170	8 016.6	

续3－4

分　布	项目数/项	参加项目人员/人	项目人员折合全时当量/人年	全部项目经费内部支出/万元	#政府资金
纺织业	6	87	68	4 218.7	
纺织服装、服饰业	8	116	65	1 069.8	
皮革、毛皮、羽毛及其制品和制鞋业	4	33	17	343.3	
木材加工和木、竹、藤、棕、草制品业	33	484	213	8 733.6	537.3
家具制造业	14	117	100	2 989.1	160.0
造纸和纸制品业	6	50	46	1 549.3	150.0
印刷和记录媒介复制业	18	106	71	2 216.0	80.0
文教、工美、体育和娱乐用品制造业	14	388	76	1 612.7	160.0
石油加工、炼焦和核燃料加工业	8	74	35	4 047.9	
化学原料和化学制品制造业	196	2 238	1 251	66 872.9	1 626.0
医药制造业	358	2 596	1 548	62 352.1	3 911.5
化学纤维制造业					
橡胶和塑料制品业	73	1 275	660	27 977.9	869.2
非金属矿物制品业	170	1 822	864	23 743.4	1 854.3
黑色金属冶炼和压延加工业	68	851	268	24 587.2	825.0
有色金属冶炼和压延加工业	94	1 286	685	20 326.5	721.5
金属制品业	113	1 140	457	16 838.5	928.0
通用设备制造业	64	456	247	8 806.4	568.1
专用设备制造业	88	627	409	13 779.8	870.8
汽车制造业	56	543	237	15 186.9	1 006.8
铁路、船舶、航空航天和其他运输设备制造业	217	3 936	3 025	129 839.7	39 741.0
电气机械和器材制造业	137	908	464	19 343.9	459.4
计算机、通信和其他电子设备制造业	294	1 386	615	26 290.3	2 870.1
仪器仪表制造业	67	202	132	3 923.9	840.0
其他制造业	41	926	731	12 365.0	1 146.6
废弃资源综合利用业	3	30	7	236.2	
金属制品、机械和设备修理业	3	24	24	620.0	161.7
电力、热力、燃气及水生产和供应业	79	784	416	19 068.6	70.0
电力、热力生产和供应业	76	750	405	18 671.7	70.0
燃气生产和供应业					
水的生产和供应业	3	34	11	396.9	

3－5　企业办科技机构

分　布	(期末)机构数/个	机构人员/人	#博士	硕士	机构经费支出/万元	机构仪器和设备原价/万元	#进口
总　计	442	15 167	285	1 907	345 844.1	403 695.1	73 118.6
按地区							
贵阳市	107	5 838	96	962	187 483.9	191 382.1	62 056.0
六盘水市	25	416	2	37	4 800.0	7 403.7	601.3
遵义市	51	3 780	38	552	75 005.0	138 874.6	5 434.0
安顺市	18	795	16	54	15 330.3	7 561.5	1 866.9
毕节市	26	495	18	29	9 732.3	6 943.7	20.0
铜仁市	46	503	22	61	6 980.8	7 444.9	429.7
黔西南布依族苗族自治州	78	2 015	19	35	16 798.4	13 852.7	183.0
黔东南苗族侗族自治州	50	541	17	24	6 162.7	9 923.6	631.9
黔南布依族苗族自治州	41	784	57	153	23 550.7	20 308.3	1 895.8
按企业规模							
大型	69	6 641	106	1 198	236 709.1	189 868.0	34 713.9
中型	100	4 853	51	466	63 395.2	169 290.9	34 854.3
小型	267	3 633	125	242	45 412.0	44 385.1	3 550.4
微型	6	40	3	1	327.8	151.1	
按登记注册类型							
内资企业	432	14 854	280	1 898	338 955.9	399 289.4	72 931.0
国有企业	19	1 513	33	295	30 716.2	90 516.9	12 299.9
集体企业							
股份合作企业							
联营企业							
国有联营企业							
集体联营企业							
国有与集体联营企业							
其他联营企业							
有限责任公司	186	8 920	138	1 301	232 713.5	268 749.2	58 513.1
国有独资公司	33	4 363	55	625	91 648.3	124 727.1	31 639.0
其他有限责任公司	153	4 557	83	676	141 065.2	144 022.1	26 874.1
股份有限公司	36	1 707	24	156	47 299.4	12 824.5	983.9
私营企业	190	2 699	84	145	28 151.8	27 197.8	1 134.1

续3－5

分　布	（期末）机构数/个	机构人员/人	#博士	硕士	机构经费支出/万元	机构仪器和设备原价/万元	#进口
私营独资企业	7	90	2	3	877.9	518.4	
私营合伙企业	8	225			874.4	641.7	
私营有限责任公司	161	2 237	75	133	24 747.8	23 908.5	1 134.1
私营股份有限公司	14	147	7	9	1 651.7	2 129.2	
其他企业	1	15	1	1	75.0	1.0	
港、澳、台商投资企业	5	121		2	4 473.3	3 764.0	187.6
合资经营企业（港或澳、台资）	4	109		1	4 371.3	3 549.0	187.6
合作经营企业（港或澳、台资）							
港、澳、台商独资经营企业	1	12		1	102.0	215.0	
港、澳、台商投资股份有限公司							
其他港澳台投资企业							
外商投资企业	5	192	5	7	2 414.9	641.7	
中外合资经营企业	2	43	4	2	768.6	181.3	
中外合作经营企业	1	10			60.0	30.0	
外资企业	2	139	1	5	1 586.3	430.4	
外商投资股份有限公司							
其他外商投资企业							
按国民经济行业大类							
采矿业	25	626	6	23	8 744.9	6 281.0	165.3
煤炭开采和洗选业	23	608	4	22	7 831.4	6 212.4	165.3
石油和天然气开采业							
黑色金属矿采选业							
有色金属矿采选业							
非金属矿采选业	2	18	2	1	913.5	68.6	
开采辅助活动							
其他采矿业							
制造业	399	14 051	270	1 792	317 039.3	366 628.8	65 777.3
农副食品加工业	35	400	20	38	3 489.5	5 072.0	
食品制造业	10	148		9	1 134.6	785.8	
酒、饮料和精制茶制造业	33	2 073	43	306	44 877.8	58 173.3	48.5
烟草制品业	3	159	9	69	12 575.1	17 148.2	14 448.3

续 3－5

分　布	(期末)机构数/个	机构人员/人	#博士	硕士	机构经费支出/万元	机构仪器和设备原价/万元	#进口
纺织业	1	21		3	70.0	30.0	
纺织服装、服饰业	2	14	1	1	124.5	87.0	
皮革、毛皮、羽毛及其制品和制鞋业	4	319	10	23	3 223.3	746.5	24.5
木材加工和木、竹、藤、棕、草制品业	13	335	1	8	1 497.8	2 390.8	
家具制造业	5	91		1	2 139.5	497.7	
造纸和纸制品业							
印刷和记录媒介复制业							
文教、工美、体育和娱乐用品制造业	4	184	4	6	723.1	391.4	100.0
石油加工、炼焦和核燃料加工业							
化学原料和化学制品制造业	49	1 556	61	215	35 718.7	34 909.0	5 003.0
医药制造业	40	1 117	30	138	34 383.5	14 364.6	1 421.8
化学纤维制造业							
橡胶和塑料制品业	8	117		2	5 037.9	4 289.7	187.6
非金属矿物制品业	35	445	4	12	7 946.9	8 531.6	32.0
黑色金属冶炼和压延加工业	15	371	3	47	4 937.7	9 546.1	1 067.0
有色金属冶炼和压延加工业	13	546	5	21	7 061.4	4 744.8	80.8
金属制品业	9	355	2	55	10 438.8	11 347.7	1 859.5
通用设备制造业	11	258	10	31	2 913.8	6 054.8	1 770.0
专用设备制造业	12	266		25	3 042.4	7 737.6	531.3
汽车制造业	27	646	6	51	15 607.6	27 537.0	760.4
铁路、船舶、航空航天和其他运输设备制造业	20	2 454	34	272	86 520.6	60 767.6	15 143.9
电气机械和器材制造业	19	306	7	10	3 451.0	12 498.3	253.0
计算机、通信和其他电子设备制造业	19	969	16	241	18 517.9	63 147.3	18 017.6
仪器仪表制造业	5	162	4	15	3 533.6	4 920.8	250.0
其他制造业	5	711		193	8 019.9	10 866.8	4 778.1
废弃资源综合利用业	2	28			52.4	42.4	
金属制品、机械和设备修理业							
电力、热力、燃气及水生产和供应业	18	490	9	92	20 059.9	30 785.3	7 176.0
电力、热力生产和供应业	17	485	6	90	19 979.9	30 735.3	7 176.0
燃气生产和供应业							
水的生产和供应业	1	5	3	2	80.0	50.0	

3-6 自主知识产权保护

分布	专利申请数/件	#发明专利	(期末)有效发明专利数/件	#境外授权	专利所有权转让及许可数/件	专利所有权转让与许可收入/万元	(期末)拥有注册商标数/件	#境外注册	形成国家或行业标准数/项
总　计	5 344	2 542	6 805	27	116	2 388.7	3 675	584	167
按地区									
贵阳市	2 719	1 292	3 615	8	64	1 814.7	1 325	109	97
六盘水市	167	55	129				109		3
遵义市	874	419	1 271	1	14	500.0	1 495	475	33
安顺市	409	245	555	3	1		384		7
毕节市	193	66	118				50		2
铜仁市	228	143	232		9		54		10
黔西南布依族苗族自治州	105	67	109	5	7	73.2	29		3
黔东南苗族侗族自治州	278	78	119		13		89		3
黔南布依族苗族自治州	371	177	657	10	8	0.8	140		9
按企业规模									
大型	1 845	942	2 713	4	29	1 814.1	2 609	584	50
中型	1 476	693	2 067	9	15	3.7	365		45
小型	1 951	866	1 979	14	72	570.9	698		72
微型	72	41	46				3		
按登记注册类型									
内资企业	5 268	2 520	6 679	27	116	2 388.7	3 416	512	163
国有企业	873	399	916		6		23		15
集体企业									
股份合作企业									
联营企业									
国有联营企业									
集体联营企业									
国有与集体联营企业									
其他联营企业									
有限责任公司	2 769	1 342	3 546	18	63	2 383.2	2 128	512	116
国有独资公司	875	418	784		5	1 812.4	1 640	511	7
其他有限责任公司	1 894	924	2 762	18	58	570.8	488	1	109
股份有限公司	453	198	1 253	1	4	4.1	928		10
私营企业	1 173	581	964	8	43	1.4	337		22
私营独资企业	5	3	1				6		
私营合伙企业	5	2	3						

续3－6

分布	专利申请数/件	#发明专利	(期末)有效发明专利数/件	#境外授权	专利所有权转让及许可数/件	专利所有权转让与许可收入/万元	(期末)拥有注册商标数/件	#境外注册	形成国家或行业标准数/项
私营有限责任公司	1 027	522	784	8	43	1.4	216		20
私营股份有限公司	136	54	176				115		2
其他企业									
港、澳、台商投资企业	67	18	65				26		4
合资经营企业(港或澳、台资)	57	13	50				26		4
合作经营企业(港或澳、台资)			7						
港、澳、台商独资经营企业	10	5	8						
港、澳、台商投资股份有限公司									
其他港澳台投资企业									
外商投资企业	9	4	61				233	72	
中外合资经营企业	8	3	25				9		
中外合作经营企业									
外资企业	1	1	36				224	72	
外商投资股份有限公司									
其他外商投资企业									
按国民经济行业大类									
采矿业	39	9	21				5		
煤炭开采和洗选业	29	9	21				5		
石油和天然气开采业									
黑色金属矿采选业									
有色金属矿采选业									
非金属矿采选业	10								
开采辅助活动									
其他采矿业									
制造业	4 584	2 257	6 461	27	116	2 388.7	3 670	584	161
农副食品加工业	182	104	102				64		8
食品制造业	25	3	44				45		4
酒、饮料和精制茶制造业	141	92	135	5	9	70.1	1 524	475	13
烟草制品业	120	69	78				193	35	4
纺织业	24	14	14				1		
纺织服装、服饰业	3		2		1		1		
皮革、毛皮、羽毛及其制品和制鞋业	54	15	48				22		1

续3－6

分布	专利申请数/件	#发明专利	(期末)有效发明专利数/件	#境外授权	专利所有权转让及许可数/件	专利所有权转让与许可收入/万元	(期末)拥有注册商标数/件	#境外注册	形成国家或行业标准数/项
木材加工和木、竹、藤、棕、草制品业	38	18	16				4		
家具制造业	26	7	57				66		
造纸和纸制品业			1						
印刷和记录媒介复制业	42	21	44						
文教、工美、体育和娱乐用品制造业	1		2				4		
石油加工、炼焦和核燃料加工业	11	5	5						
化学原料和化学制品制造业	561	259	927	4	27	0.6	52	1	7
医药制造业	264	149	859	2			1 407	72	39
化学纤维制造业									
橡胶和塑料制品业	100	24	152				31		3
非金属矿物制品业	200	61	109		1		9		
黑色金属冶炼和压延加工业	62	43	98				52		1
有色金属冶炼和压延加工业	141	87	182		1	3.1	38		2
金属制品业	240	160	244	8			9		5
通用设备制造业	232	82	319				25		9
专用设备制造业	181	63	266		1		25		
汽车制造业	283	84	583		16	1	15		1
铁路、船舶、航空航天和其他运输设备制造业	681	440	1052		26	1 813.1	13		7
电气机械和器材制造业	261	133	410		10		27		1
计算机、通信和其他电子设备制造业	422	197	516		10	500	28	1	56
仪器仪表制造业	88	39	51	8	8	0.8	12		
其他制造业	169	85	144		6		3		
废弃资源综合利用业	14	2							
金属制品、机械和设备修理业	18	1	1						
电力、热力、燃气及水生产和供应业	721	276	323						6
电力、热力生产和供应业	721	276	323						6
燃气生产和供应业									
水的生产和供应业									

3－7　新产品情况

分　布	新产品开发项目数/项	新产品开发经费支出/万元	新产品销售收入/万元	#出口
总　计	2 537	577 811.1	6 055 567.9	357 345.5
按地区				
贵阳市	1 286	311 264.7	2 817 518.0	106 294.8
六盘水市	56	13 330.9	276 247.1	12.2
遵义市	293	66 629.4	1 365 657.4	14 537.5
安顺市	228	40 815.7	471 917.3	39 313.6
毕节市	161	21 918.5	16 822.3	
铜仁市	99	39 734.2	135 710.3	402.0
黔西南布依族苗族自治州	121	33 836.3	318 286.3	1 026.7
黔东南苗族侗族自治州	130	20 079.7	111 289.1	6 402.4
黔南布依族苗族自治州	163	30 201.7	542 120.1	189 356.3
按企业规模				
大型	711	255 842.9	3 283 480.4	283 336.2
中型	691	145 201.1	1 723 259.7	59 219.2
小型	1 105	172 348.7	1 030 595.6	14 790.1
微型	30	4 418.4	18 232.2	
按登记注册类型				
内资企业	2 471	565 858.3	5 899 416.7	354 091.3
国有企业	168	45 703.3	314 848.9	4 374.7
集体企业				
股份合作企业				
联营企业				
国有联营企业				
集体联营企业				
国有与集体联营企业				
其他联营企业				
有限责任公司	1 414	330 355.0	3 636 006.8	258 141.6
国有独资公司	315	80 284.6	1 292 526.7	34 688.3
其他有限责任公司	1 099	250 070.4	2 343 480.1	223 453.3
股份有限公司	264	74 758.4	1 183 853.9	89 147.0
私营企业	624	114 713.7	764 571.5	2 428.0

续3－7

分　布	新产品开发项目数/项	新产品开发经费支出/万元	新产品销售收入/万元	#出口
私营独资企业	24	5 967.7	36 311.2	
私营合伙企业	9	3 416.0	13 856.2	
私营有限责任公司	546	98 684.3	565 473.9	2 428.0
私营股份有限公司	45	6 645.7	148 930.2	
其他企业	1	327.9	135.6	
港、澳、台商投资企业	42	8 425.2	147 336.7	
合资经营企业(港或澳、台资)	37	6 223.5	142 706.7	
合作经营企业(港或澳、台资)	2	868.9	4 420.0	
港、澳、台商独资经营企业	3	1 332.8	210.0	
港、澳、台商投资股份有限公司				
其他港澳台投资企业				
外商投资企业	24	3 527.6	8 814.5	3 254.2
中外合资经营企业	10	740.4	8 814.5	3 254.2
中外合作经营企业				
外资企业	14	2 787.2		
外商投资股份有限公司				
其他外商投资企业				
按国民经济行业大类				
采矿业	49	15 925.6	64 062.4	
煤炭开采和洗选业	33	13 352.9	62 863.8	
石油和天然气开采业	1	94.2		
黑色金属矿采选业				
有色金属矿采选业	9	737.9		
非金属矿采选业	6	1 740.6	1 198.6	
开采辅助活动				
其他采矿业				
制造业	2 385	542 099.3	5 920 498.3	357 345.5
农副食品加工业	72	19 422.2	65 884.0	2 125.0
食品制造业	21	5 315.9	13 062.2	15.8
酒、饮料和精制茶制造业	104	29 057.5	528 887.7	13.0
烟草制品业	102	11 664.8	309 062.0	

续3－7

分　布	新产品开发项目数/项	新产品开发经费支出/万元	新产品销售收入/万元	#出口
纺织业	8	1 375.4	8 186.6	
纺织服装、服饰业	4	147.4	5 436.4	1 648.2
皮革、毛皮、羽毛及其制品和制鞋业	9	2 939.7	2 526.2	
木材加工和木、竹、藤、棕、草制品业	20	6 048.2	15 153.5	
家具制造业	8	1 789.5	3 503.2	35.0
造纸和纸制品业	12	2 163.4	45 551.5	
印刷和记录媒介复制业	12	1 827.5	66 779.6	
文教、工美、体育和娱乐用品制造业	12	2 462.1	7 138.0	683.2
石油加工、炼焦和核燃料加工业	2	48.6		
化学原料和化学制品制造业	114	34 109.5	1 017 847.5	192 190.0
医药制造业	329	58 828.4	715 370.3	1 007.1
化学纤维制造业				
橡胶和塑料制品业	69	25 271.2	416 106.3	85 546.1
非金属矿物制品业	123	15 959.8	121 148.3	51.0
黑色金属冶炼和压延加工业	22	10 159.9	200 087.2	400.0
有色金属冶炼和压延加工业	43	8 504.6	399 343.9	4 392.4
金属制品业	101	17 340.6	308 323.6	14 569.7
通用设备制造业	94	13 286.6	117 100.4	1 505.7
专用设备制造业	103	17 563.8	82 849.0	5 339.4
汽车制造业	71	30 638.4	166 109.6	8 114.5
铁路、船舶、航空航天和其他运输设备制造业	255	146 109.4	511 119.3	39 152.5
电气机械和器材制造业	162	21 742.6	208 830.5	35.3
计算机、通信和其他电子设备制造业	384	38 867.1	455 411.2	169.7
仪器仪表制造业	87	6 711.0	25 761.3	351.9
其他制造业	39	12 518.4	102 096.2	
废弃资源综合利用业	3	225.8	1 822.8	
金属制品、机械和设备修理业				
电力、热力、燃气及水生产和供应业	103	19 786.2	71 007.2	
电力、热力生产和供应业	100	19 364.1	71 007.2	
燃气生产和供应业	1	15.9		
水的生产和供应业	2	406.2		

3－8　政府相关政策落实情况

单位:万元

分　布	使用来自政府部门的研发资金	研究开发费用加计扣除减免税	高新技术企业减免税
总　计	80 343.1	23 217.9	35 315.9
按地区			
贵阳市	53 857.2	8 219.1	24 783.2
六盘水市	473.0	170.0	7.7
遵义市	4 354.4	7 644.2	6 301.2
安顺市	7 066.0	5 016.8	1 514.2
毕节市	879.0		
铜仁市	2 537.2	398.7	429.5
黔西南布依族苗族自治州	4 692.9		50.0
黔东南苗族侗族自治州	1 244.3	290.6	504.1
黔南布依族苗族自治州	5 239.1	1 478.5	1 726.0
按企业规模			
大型	45 843.6	15 921.6	11 439.5
中型	17 930.8	3 790.9	18 348.0
小型	16 545.2	3 505.4	5 522.6
微型	23.5		5.8
按登记注册类型			
内资企业	79 181.9	22 924.1	34 346.0
国有企业	3 335.7	7 526.1	1 866.8
集体企业			
股份合作企业			
联营企业			
国有联营企业			
集体联营企业			
国有与集体联营企业			
其他联营企业			
有限责任公司	55 594.0	7 141.1	17 244.6
国有独资公司	10 310.8	2 911.8	2 239.6
其他有限责任公司	45 283.2	4 229.3	15 005.0
股份有限公司	7 578.9	6 807.3	9 816.5
私营企业	12 664.3	1 449.6	5 418.1

续3－8

分　布	使用来自政府部门的研发资金	研究开发费用加计扣除减免税	高新技术企业减免税
私营独资企业	375.0		
私营合伙企业	1 222.0		
私营有限责任公司	8 418.8	856.2	4 652.4
私营股份有限公司	2 648.5	593.4	765.7
其他企业	9.0		
港、澳、台商投资企业	1 027.6	293.8	969.9
合资经营企业(港或澳、台资)	97.6	293.8	969.9
合作经营企业(港或澳、台资)	50.0		
港、澳、台商独资经营企业	880.0		
港、澳、台商投资股份有限公司			
其他港澳台投资企业			
外商投资企业	133.6		
中外合资经营企业			
中外合作经营企业			
外资企业	133.6		
外商投资股份有限公司			
其他外商投资企业			
按国民经济行业大类			
采矿业	2 768.5	153.6	
煤炭开采和洗选业	2 335.5	153.6	
石油和天然气开采业			
黑色金属矿采选业	364.5		
有色金属矿采选业	2.5		
非金属矿采选业	66.0		
开采辅助活动			
其他采矿业			
制造业	77 294.6	23 064.3	35 315.9
农副食品加工业	2 854.2	0.2	257.8
食品制造业	390.0	8.6	
酒、饮料和精制茶制造业	1 830.6	1.0	50.0
烟草制品业			

续3-8

分　布	使用来自政府部门的研发资金	研究开发费用加计扣除减免税	高新技术企业减免税
纺织业			
纺织服装、服饰业	125.0		
皮革、毛皮、羽毛及其制品和制鞋业	138.0	98.2	675.1
木材加工和木、竹、藤、棕、草制品业	537.3		
家具制造业	219.0	77.1	357.5
造纸和纸制品业	150.6		2 825.1
印刷和记录媒介复制业	175.0	116.2	799.8
文教、工美、体育和娱乐用品制造业	362.0		
石油加工、炼焦和核燃料加工业			
化学原料和化学制品制造业	4 118.6	1 829.6	3 045.3
医药制造业	5 837.1	6 883.6	11 742.9
化学纤维制造业			
橡胶和塑料制品业	1 169.2	449.9	1 770.4
非金属矿物制品业	2 325.2	186.3	327.2
黑色金属冶炼和压延加工业	1 452.2	26.3	136.2
有色金属冶炼和压延加工业	751.5	6 500.0	35.0
金属制品业	1 033.0	565.0	172.4
通用设备制造业	919.1	31.9	320.2
专用设备制造业	1 241.5	144.6	513.0
汽车制造业	2 481.8	765.8	1 665.6
铁路、船舶、航空航天和其他运输设备制造业	42 232.7	3 406.1	2 935.4
电气机械和器材制造业	736.4	366.5	785.2
计算机、通信和其他电子设备制造业	3 740.8	813.7	4 979.0
仪器仪表制造业	851.1	347.1	536.5
其他制造业	1 450.5	430.2	1 386.3
废弃资源综合利用业	10.5	16.4	
金属制品、机械和设备修理业	161.7		
电力、热力、燃气及水生产和供应业	280.0		
电力、热力生产和供应业	80.0		
燃气生产和供应业			
水的生产和供应业	200.0		

3－9 技术获取和技术改造情况

单位:万元

分 布	引进境外技术经费支出	引进境外技术的消化吸收经费支出	购买国内技术经费支出	技术改造经费支出
总 计	2 869.5	392.4	66 506.8	461 488.4
按地区				
贵阳市	623.5	261.3	5 872.8	150 978.0
六盘水市			3 046.0	90 726.2
遵义市			5 018.2	6 126.5
安顺市	634.9		1 945.0	39 357.6
毕节市			640.0	14 089.5
铜仁市			28.0	2 113.2
黔西南布依族苗族自治州	1 611.1	131.1	543.5	57 084.8
黔东南苗族侗族自治州			578.3	16 246.2
黔南布依族苗族自治州			48 835.0	84 766.4
按企业规模				
大型	543.2	261.3	63 066.8	286 453.7
中型	80.3		1 772.6	101 009.9
小型	2 246.0	131.1	1 667.4	72 805.1
微型				1 219.7
按登记注册类型				
内资企业	2 869.5	392.4	66 506.8	460 917.3
国有企业	80.3		5 215.6	22 647.1
集体企业				
股份合作企业				
联营企业				
国有联营企业				
集体联营企业				
国有与集体联营企业				
其他联营企业				
有限责任公司	1 548.2	392.4	58 188.9	328 092.2
国有独资公司	316.0	254.0	7 009.6	109 735.1
其他有限责任公司	1 232.2	138.4	51 179.3	218 357.1
股份有限公司			2 036.5	55 239.0

续3-9

分　布	引进境外技术经费支出	引进境外技术的消化吸收经费支出	购买国内技术经费支出	技术改造经费支出
私营企业	1 241.0		1 065.8	54 939.0
私营独资企业	1 241.0			12 465.6
私营合伙企业				2 425.0
私营有限责任公司			1 065.8	39 049.4
私营股份有限公司				999.0
其他企业				
港、澳、台商投资企业				
合资经营企业(港或澳、台资)				
合作经营企业(港或澳、台资)				
港、澳、台商独资经营企业				
港、澳、台商投资股份有限公司				
其他港澳台投资企业				
外商投资企业				571.1
中外合资经营企业				
中外合作经营企业				
外资企业				571.1
外商投资股份有限公司				
其他外商投资企业				
按国民经济行业大类				
采矿业	1 241.0		3 561.0	62 820.7
煤炭开采和洗选业	1 241.0		3 561.0	62 710.7
石油和天然气开采业				
黑色金属矿采选业				
有色金属矿采选业				
非金属矿采选业				110.0
开采辅助活动				
其他采矿业				
制造业	1 628.5	392.4	62 865.8	327 751.1
农副食品加工业			20.0	3 071.9
食品制造业			49.8	388.5
酒、饮料和精制茶制造业	370.1	131.1	501.5	2 112.2
烟草制品业	316.0	254.0	3 548.6	42 309.9

续 3－9

分 布	引进境外技术经费支出	引进境外技术的消化吸收经费支出	购买国内技术经费支出	技术改造经费支出
纺织业			350.0	488.2
纺织服装、服饰业				
皮革、毛皮、羽毛及其制品和制鞋业				69.2
木材加工和木、竹、藤、棕、草制品业				931.4
家具制造业				
造纸和纸制品业				
印刷和记录媒介复制业				
文教、工美、体育和娱乐用品制造业			12.0	325.0
石油加工、炼焦和核燃料加工业				
化学原料和化学制品制造业			50 109.2	106 556.2
医药制造业			1 948.0	17 478.5
化学纤维制造业				
橡胶和塑料制品业				604.0
非金属矿物制品业	634.9		96.5	2 730.1
黑色金属冶炼和压延加工业				27 126.5
有色金属冶炼和压延加工业			5 000.0	6 826.4
金属制品业				6 371.6
通用设备制造业			200.0	3 649.5
专用设备制造业			799.4	3 359.7
汽车制造业				17 775.4
铁路、船舶、航空航天和其他运输设备制造业	140.3		215.6	56 727.0
电气机械和器材制造业			15.2	13 089.8
计算机、通信和其他电子设备制造业	167.2	7.3		15 010.1
仪器仪表制造业				
其他制造业				500.0
废弃资源综合利用业				250.0
金属制品、机械和设备修理业				
电力、热力、燃气及水生产和供应业			80.0	70 916.6
电力、热力生产和供应业			80.0	70 916.6
燃气生产和供应业				
水的生产和供应业				

3－10　限额以上 R&D 项目

分　布	项目数/项	参加项目人员/人	项目人员折合全时当量/人年	项目经费内部支出/万元	#政府资金
总　计	2 758	30 446	16 883	647 188.4	63 976.9
按项目来源					
国家科技项目	182	1 826	1 300	76 770.3	37 518.6
地方科技项目	221	2 556	1 402	67 731.0	9 130.9
其他企业委托科技项目	48	1 092	925	24 195.2	4 809.6
本企业自选科技项目	2 207	23 258	12 526	445 708.6	10 794.5
来自境外的科技项目	1	11	1	1 405.0	100.0
其他科技项目	99	1 703	729	31 378.3	1 623.3
按项目合作形式					
与境外机构合作	6	84	28	1 623.5	293.5
与境内高校合作	204	2 940	1 270	51 996.4	5 801.6
与境内独立研究院所合作	225	2 500	1 754	102 152.6	30 834.3
与境内注册的外商独资企业合作	5	34	32	339.3	15.0
与境内注册的其他企业合作	231	2 299	1 254	58 326.1	5 577.2
独立研究	2 002	21 191	11 913	413 388.3	20 362.7
其他	85	1 398	633	19 362.2	1 092.6
按项目技术经济目标					
科学原理的探索、发现	28	553	206	10 197.2	387.5
技术原理的研究	151	1 989	1 058	37 166.4	1 152.2
开发全新产品	989	10 065	5 880	230 838.8	41 672.4
增加产品功能或提高性能	920	8 784	4 781	187 378.9	14 527.1
提高劳动生产率	176	2 071	1 117	32 152.0	1 011.3
减少能源消耗或提高能源使用效率	221	3 013	1 770	57 264.9	2 954.8
节约原材料	58	794	497	18 640.0	544.9
减少环境污染	99	1 549	721	49 135.7	598.0
其他	116	1 628	853	24 414.5	1 128.7

四 高等院校

4－1　理工农医类科技活动人员

单位:人

分　布	科技活动人员	#大学本科及以上学历
总　计	14 678	13 921
按地区		
贵阳市	7 079	6 800
六盘水市	510	484
遵义市	3 357	3 101
安顺市	466	446
毕节市	725	699
铜仁市	695	666
黔西南布依族苗族自治州	399	383
黔东南苗族侗族自治州	827	766
黔南布依族苗族自治州	620	576
按隶属关系		
中　央		
地　方	14 678	13 921

4-2 理工农医类 R&D 人员

分　布	单位数/个	#有 R&D 活动的单位	R&D 人员/人	#女性	#研究人员	#全时人员	非全时人员	#博士
总　计	40	38	4 508	1 625	4 091	3 607	901	958
按地区								
贵阳市	18	16	2 519	998	2 338	2 017	502	715
六盘水市	2	2	90	33	82	72	18	9
遵义市	5	5	1 041	319	889	832	209	119
安顺市	2	2	126	38	110	101	25	13
毕节市	3	3	136	41	101	109	27	14
铜仁市	2	2	235	56	233	189	46	42
黔西南布依族苗族自治州	2	2	76	33	69	60	16	8
黔东南苗族侗族自治州	3	3	136	50	124	109	27	13
黔南布依族苗族自治州	3	3	149	57	145	118	31	25
按隶属关系								
中　央								
地　方	40	38	4 508	1 625	4 091	3 607	901	958

分　布	硕士	本科	其他	R&D 人员折合全时当量/人年	#研究人员	#基础研究	应用研究	试验发展
总　计	1 841	1 615	94	3 003.5	2 725.8	1 620.6	1 299.7	83.2
按地区								
贵阳市	936	812	56	1 679.4	1 558.2	816.8	813.4	49.2
六盘水市	44	37		60.1	54.8	30.1	21.6	8.4
遵义市	492	429	1	692.8	592.4	467.9	219.0	5.9
安顺市	70	43		84.0	72.9	41.1	40.3	2.6
毕节市	62	48	12	90.7	66.7	13.4	77.3	
铜仁市	108	85		156.9	155.6	91.4	48.9	16.6
黔西南布依族苗族自治州	20	48		50.4	45.8		50.4	
黔东南苗族侗族自治州	60	39	24	90.2	82.7	76.6	13.1	0.5
黔南布依族苗族自治州	49	74	1	99.0	96.7	83.3	15.7	
按隶属关系								
中　央								
地　方	1 841	1 615	94	3 003.5	2 725.8	1 620.6	1 299.7	83.2

4－3 理工农医类 R&D 经费

单位：万元

分 布	R&D 经费内部支出	#基础研究支出	应用研究支出	试验发展支出	#日常性支出	#人员劳务费	资产性支出	#仪器和设备	#政府资金
总 计	98 043.1	45 814.6	48 844.9	3 383.6	50 402.1	16 492.0	47 641.0	24 573.2	73 448.1
按地区									
贵阳市	52 448.8	19 995.1	30 540.2	1 913.5	34 880.3	9 417.2	17 568.5	14 048.0	40 246.5
六盘水市	6 853.7	3 292.5	2 487.7	1 073.5	763.0	399.8	6 090.7	662.4	5 486.4
遵义市	20 965.1	11 592.1	9 212.6	160.4	7 659.2	3 535.6	13 305.9	4 849.6	18 833.3
安顺市	1 422.8	745.9	561.8	115.1	1 109.0	661.6	313.8	53.8	826.7
毕节市	3 075.5	178.1	2 897.4		996.0	368.2	2 079.5	1 092.0	1 815.8
铜仁市	7 202.1	4 933.9	2 155.6	112.6	2 554.3	1 009.3	4 647.8	647.8	3 207.9
黔西南布依族苗族自治州	351.8		351.8		278.4	120.8	73.4	50.0	322.2
黔东南苗族侗族自治州	1 650.9	1 224.0	418.4	8.5	1 081.9	575.0	569.0	569.0	1 424.7
黔南布依族苗族自治州	4 072.4	3 853.0	219.4		1 080.0	404.5	2 992.4	2 600.6	1 284.6
按隶属关系									
中 央									
地 方	98 043.1	45 814.6	48 844.9	3 383.6	50 402.1	16 492.0	47 641.0	24 573.2	73 448.1

分 布	企业资金	国外资金	其他资金	R&D 经费外部支出	#对国内研究机构支出	对国内高等学校支出	对国内企业支出	对境外机构支出
总 计	10 792.9		13 802.1	3 293.1	976.7	1 543.1	773.3	
按地区								
贵阳市	7 154.3		5 048.0	3 266.1	976.7	1 528.1	761.3	
六盘水市	246.6		1 120.7					
遵义市	402.3		1 729.5	15.0		15.0		
安顺市	4.7		591.4	12.0			12.0	
毕节市	795.3		464.4					
铜仁市	2 113.2		1 881.0					
黔西南布依族苗族自治州			29.6					
黔东南苗族侗族自治州	32.7		193.5					
黔南布依族苗族自治州	43.8		2 744.0					
按隶属关系								
中 央								
地 方	10 792.9		13 802.1	3 293.1	976.7	1 543.1	773.3	

4-4 理工农医类 R&D 活动产出

分 布	专利申请数/件	#发明专利	专利授权/件	#发明专利	有效发明专利数/件	专利所有权转让及许可数/件
总 计	3 506	1 222	2 028	254	1 074	16
按地区						
贵阳市	2 177	938	1 065	185	900	5
六盘水市	178	16	276	13	28	1
遵义市	722	194	307	32	85	1
安顺市	39	12	37		8	
毕节市	25	2	20	1	2	
铜仁市	268	40	226	17	39	9
黔西南布依族苗族自治州	14	5	3	3	3	
黔东南苗族侗族自治州	68	8	78	1	5	
黔南布依族苗族自治州	15	7	16	2	4	
按隶属关系						
中 央						
地 方	3 506	1 222	2 028	254	1 074	16

分 布	专利所有权转让及许可收入/万元	集成电路布图设计登记数/件	植物新品种权授予数/项	形成国家或行业标准数/项	发表科技论文/篇	出版科技著作/种
总 计	36.2	5	6	8	10 067	265
按地区						
贵阳市	27.4	1	4	8	6 351	135
六盘水市	5.0	4	2		312	3
遵义市	1.0				1 409	38
安顺市					267	22
毕节市					217	12
铜仁市	2.8				482	43
黔西南布依族苗族自治州					149	
黔东南苗族侗族自治州					508	8
黔南布依族苗族自治州					372	4
按隶属关系						
中 央						
地 方	36.2	5	6	8	10 067	265

4－5　理工农医类 R&D 项目(课题)

分　布	项目(课题)数/项	项目(课题)参加人员折合全时当量/人年	#研究人员	项目(课题)经费内部支出/万元
总　计	9 354	3 004	2 726	67 964.8
按地区				
贵阳市	5 491	1 679	1 558	40 537.1
六盘水市	283	60	55	6 011.0
遵义市	1 965	693	592	11 885.0
安顺市	227	84	73	779.2
毕节市	193	91	67	2 291.3
铜仁市	452	157	156	4 219.2
黔西南布依族苗族自治州	104	50	46	252.8
黔东南苗族侗族自治州	260	90	83	1 093.2
黔南布依族苗族自治州	379	99	97	896.0
按项目(课题)来源				
国家科技项目	3 331	1 195	1 082	30 815.3
地方科技项目	3 424	1 140	1 034	21 574.7
企业委托科技项目	1 102	286	268	11 727.6
自选科技项目	1 453	364	325	3 738.7
来自国外的科技项目				
其他科技项目	44	18	17	108.5
按项目(课题)合作形式				
与境外机构合作	26	8	6	206.9
与国内高校合作	304	102	100	3 771.0
与国内独立研究机构合作	209	58	56	2 308.6
与境内注册外商独资企业合作				
与境内注册其他企业合作	846	242	229	8 367.6
独立完成	7 958	2 590	2 332	53 253.3
其他	11	3	3	57.4
按项目(课题)活动类型				
基础研究	4 898	1 621	1 468	29 936.7
应用研究	4 198	1 300	1 183	35 169.5
试验发展	258	83	75	2 858.6
按学科分类				
自然科学	2 606	848	806	19 188.0
农业科学	1 096	319	306	10 147.4
医药科学	3 261	1 093	921	17 491.6
工程与技术科学	2 302	706	660	20 590.8
人文与社会科学	89	37	33	547.0
按项目(课题)服务的国民经济行业				
农、林、牧、渔业	595	177	170	4 463.4
农业	199	68	63	1 799.1
林业	24	7	7	207.0
畜牧业	44	14	13	446.5

续 4－5

分　布	项目(课题)数/项	项目(课题)参加人员折合全时当量/人年	#研究人员	项目(课题)经费内部支出/万元
渔业	19	6	6	123.5
农、林、牧、渔服务业	309	82	81	1 887.3
采矿业	76	22	21	535.6
煤炭开采和洗选业	16	4	3	137.1
石油和天然气开采业	4	1	1	42.0
黑色金属矿采选业	2			11.6
有色金属矿采选业	17	9	9	104.2
非金属矿采选业	22	4	4	105.5
开采辅助活动	7	2	2	29.9
其他采矿业	8	2	2	105.3
制造业	788	248	238	4 648.2
农副食品加工业	19	5	5	80.5
食品制造业	17	6	5	55.0
酒、饮料和精制茶制造业	13	5	4	38.2
烟草制品业	17	3	3	222.3
纺织业				
纺织服装、服饰业	1			2.6
皮革、毛皮、羽毛及其制品和制鞋业				
木材加工及木、竹、藤、棕、草制品业	1			1.0
家具制造业	1			0.9
造纸和纸制品业	2	1	1	25.1
印刷和记录媒介复制业	2			6.4
文教、工美、体育和娱乐用品制造业	3	2	2	81.1
石油加工、炼焦和核燃料加工业	1			1.6
化学原料和化学制品制造业	157	50	48	899.8
医药制造业	88	39	37	461.5
化学纤维制造业	1			
橡胶和塑料制品业	2			1.9
非金属矿物制品业	26	7	7	125.1
黑色金属冶炼和压延加工业	2	1	1	13.5
有色金属冶炼和压延加工业	20	6	6	220.8
金属制品业	15	6	5	87.0
通用设备制造业	30	7	7	162.5
专用设备制造业	59	20	19	383.0
汽车制造业	6	3	2	29.8
铁路、船舶、航空航天和其他运输设备制造业	46	18	18	186.0
电气机械和器材制造业	71	25	25	777.3
计算机、通信和其他电子设备制造业	79	22	21	271.7
仪器仪表制造业	80	14	14	196.7
其他制造业	9	3	3	44.0
废弃资源综合利用业	19	5	5	258.9

续 4－5

分 布	项目(课题)数/项	项目(课题)参加人员折合全时当量/人年	#研究人员	项目(课题)经费内部支出/万元
金属制品、机械和设备修理业	1			14.0
电力、热力、燃气及水生产和供应业	54	11	10	495.1
电力、热力生产和供应业	32	7	6	346.8
燃气生产和供应业	3			26.2
水的生产和供应业	19	4	4	122.1
建筑业	70	20	18	644.9
房屋建筑业	10	3	2	105.2
土木工程建筑业	57	16	15	496.7
建筑安装业	2	1	1	37.6
建筑装饰和其他建筑业	1			5.4
批发和零售业	7	4	4	73.2
批发业	6	4	4	69.6
零售业	1			3.6
交通运输、仓储和邮政业	23	9	8	188.5
铁路运输业	1	1	1	24.3
道路运输业	13	5	4	106.7
水上运输业	1	1	1	5.6
航空运输业	3	1	1	35.0
管道运输业				
装卸搬运和运输代理业	1			4.4
仓储业	2	1	1	10.2
邮政业	2			2.3
住宿和餐饮业	3	1	1	9.2
住宿业	2	1	1	0.7
餐饮业	1			8.5
信息传输、软件和信息技术服务业	162	60	53	1 033.3
电信、广播电视和卫星传输服务	9	4	4	12.2
互联网和相关服务	36	11	9	300.1
软件和信息技术服务业	117	45	40	721.0
金融业	7	4	3	67.3
货币金融服务				
资本市场服务	3	1	1	15.1
保险业				
其他金融业	4	3	2	52.2
房地产业	35	9	9	212.9
房地产业	35	9	9	212.9
租赁和商务服务业	23	11	10	77.0
租赁业				
商务服务业	23	11	10	77.0
科学研究和技术服务业	3 821	1 265	1 148	36 655.9
研究和试验发展	3 578	1 186	1 076	33 781.8
专业技术服务业	223	72	66	1 970.8
科技推广和应用服务员	20	7	6	903.3

续4－5

分　布	项目(课题)数/项	项目(课题)参加人员折合全时当量/人年	#研究人员	项目(课题)经费内部支出/万元
水利、环境和公共设施管理业	170	64	59	1 259.0
水利管理业	6	2	1	39.1
生态保护和环境治理业	136	55	51	1 017.6
公共设施管理业	28	7	7	202.3
居民服务、修理和其他服务业	21	4	4	41.6
居民服务业	9	2	2	6.6
机动车、电子产品和日用产品修理业	12	2	2	35.0
其他服务业				
教育	1 828	510	475	9 692.5
教育	1 828	510	475	9 692.5
卫生和社会工作	973	352	324	6 223.9
卫生	967	349	322	6 205.1
社会工作	6	3	2	18.8
文化、体育和娱乐业	637	217	158	785.3
新闻和出版业	632	215	156	767.5
广播、电视、电影和影视录音制作业				
文化艺术业	2	1	1	11.8
体育	1			3.2
娱乐业	2	1	1	2.8
公共管理、社会保障和社会组织	61	18	17	858.0
中国共产党机关				
国家机构	58	17	16	846.6
人民政协、民主党派				
社会保障				
群众团体、社会团体和其他成员组织	1			0.1
基层群众自治组织	2	1	1	11.3
按项目(课题)社会经济目标				
环境保护、生态建设及污染防治	532	147	139	4 094.6
能源生产、分配和合理利用	219	73	64	2 918.7
卫生事业的发展	2 220	845	709	12 442.9
教育事业的发展	667	214	205	3 915.6
基础设施以及城市和农村规划	64	24	22	565.9
社会发展和社会服务	97	37	34	1 040.8
地球和大气层的探索与利用	7	3	2	40.1
民用空间探测及开发	1			1.7
农林牧渔业发展	411	146	139	3 342.9
工商业发展	836	280	254	4 647.9
非定向研究	4 299	1 236	1 158	34 942.6
其他民用目标				
国防	1			11.1
按隶属关系				
中　央				
地　方	9 354	3 004	2 726	67 964.8

4－6 理工农医类研究机构

分布	机构数/个	R&D 人员/人	#博士	硕士	R&D 经费支出/万元	科研用仪器设备原价/万元	#进口
总　计	142	861	279	269	8 116.2	64 607.2	31 683.2
按地区							
贵阳市	103	697	240	200	7 457.2	57 444.5	30 180.3
六盘水市	1	10	1	8	3.0	168.0	
遵义市	21	95	26	38	587.0	4 916.5	759.5
安顺市							
毕节市	6	25	7	11	13.6	692.2	
铜仁市	1	16	3	9	13.9	235.0	35.0
黔西南布依族苗族自治州							
黔东南苗族侗族自治州	5	13	2	3	36.6	1 026.0	708.4
黔南布依族苗族自治州	5	5			4.9	125.0	
按学科分类							
自然科学	33	169	69	41	2 552.3	15 267.9	7 341.4
农业科学	12	93	46	15	1 660.4	13 419.7	9 939.0
医药科学	47	353	55	150	1 548.9	9 882.6	3 957.7
工程与技术科学	50	246	109	63	2 354.6	26 037.0	10 445.1
人文与社会科学							
按机构服务的国民经济行业							
农、林、牧、渔业	12	68	38	4	789.6	6 532.4	4 592.9
农业	6	41	21	3	594.3	3 374.3	2 534.0
林业							
畜牧业	4	19	12	1	138.3	2 968.1	1 933.9
渔业							
农、林、牧、渔服务业	2	8	5		57.0	190.0	125.0
采矿业	6	38	13	18	515.9	2 035.3	354.9
煤炭开采和洗选业	3	21	8	10	191.1	1 662.3	225.9
石油和天然气开采业							
黑色金属矿采选业							
有色金属矿采选业	1	6	1	4	1.3	180.0	
非金属矿采选业	1	6	2	2	320.9	142.0	129.0
开采辅助活动	1	5	2	2	2.6	51.0	
其他采矿业							
制造业	34	156	64	40	2 216.4	25 079.3	12 964.1
农副食品加工业	5	13	5	2	184.1	3 796.0	1 500.0
食品制造业							
酒、饮料和精制茶制造业							
烟草制品业							
纺织业							
纺织服装、服饰业							

续 4－6

分　布	机构数/个	R&D 人员/人	#博士	硕士	R&D 经费支出/万元	科研用仪器设备原价/万元	#进口
皮革、毛皮、羽毛及其制品和制鞋业							
木材加工及木、竹、藤、棕、草制品业	1	4	1	2	54.0	97.0	56.0
家具制造业							
造纸和纸制品业							
印刷和记录媒介复制业							
文教、工美、体育和娱乐用品制造业							
石油加工、炼焦和核燃料加工业							
化学原料和化学制品制造业	7	21	11	1	1 011.8	8 373.3	5 961.1
医药制造业	7	45	16	19	308.6	2 162.5	886.3
化学纤维制造业							
橡胶和塑料制品业	1	9	2	5	87.0	1 100.0	800.0
非金属矿物制品业							
黑色金属冶炼和压延加工业	1	15	9	2	121.5	2 507.0	1 363.3
有色金属冶炼和压延加工业	2	6	2		58.3	1 976.0	990.0
金属制品业	1	2		1	30.0	63.0	
通用设备制造业	4	24	8	6	105.7	2 788.5	589.2
专用设备制造业							
汽车制造业							
铁路、船舶、航空航天和其他运输设备制造业							
电气机械和器材制造业	1	2		1	22.2	530.0	
计算机、通信和其他电子设备制造业	4	15	10	1	233.2	1 686.0	818.2
仪器仪表制造业							
其他制造业							
废弃资源综合利用业							
金属制品、机械和设备修理业							
电力、热力、燃气及水生产和供应业	2	12	7	3	48.9	264.0	35.0
电力、热力生产和供应业	2	12	7	3	48.9	264.0	35.0
燃气生产和供应业							
水的生产和供应业							
建筑业	1	7	3	1	25.0	1 369.6	1 014.6
房屋建筑业	1	7	3	1	25.0	1 369.6	1 014.6
土木工程建筑业							
建筑安装业							
建筑装饰和其他建筑业							
信息传输、软件和信息技术服务业	5	19	7	5	385.8	1 731.0	30.0
电信、广播电视和卫星传输服务							
互联网和相关服务	1	5	5		300.0	800.0	
软件和信息技术服务业	4	14	2	5	85.8	931.0	30.0

续 4－6

分　布	机构数/个	R&D 人员/人	#博士	硕士	R&D 经费支出/万元	科研用仪器设备原价/万元	#进口
租赁和商务服务业	1	4		1	34.2	12.0	
租赁业							
商务服务业	1	4		1	34.2	12.0	
科学研究和技术服务业	27	169	90	41	2 068.8	17 028.4	8 674.0
研究和试验发展	24	144	74	36	1 568.2	15 437.6	7 682.0
专业技术服务业	2	12	8	2	224.6	1 090.8	792.0
科技推广和应用服务员	1	13	8	3	276.0	500.0	200.0
水利、环境和公共设施管理业	2	8	3	3	49.7	347.0	
水利管理业							
生态保护和环境治理业	2	8	3	3	49.7	347.0	
公共设施管理业							
教育	40	201	20	69	981.1	3 913.2	1 555.7
教育	40	201	20	69	981.1	3 913.2	1 555.7
卫生和社会工作	4	56	15	26	152.4	2 588.2	633.5
卫生	4	56	15	26	152.4	2 588.2	633.5
社会工作							
文化、体育和娱乐业	7	120	18	57	818.4	3 646.8	1 788.5
新闻和出版业	7	120	18	57	818.4	3 646.8	1 788.5
广播、电视、电影和影视录音制作业							
公共管理、社会保障和社会组织	1	3	1	1	30.0	60.0	40.0
中国共产党机关							
国家机构							
人民政协、民主党派	1	3	1	1	30.0	60.0	40.0
社会保障							
群众团体、社会团体和其他成员组织							
基层群众自治组织							
按机构组成类型分组							
政府部门办							
与国内高校合办	6	30	15	5	245.8	2 714.0	1 702.0
与国内独立研究机构合办							
与境外机构合办							
与境内注册外商独资企业合办							
与境内注册其他企业合办	21	106	20	45	697.5	8 995.0	3 565.4
单位自办	115	725	244	219	7 172.9	52 898.2	26 415.8
其他							
按隶属关系分组							
中　央							
地　方	142	861	279	269	8 116.2	64 607.2	31 683.2

4－7　人文、社会科学类科技活动人员

单位：人

分　布	科技活动人员	#大学本科及以上学历
总　计	14 012	13 783
按地区		
贵阳市	7 896	7 820
六盘水市	447	423
遵义市	1 253	1 229
安顺市	600	593
毕节市	623	610
铜仁市	879	855
黔西南布依族苗族自治州	486	465
黔东南苗族侗族自治州	809	806
黔南布依族苗族自治州	1 019	982
按隶属关系		
中　央		
地　方	14 012	13 783

4－8 人文、社会科学类 R&D 人员

分 布	单位数/个	#有 R&D 活动的单位	R&D 人员/人	#女性	#研究人员	#全时人员	非全时人员	#博士
总 计	47	45	7 595	3 770	6 491	4	7 591	1 122
按地区								
贵阳市	22	20	4 788	2 400	4 030	4	4 784	860
六盘水市	2	2	150	81	124		150	6
遵义市	5	5	504	295	420		504	80
安顺市	2	2	320	131	293		320	29
毕节市	4	4	294	125	268		294	18
铜仁市	3	3	732	374	605		732	40
黔西南布依族苗族自治州	2	2	92	46	78		92	11
黔东南苗族侗族自治州	3	3	270	110	261		270	37
黔南布依族苗族自治州	4	4	445	208	412		445	41
按隶属关系								
中 央								
地 方	47	45	7 595	3 770	6 491	4	7 591	1 122

分 布	硕士	本科	其他	R&D 人员折合全时当量/人年	#研究人员	#基础研究	应用研究	试验发展
总 计	3 637	2 255	581	1 463.7	1 281.5	920.5	541.2	2.0
按地区								
贵阳市	2 196	1 175	557	958.0	833.6	559.6	397.1	1.3
六盘水市	74	60	10	21.1	18.0	18.9	1.9	0.3
遵义市	243	179	2	68.5	57.0	48.4	20.1	
安顺市	199	92		57.0	53.2	45.4	11.6	
毕节市	176	96	4	88.7	82.2	56.8	31.5	0.4
铜仁市	344	343	5	142.4	120.8	79.4	63.0	
黔西南布依族苗族自治州	67	14		29.6	24.7	25.4	4.2	
黔东南苗族侗族自治州	144	89		37.9	36.4	31.6	6.3	
黔南布依族苗族自治州	194	207	3	60.5	55.6	55.0	5.5	
按隶属关系								
中 央								
地 方	3 637	2 255	581	1 463.7	1 281.5	920.5	541.2	2.0

4－9　人文、社会科学类 R&D 经费

单位:万元

分　布	R&D 经费内部支出	#基础研究支出	应用研究支出	试验发展支出	#日常性支出	#人员劳务费	资产性支出	#仪器和设备	#政府资金
总　计	28 790.4	15 797.4	12 366.3	626.6	28 066.2	9 475.3	724.2	644.2	14 664.2
按地区									
贵阳市	20 399.7	11 548.1	8 271.6	580.1	19 922.0	7 053.7	477.7	397.7	11 222.3
六盘水市	352.3	279.8	27.7	44.8	352.3	101.3			118.0
遵义市	628.1	434.7	193.3		626.8	402.4	1.3	1.3	468.1
安顺市	671.3	504.6	166.7		643.4	175.5	27.9	27.9	178.1
毕节市	768.9	142.2	625.0	1.7	760.1	283.0	8.9	8.9	735.8
铜仁市	3 587.9	729.1	2 858.8		3 492.9	730.0	95.0	95.0	378.0
黔西南布依族苗族自治州	320.2	201.7	118.5		307.9	154.6	12.3	12.3	294.6
黔东南苗族侗族自治州	424.2	373.8	50.4		420.8	202.4	3.4	3.4	293.4
黔南布依族苗族自治州	1 637.8	1 583.5	54.3		1 540.1	372.4	97.7	97.7	976.0
按隶属关系									
中　央									
地　方	28 790.4	15 797.4	12 366.3	626.6	28 066.2	9 475.3	724.2	644.2	14 664.2

分　布	企业资金	国外资金	其他资金	R&D 经费外部支出	#对国内研究机构支出	对国内高等学校支出	对国内企业支出	对境外机构支出
总　计	11 219.9	68.6	2 837.7	3.8	1.5	1.6	0.7	
按地区								
贵阳市	7 428.7	68.6	1 680.2	3.3	1.5	1.6	0.2	
六盘水市	138.7		95.7					
遵义市	120.3		39.7	0.5			0.5	
安顺市	100.3		392.9					
毕节市	30.8		2.3					
铜仁市	3 019.3		190.6					
黔西南布依族苗族自治州	13.8		11.8					
黔东南苗族侗族自治州	28.5		102.4					
黔南布依族苗族自治州	339.6		322.2					
按隶属关系								
中　央								
地　方	11 219.9	68.6	2 837.7	3.8	1.5	1.6	0.7	

4－10　人文、社会科学类 R&D 活动产出

分　布	专利申请数/件	#发明专利	专利授权数/件	#发明专利	有效发明专利数/件	专利所有权转让及许可数/件
总　计	63	5	54	5	5	
按地区						
贵阳市	6	5	6	5	5	
六盘水市						
遵义市	32		26			
安顺市	9		9			
毕节市						
铜仁市	16		13			
黔西南布依族苗族自治州						
黔东南苗族侗族自治州						
黔南布依族苗族自治州						
按隶属关系						
中　央						
地　方	63	5	54	5	5	

分　布	专利所有权转让及许可收入/万元	集成电路布图设计登记数/件	植物新品种权授予数/项	形成国家或行业标准数/项	发表科技论文/篇	出版科技著作/种
总　计					7 023	491
按地区						
贵阳市					3 407	265
六盘水市					191	6
遵义市					781	52
安顺市					191	22
毕节市					180	12
铜仁市					876	66
黔西南布依族苗族自治州					287	11
黔东南苗族侗族自治州					575	38
黔南布依族苗族自治州					535	19
按隶属关系						
中　央						
地　方					7 023	491

4－11 人文、社会科学类 R&D 项目(课题)

分 布	项目(课题)数/项	项目(课题)参加人员折合全时当量/人年	#研究人员	项目(课题)经费内部支出/万元
总 计	6 303	1 463.4	1 281.2	9 503.3
按地区				
贵阳市	4 079	957.7	838.5	6 613.5
六盘水市	79	21.1	18.5	194.5
遵义市	585	68.5	60.0	222.3
安顺市	137	57.0	49.9	150.4
毕节市	210	88.7	77.7	438.5
铜仁市	494	142.4	124.7	1 466.1
黔西南布依族苗族自治州	93	29.6	25.9	100.6
黔东南苗族侗族自治州	226	37.9	33.2	159.1
黔南布依族苗族自治州	400	60.5	53.0	158.1
按项目(课题)来源				
国家科技项目	838	279.9	245.1	2 496.6
地方科技项目	3 395	716.1	627.0	2 378.0
企业委托科技项目	647	137.2	120.1	3 872.2
自选科技项目	1 261	292.6	256.2	571.8
来自国外的科技项目	3	1.3	1.1	7.0
其他科技项目	159	36.3	31.8	177.7
按项目(课题)合作形式				
与境外机构合作	1	0.2	0.2	1.5
与国内高校合作	66	15.3	13.4	99.5
与国内独立研究机构合作	7	1.6	1.4	10.6
与境内注册外商独资企业合作				
与境内注册其他企业合作	22	5.1	4.5	33.2
独立完成	6 140	1 425.6	1 248.1	9 257.5
其他	67	15.6	13.6	101.0
按项目(课题)活动类型				
基础研究	4 521	920.3	805.7	4 757.0
应用研究	1 775	541.1	473.7	4 586.6
试验发展	7	2.0	1.8	159.7
按学科分类				
自然科学				
农业科学				
医药科学				

续 4－11

分 布	项目(课题)数/项	项目(课题)参加人员折合全时当量/人年		项目(课题)经费内部支出/万元
			#研究人员	
工程与技术科学				
人文与社会科学	6 303	1 463.4	1 281.2	9 503.3
按项目(课题)服务的国民经济行业				
农、林、牧、渔业	69	16.0	14.0	104.0
农业	42	9.8	8.5	63.3
林业	13	3.0	2.6	19.6
畜牧业	2	0.5	0.4	3.0
渔业				
农、林、牧、渔服务业	12	2.8	2.4	18.1
采矿业	3	0.7	0.6	4.5
煤炭开采和洗选业				
石油和天然气开采业				
黑色金属矿采选业				
有色金属矿采选业	1	0.2	0.2	1.5
非金属矿采选业				
开采辅助活动	2	0.5	0.4	3.0
其他采矿业				
制造业	113	26.2	23.0	170.4
农副食品加工业	9	2.1	1.8	13.6
食品制造业	2	0.5	0.4	3.0
酒、饮料和精制茶制造业	5	1.2	1.0	7.5
烟草制品业				
纺织业	1	0.2	0.2	1.5
纺织服装、服饰业				
皮革、毛皮、羽毛及其制品和制鞋业				
木材加工及木、竹、藤、棕、草制品业				
家具制造业				
造纸和纸制品业				
印刷和记录媒介复制业				
文教、工美、体育和娱乐用品制造业	73	16.9	14.8	110.1
石油加工、炼焦和核燃料加工业				
化学原料和化学制品制造业				
医药制造业	13	3.0	2.6	19.6
化学纤维制造业				

续4－11

分　布	项目(课题)数/项	项目(课题)参加人员折合全时当量/人年	#研究人员	项目(课题)经费内部支出/万元
橡胶和塑料制品业				
非金属矿物制品业				
黑色金属冶炼和压延加工业				
有色金属冶炼和压延加工业				
金属制品业				
通用设备制造业				
专用设备制造业				
汽车制造业				
铁路、船舶、航空航天和其他运输设备制造业	4	0.9	0.8	6.0
电气机械和器材制造业				
计算机、通信和其他电子设备制造业	3	0.7	0.6	4.5
仪器仪表制造业	1	0.2	0.2	1.5
其他制造业	2	0.5	0.4	3.0
废弃资源综合利用业				
金属制品、机械和设备修理业				
电力、热力、燃气及水生产和供应业	2	0.5	0.4	3.0
电力、热力生产和供应业				
燃气生产和供应业	1	0.2	0.2	1.5
水的生产和供应业	1	0.2	0.2	1.5
建筑业	14	3.3	2.8	21.1
房屋建筑业	3	0.7	0.6	4.5
土木工程建筑业	2	0.5	0.4	3.0
建筑安装业	1	0.2	0.2	1.5
建筑装饰和其他建筑业	8	1.9	1.6	12.1
批发和零售业	3	0.7	0.6	4.5
批发业				
零售业	3	0.7	0.6	4.5
交通运输、仓储和邮政业	5	1.2	1.0	7.5
铁路运输业				
道路运输业	1	0.2	0.2	1.5
水上运输业				
航空运输业	3	0.7	0.6	4.5
管道运输业				

续4－11

分　布	项目(课题)数/项	项目(课题)参加人员折合全时当量/人年		项目(课题)经费内部支出/万元
			#研究人员	
装卸搬运和运输代理业	1	0.2	0.2	1.5
仓储业				
邮政业				
住宿和餐饮业	2	0.5	0.4	3.0
住宿业	2	0.5	0.4	3.0
餐饮业				
信息传输、软件和信息技术服务业	15	3.5	3.0	22.6
电信、广播电视和卫星传输服务	1	0.2	0.2	1.5
互联网和相关服务	10	2.3	2.0	15.1
软件和信息技术服务业	4	0.9	0.8	6.0
金融业	56	13.0	11.4	84.4
货币金融服务	12	2.8	2.4	18.1
资本市场服务	13	3.0	2.6	19.6
保险业	2	0.5	0.4	3.0
其他金融业	29	6.7	5.9	43.7
房地产业	1	0.2	0.2	1.5
房地产业	1	0.2	0.2	1.5
租赁和商务服务业	122	28.3	24.8	183.9
租赁业	1	0.2	0.2	1.5
商务服务业	121	28.1	24.6	182.4
科学研究和技术服务业	181	42.0	36.8	272.9
研究和试验发展	161	37.4	32.7	242.7
专业技术服务业	9	2.1	1.8	13.6
科技推广和应用服务员	11	2.6	2.2	16.6
水利、环境和公共设施管理业	78	18.1	15.9	117.6
水利管理业	2	0.5	0.4	3.0
生态保护和环境治理业	57	13.2	11.6	85.9
公共设施管理业	19	4.4	3.9	28.6
居民服务、修理和其他服务业	205	47.6	41.7	309.1
居民服务业	32	7.4	6.5	48.2
机动车、电子产品和日用产品修理业				
其他服务业	173	40.2	35.2	260.8
教育	3 779	878.8	767.8	5 695.8
教育	3 779	878.8	767.8	5 695.8

续4－11

分　布	项目(课题)数/项	项目(课题)参加人员折合全时当量/人年	#研究人员	项目(课题)经费内部支出/万元
卫生和社会工作	517	120.0	105.1	779.5
卫生	88	20.4	17.9	132.7
社会工作	429	99.6	87.2	646.8
文化、体育和娱乐业	827	192.0	168.1	1 246.9
新闻和出版业	19	4.4	3.9	28.6
广播、电视、电影和影视录音制作业	26	6.0	5.3	39.2
文化艺术业	617	143.3	125.4	930.3
体育	156	36.2	31.7	235.2
娱乐业	9	2.1	1.8	13.6
公共管理、社会保障和社会组织	305	70.8	62.0	459.9
中国共产党机关	44	10.2	8.9	66.3
国家机构	105	24.4	21.3	158.3
人民政协、民主党派	8	1.9	1.6	12.1
社会保障	97	22.5	19.7	146.3
群众团体、社会团体和其他成员组织	39	9.1	7.9	58.8
基层群众自治组织	12	2.8	2.4	18.1
国际组织	6	1.4	1.2	9.0
国际组织	6	1.4	1.2	9.0
按项目(课题)社会经济目标				
环境保护、生态建设及污染防治	83	19.3	16.9	125.1
能源生产、分配和合理利用	4	0.9	0.8	6.0
卫生事业的发展	132	30.6	26.8	199.0
教育事业的发展	2 792	648.2	567.5	4 209.6
基础设施以及城市和农村规划	101	23.4	20.5	152.3
社会发展和社会服务	1 896	440.2	385.4	2 858.7
地球和大气层的探索与利用	2	0.5	0.4	3.0
民用空间探测及开发				
农林牧渔业发展	11	2.6	2.2	16.6
工商业发展	149	34.6	30.3	224.7
非定向研究	994	230.8	202.1	1 498.7
其他民用目标	138	32.0	28.1	208.1
国防	1	0.2	0.2	1.5
按隶属关系				
中　央				
地　方	6 303	1 463.4	1 281.2	9 503.3

4－12 人文、社会科学类研究机构

分布	机构数/个	R&D人员/人	#博士	硕士	R&D经费支出/万元	科研用仪器设备原价/万元	#进口
总 计	32	360	177	132	909.0	255.2	
按地区							
贵阳市	22	230	138	68	844.1	200.7	
六盘水市							
遵义市	4	96	35	52	13.1	3.8	
安顺市	1	4	1		15.0	40.0	
毕节市	2	12	1	2	29.8	10.7	
铜仁市	2	8		5	2.0		
黔西南布依族苗族自治州							
黔东南苗族侗族自治州	1	10	2	5	5.0		
黔南布依族苗族自治州							
按学科分类							
自然科学							
农业科学							
医药科学							
工程与技术科学							
人文与社会科学	32	360	177	132	909.0	255.2	
按机构服务的国民经济行业							
科学研究和技术服务业	1	12	7	5	50.0	50.0	
研究和试验发展	1	12	7	5	50.0	50.0	
专业技术服务业							
科技推广和应用服务员							
水利、环境和公共设施管理业	1	7	5	2	21.9	2.0	
水利管理业							
生态保护和环境治理业	1	7	5	2	21.9	2.0	
公共设施管理业							
教育	21	191	113	45	435.1	87.0	
教育	21	191	113	45	435.1	87.0	
卫生和社会工作	8	109	37	59	398.9	115.4	
卫生							
社会工作	8	109	37	59	398.9	115.4	
公共管理、社会保障和社会组织	1	41	15	21	3.1	0.8	
中国共产党机关	1	41	15	21	3.1	0.8	
国家机构							
人民政协、民主党派							
社会保障							
群众团体、社会团体和其他成员组织							
基层群众自治组织							
按机构组成类型							
政府部门办	8	96	60	35	137.9	35.5	
与国内高校合办							
与国内独立研究机构合办							
与境外机构合办							
与境内注册外商独资企业合办							
与境内注册其他企业合办							
单位自办	22	255	112	94	750.1	219.7	
其他	2	9	5	3	21.0		
按隶属关系							
中 央							
地 方	32	360	177	132	909.0	255.2	

五 高技术产业

5－1 基本情况

分 布	企业数/个	#有 R&D 活动	#有研发机构	工业总产值/万元	营业收入/亿元	#主营业务收入
总 计	437	162	74	13 714 433.8	1 200.1	1 191.9
按国民经济行业						
贵阳市	119	76	34	4 529 792.1	411.6	406.2
六盘水市	30	3	1	669 914.1	29.9	29.9
遵义市	110	13	8	3 590 208.0	312.1	311.7
安顺市	44	19	7	2 848 378.8	278.8	276.7
毕节市	31	6	2	434 117.7	38.7	38.7
铜仁市	28	9	6	454 702.2	40.6	40.6
黔西南布依族苗族自治州	15	9	5	165 976.7	12.9	12.9
黔东南苗族侗族自治州	14	11	6	60 578.7	5.8	5.7
黔南布依族苗族自治州	46	16	5	960 765.5	69.6	69.5
按地区						
医药制造业	147	79	31	3 810 423.4	331.2	329.8
航空、航天器及设备制造业	38	27	15	1 624 668.8	159.5	156.2
电子及通信设备制造业	207	43	23	7 525 652.1	647.5	644.1
计算机及办公设备制造业	13	1		430 599.4	37.2	37.2
医疗仪器设备及仪器仪表制造业	32	12	5	323 090.1	24.7	24.6
信息化学品制造业						
按登记注册类型						
内资	421	155	71	13 340 338.7	1 155.0	1 147.3
#国有及国有控股	45	35	24	2 564 246.1	241.3	235.4
#国有	8	8	7	276 990.8	27.7	27.0
港澳台	11	5	2	184 164.7	29.3	29.0
外商	5	2	1	189 930.4	15.7	15.7
按企业规模						
#大中型	91	59	32	8 407 261.4	778.5	770.9

续 5 - 1

分 布	从业人员数/人	资产总计/亿元	利润总额/亿元	出口交货值/亿元
总 计	130 619	1 283.0	77.6	148.1
按国民经济行业				
贵阳市	52 195	615.0	47.1	12.5
六盘水市	2 940	19.1	0.9	0.4
遵义市	25 883	169.2	10.3	29.4
安顺市	33 308	283.6	11.0	101.8
毕节市	3 678	21.2	1.8	
铜仁市	2 555	27.8	1.6	1.6
黔西南布依族苗族自治州	1 906	14.9	0.6	0.5
黔东南苗族侗族自治州	2 051	11.1	0.2	
黔南布依族苗族自治州	6 103	121.1	3.9	1.8
按地区				
医药制造业	36 322	470.0	49.5	0.5
航空、航天器及设备制造业	32 293	387.7	1.2	15.6
电子及通信设备制造业	56 592	380.2	23.8	128.2
计算机及办公设备制造业	2 112	18.3	1.1	2.9
医疗仪器设备及仪器仪表制造业	3 300	26.8	2.0	0.8
信息化学品制造业				
按登记注册类型				
内资	124 792	1 229.3	74.9	143.3
#国有及国有控股	40 002	467.6	4.6	14.8
#国有	5 892	46.1	0.3	
港澳台	3 174	16.4	0.4	3.9
外商	2 653	37.3	2.2	0.8
按企业规模				
#大中型	97 614	947.6	47.5	121.3

5－2　R&D 人员

分　布	R&D 人员/人	#全时人员	#研究人员	R&D 人员折合全时当量/人年
总　计	8 781	6 720	3 304	5 701.2
按国民经济行业				
贵阳市	5 846	4 409	2 140	3 813.4
六盘水市	55	43	19	8.8
遵义市	428	371	185	355.0
安顺市	1 392	1 087	641	1 026.8
毕节市	132	118	35	86.8
铜仁市	320	261	123	114.0
黔西南布依族苗族自治州	145	88	33	52.6
黔东南苗族侗族自治州	172	112	44	128.5
黔南布依族苗族自治州	291	231	84	115.1
按地区				
医药制造业	2 671	1 745	904	1 590.4
航空、航天器及设备制造业	4 040	3 339	1 693	3 213.9
电子及通信设备制造业	1 818	1 444	608	772.6
计算机及办公设备制造业	17	15	6	16.8
医疗仪器设备及仪器仪表制造业	235	177	93	107.6
信息化学品制造业				
按登记注册类型				
内资	8 534	6 516	3 222	5 511.3
#国有及国有控股	5 016	4 049	2 060	3 666.4
#国有	1 142	1 009	477	745.5
港澳台	59	52	26	43.3
外商	188	152	56	146.6
按企业规模				
#大中型	7 071	5 496	2 761	4 871.9

5－3 R&D经费

单位：万元

分 布	R&D经费内部支出	按用途分		按来源分		R&D经费外部支出
		#人员劳务费	#仪器和设备	#政府资金	#企业资金	
总 计	225 562.8	41 641.3	18 039.7	51 547.0	172 036.0	20 603.9
按国民经济行业						
贵阳市	169 036.4	31 556.9	11 663.5	44 720.8	122 535.8	18 141.4
六盘水市	1 366.1	52.3	378.1	60.0	1 306.1	52.8
遵义市	9 436.4	2 046.8	688.8	448.8	8 918.5	18.3
安顺市	27 903.5	4 476.1	2 542.2	5 276.0	22 560.6	865.6
毕节市	2 303.8	729.0	602.4	31.0	2 272.8	61.0
铜仁市	5 872.1	934.4	261.9	245.0	5 627.1	92.4
黔西南布依族苗族自治州	2 233.2	494.2	616.4	20.0	2 213.2	4.1
黔东南苗族侗族自治州	3 872.7	680.8	278.8	421.5	3 451.2	19.9
黔南布依族苗族自治州	3 538.6	670.8	1 007.6	323.9	3 150.7	1 348.4
按地区						
医药制造业	62 472.7	11 014.3	9 227.6	4 917.4	56 349.1	7 556.3
航空、航天器及设备制造业	125 084.5	20 015.9	6 292.3	42 338.4	82 041.6	12 407.1
电子及通信设备制造业	34 402.4	9 219.6	2 432.3	3 673.2	30 660.1	630.5
计算机及办公设备制造业	142.2	69.0			142.2	
医疗仪器设备及仪器仪表制造业	3 461.0	1 322.5	87.5	618.0	2 843.0	10.0
信息化学品制造业						
按登记注册类型						
内资	220 401.4	40 356.7	17 443.4	51 286.4	167 135.2	20 084.5
#国有及国有控股	146 360.1	26 561.2	7 153.0	45 863.9	99 791.7	12 714.5
#国有	14 659.1	5 037.1	1 838.2	1 791.7	12 792.9	850.3
港澳台	1 476.6	285.7	596.3	127.0	1 349.6	234.3
外商	3 684.8	998.9		133.6	3 551.2	285.1
按企业规模						
#大中型	193 979.4	35 055.4	13 050.0	49 276.5	143 162.7	16 867.9

5－4　R&D 项目

分　布	R&D 项目数/个	R&D 项目经费/万元
总　计	931	225 298.7
按国民经济行业		
贵阳市	604	168 903.0
六盘水市	6	1 296.3
遵义市	42	9 427.3
安顺市	138	27 895.1
毕节市	31	2 303.8
铜仁市	24	5 871.3
黔西南布依族苗族自治州	27	2 231.5
黔东南苗族侗族自治州	34	3 854.0
黔南布依族苗族自治州	25	3 516.4
按地区		
医药制造业	358	62 352.1
航空、航天器及设备制造业	207	125 028.7
电子及通信设备制造业	327	34 319.4
计算机及办公设备制造业	4	142.2
医疗仪器设备及仪器仪表制造业	35	3 456.3
信息化学品制造业		
按登记注册类型		
内资	899	220 137.3
#国有及国有控股	446	146 294.1
#国有	57	14 639.4
港澳台	14	1 476.6
外商	18	3 684.8
按企业规模		
#大中型	668	193 848.7

5－5 企业办研发机构

分　布	机构数/个	机构人员/人	机构经费支出/万元	机构仪器设备/万元
总　计	88	4 695	139 482.5	143 411.2
按国民经济行业				
贵阳市	39	2 980	112 461.2	114 036.9
六盘水市	1	16	29.0	500.0
遵义市	8	645	8 365.1	19 586.5
安顺市	11	641	12 736.3	4 646.6
毕节市	3	91	1 290.3	790.0
铜仁市	10	117	2 106.9	1 232.0
黔西南布依族苗族自治州	5	30	689.6	661.6
黔东南苗族侗族自治州	6	124	1 305.9	1 762.2
黔南布依族苗族自治州	5	51	498.2	195.4
按地区				
医药制造业	40	1 117	34 383.5	14 364.6
航空、航天器及设备制造业	18	2 305	83 309.0	59 832.0
电子及通信设备制造业	25	1 115	20 029.6	64 220.3
计算机及办公设备制造业				
医疗仪器设备及仪器仪表制造业	5	158	1 760.4	4 994.3
信息化学品制造业				
按登记注册类型				
内资	84	4 530	137 685.4	142 555.8
#国有及国有控股	27	3 214	101 120.4	125 430.2
#国有	9	747	6 403.8	23 092.7
港澳台	2	26	210.8	425.0
外商	2	139	1 586.3	430.4
按企业规模				
#大中型	41	4 059	128 843.6	132 799.9

5－6　专　利

单位:件

分　布	专利申请数	发明专利	有效发明专利
总　计	1 483	843	2 480
按国民经济行业			
贵阳市	802	499	1 616
六盘水市	4		
遵义市	192	99	270
安顺市	220	138	297
毕节市	89	25	74
铜仁市	62	24	22
黔西南布依族苗族自治州	34	16	44
黔东南苗族侗族自治州	43	17	26
黔南布依族苗族自治州	37	25	131
按地区			
医药制造业	264	149	859
航空、航天器及设备制造业	670	430	1 021
电子及通信设备制造业	448	211	528
计算机及办公设备制造业	17	17	22
医疗仪器设备及仪器仪表制造业	84	36	50
信息化学品制造业			
按登记注册类型			
内资	1 481	841	2 428
#国有及国有控股	866	537	1 285
#国有	131	84	269
港澳台	1	1	16
外商	1	1	36
按企业规模			
#大中型	965	607	1 881

5－7 新产品开发及销售

分　布	新产品开发项目数/项	新产品开发经费/万元	新产品产值/万元	新产品销售收入/万元	出口/万元
总　计	1 032	253 203.1	1 988 647.1	1 688 094.7	40 681.2
按国民经济行业					
贵阳市	679	186 562.6	1 396 714.0	1 153 240.4	7 785.5
六盘水市	7	2 616.0	12 005.0	12 005.0	
遵义市	57	12 890.6	140 441.4	107 966.1	
安顺市	141	30 217.0	385 937.1	366 838.4	31 818.3
毕节市	31	2 320.3	3 104.9	2 809.2	
铜仁市	33	8 345.8	13 890.1	13 331.5	2.0
黔西南布依族苗族自治州	27	2 239.6	15 163.8	14 056.8	1 004.5
黔东南苗族侗族自治州	31	3 219.0	14 351.6	14 404.4	
黔南布依族苗族自治州	26	4 792.2	7 039.2	3 442.9	70.9
按地区					
医药制造业	329	58 828.4	775 137.3	715 370.3	1 007.1
航空、航天器及设备制造业	240	140 501.6	552 344.8	459 683.1	39 152.5
电子及通信设备制造业	414	46 988.4	589 890.9	447 438.2	169.7
计算机及办公设备制造业	4	199.6	8 516.5	8 559.3	
医疗仪器设备及仪器仪表制造业	45	6 685.1	62 757.6	57 043.8	351.9
信息化学品制造业					
按登记注册类型					
内资	1 007	249 194.8	1 975 991.6	1 677 624.9	40 681.2
#国有及国有控股	553	172 743.4	1 068 117.7	842 038.6	39 304.6
#国有	69	17 032.7	157 899.1	116 794.5	
港澳台	11	1 221.1	12 655.5	10 469.8	
外商	14	2 787.2			
按企业规模					
#大中型	776	213 472.3	1 701 865.1	1 441 062.4	39 304.6

5－8　技术获取和技术改造

单位:万元

分　布	引进境外技术经费支出	引进境外技术的消化吸收经费支出	购买境内技术经费支出	技术改造经费支出
总　计	307.5	7.3	2 163.6	101 183.4
按国民经济行业				
贵阳市	307.5	7.3	215.6	51 232.9
六盘水市				12 385.0
遵义市			3.0	515.0
安顺市			1 945.0	34 881.6
毕节市				
铜仁市				50.0
黔西南布依族苗族自治州				907.8
黔东南苗族侗族自治州				957.3
黔南布依族苗族自治州				253.8
按地区				
医药制造业			1 948.0	17 478.5
航空、航天器及设备制造业	140.3		215.6	55 032.0
电子及通信设备制造业	167.2	7.3		27 395.1
计算机及办公设备制造业				
医疗仪器设备及仪器仪表制造业				1 277.8
信息化学品制造业				
按登记注册类型				
内资	307.5	7.3	2 163.6	100 612.3
#国有及国有控股	307.5	7.3	215.6	69 892.1
#国有	80.3		215.6	5 643.1
港澳台				
外商				571.1
按企业规模				
#大中型	307.5	7.3	2 160.6	76 530.0

六 高新技术企业

6－1　历年基本情况(2013—2017)

项　目	2013 年	2014 年	2015 年	2016 年	2017 年
统计企业数/个	241	301	379	471	688
区内	138	190	233	268	396
区外	103	111	146	203	292
年末从业人员/人	130 285	145 762	146 862	149 497	173 779
#当年新增从业人员	—	—	—	10 600	20 571
资产总计/万元	16 577 741.7	67 601 018.4	19 825 308.1	22 957 725.9	28 675 542.0
负债合计/万元	9 224 382.5	53 769 160.9	11 634 334.6	12 849 421.8	16 273 338.0
工业总产值/万元	8 102 388.4	9 918 964.6	10 698 428.6	11 108 561.7	14 077 645.0
新产品产值/万元	2 638 695.1	2 668 591.9	3 231 259.5	3 741 012.7	5 362 930.0
营业收入/万元	7 770 473.9	9 536 174.1	11 025 375.5	11 628 236.1	16 324 419.0
#技术收入	250 451.3	798 000.4	1 025 412.6	513 324.9	10 374 579.8
产品销售收入	6 746 961.3	7 882 907.3	9 566 367.3	10 206 798.4	143 240 766.9
商品销售收入	146 300.5	329 748.6	90 408.6	341 517.2	1 341 504.1
净利润/万元	513 909.4	662 872.3	605 172.6	612 314.1	859 162.0
上缴税额/万元	404 784.1	477 714.2	719 059.1	611 841.5	740 584.0
当年专利申请受理数/件	2 918	3 454	3 368	3 810	4 774
#申请发明专利	1 398	1 483	1 579	1 786	2 447
期末拥有有效专利数/件	5 899	10 146	11 037	12 797	16 200
#发明专利	1 339	2 081	2 817	3 633	4 969
当年形成标准/项	0	75	116	99	106
发表科技论文/篇	1 164	1 084	1 016	841	1 163
境内研发机构数/个	245	261	248	277	331

6－2 当年基本情况

分 布	统计数/个	区内	区外	年末从业人员/人	营业收入/千元	工业总产值/千元	新产品产值/千元
总 计	688	396	292	173 779	163 244 186	140 776 448	53 629 299
按地区							
贵阳市	433	370	63	115 046	111 142 484	88 731 235	36 051 379
六盘水市	13		13	990	524 762	540 313	97 758
遵义市	117		117	27 056	23 025 158	23 838 815	8 415 503
安顺市	30	26	4	12 405	10 213 260	9 045 341	4 485 781
毕节市	10		10	3 271	6 409 750	6 442 615	177 036
铜仁市	14		14	3 433	3 064 217	3 190 559	1 050 959
黔西南布依族苗族自治州	10		10	2 209	1 932 942	1 908 116	1 381 596
黔东南苗族侗族自治州	21		21	2 974	1 563 772	1 749 725	548 676
黔南布依族苗族自治州	40		40	6 395	5 367 842	5 329 730	1 420 612
按企业隶属关系							
中央	79	59	20	70 469	58 987 963	42 152 245	19 321 219
省(自治区、直辖市)	64	54	10	18 368	24 153 537	17 907 431	5 200 186
地(区、市、州、盟)	191	79	112	36 418	34 567 244	36 399 255	10 367 209
县级及以下	85	21	64	9 791	10 184 104	10 217 864	3 524 184
其他	269	183	86	38 733	35 351 337	34 099 653	15 216 501
按企业登记注册类型							
内资企业	671	382	289	169 818	159 856 241	136 951 362	52 217 469
国有企业	52	34	18	39 873	52 314 826	36 564 930	18 174 874
集体企业							
股份合作企业	1	1		38	98 227		
联营企业	1	1		85	10 695	11 758	
有限责任公司	331	210	121	65 086	57 508 839	53 705 092	14 285 775
股份有限公司	76	52	24	47 370	35 605 491	31 835 738	15 374 656
私营企业	209	84	125	17 336	14 302 351	14 810 124	4 382 164
其他企业	1		1	30	15 812	23 721	
港、澳、台商投资企业	11	8	3	3 131	1 800 612	2 363 554	372 430
合资经营企业(港或澳、台资)	8	7	1	1 598	1 461 543	1 996 111	221 620
合作经营企业(港或澳、台资)							
港、澳、台商独资经营企业	3	1	2	1 533	339 069	367 443	150 810
港、澳、台商投资股份有限公司							
其他港澳台投资企业							
外商投资企业	6	6		830	1 587 333	1 461 532	1 039 400
中外合资经营企业	5	5		790	1 583 444	1 461 532	1 039 400
中外合作经营企业							
外资企业	1	1		40	3 889		
外商投资股份有限公司							
其他外商投资企业							
按控股							
国有	135	96	39	105 366	93 074 527	75 875 065	33 649 511
集体	5	3	2	1 469	1 828 047	1 205 978	1 205 978
私人	415	215	200	49 437	49 527 365	49 778 510	13 372 308
港澳台	6	3	3	2 068	2 009 878	2 003 187	1 147 349

净利润/千元	上缴税费/千元	出口创汇/千元	年末资产/千元	年末负债/千元
8 591 622	7 405 836	6 901 595	286 755 420	162 733 376
6 280 008	5 747 210	4 079 058	197 531 157	113 629 715
33 457	45 894		1 721 368	942 300
730 439	523 074	668 168	38 183 279	20 490 116
820 365	529 101	743 136	21 635 521	14 300 993
190 472	81 425	56 002	3 548 646	1 366 458
302 128	102 005	635 456	6 609 758	1 458 427
24 767	71 946	10 045	3 814 776	2 544 129
-62 836	65 012	32 542	3 994 750	2 230 854
272 821	240 169	677 188	9 716 164	5 770 384
2 133 383	1 774 964	1 367 803	99 830 285	62 712 132
1 516 502	1 151 847	1 572 281	69 452 696	46 671 437
1 773 711	1 296 691	2 823 242	49 898 315	22 767 210
347 190	273 402	512 196	12 925 915	6 821 713
2 820 836	2 908 932	626 072	54 648 209	23 760 883
8 235 452	7 163 423	6 708 592	282 710 928	160 683 460
1 365 797	1 442 568	2 545 080	98 215 440	73 308 513
10 447	27		311 396	192 754
-63 295	100	7 337	902 070	631 424
3 313 454	2 777 784	1 897 228	85 932 750	45 128 761
2 968 839	2 400 164	2 247 894	75 021 528	30 303 643
639 714	542 227	11 053	22 314 080	11 108 382
496	553		13 665	9 984
167 814	140 784	182 250	2 904 415	1 560 159
153 235	134 265	89 389	2 261 835	1 194 492
14 579	6 519	92 861	642 580	365 667
188 356	101 629	10 753	1 140 076	489 757
193 459	98 712	10 753	1 102 601	485 960
-5 103	2 917		37 475	3 797
3 513 751	3 159 239	4 976 485	183 631 811	117 622 778
21 145	38 613		2 809 019	1 865 765
3 951 234	3 340 889	1 356 211	77 170 875	30 347 188
175 658	84 946	170 323	2 068 844	1 384 373

续表 6－2

分　布	统计数/个	区内	区外	年末从业人员/人	营业收入/千元	工业总产值/千元	新产品产值/千元
外商	4	3	1	289	104 135	113 568	8 532
其他	123	76	47	15 150	16 700 234	11 800 140	4 245 621
按企业所属领域							
电子与信息领域	219	155	64	20 362	15 868 473	15 378 053	5 386 507
生物技术领域	85	41	44	21 865	20 527 309	23 742 211	6 448 630
新材料领域	96	42	54	26 061	31 798 581	31 851 299	14 235 242
光机电一体化	76	32	44	20 567	16 082 404	16 622 299	4 711 852
新能源及高效节能技术	35	11	24	5 049	5 587 324	8 510 391	1 890 597
环境保护技术	26	11	15	2 014	955 678	633 216	419 165
航空航天技术	41	27	14	30 828	20 146 026	18 195 811	6 564 305
地球,空间,海洋工程	3	2	1	392	209 716	240 239	1 210
核应用技术	2		2	217	105 364	118 512	72 311
其他高技术	105	75	30	46 424	51 963 311	25 484 416	13 899 479
按高新技术领域							
电子信息	197	136	61	24 063	18 836 597	13 534 821	5 271 808
软件	124	91	33	7 027	3 606 860	970 613	227 196
微电子技术	15	7	8	2 618	2 039 309	1 697 897	372 256
计算机产品及其网络应用技术	15	10	5	2 733	4 232 196	4 329 965	465
通信技术	12	9	3	863	712 194	232 985	149 433
广播影视技术	4	3	1	4 878	5 238 583	3 866 662	3 865 562
新型电子元器件	18	8	10	5 304	2 244 809	2 425 458	609 251
信息安全技术	7	6	1	408	346 997	11 241	
智能交通和轨道交通技术	2	2		232	415 650		47 643
生物与新医药	86	41	45	21 990	20 794 569	23 988 963	7 093 926
医药生物技术	8	7	1	1 826	1 771 611	2 752 007	663 276
中药、天然药物	36	22	14	14 538	14 599 634	16 883 773	5 210 442
化学药研发技术	3	2	1	901	889 183	1 164 312	
药物新剂型与制剂创新技术	9	4	5	1 396	821 160	915 704	332 809
医疗仪器、设备与医学专用软件	2	1	1	377	165 576	36 752	
轻工和化工生物技术	6	1	5	772	520 767	648 494	42 956
农业生物技术	22	4	18	2 180	2 026 638	1 587 921	844 443
航空航天	33	26	7	28 665	17 346 760	17 663 855	6 219 312
航空技术	25	19	6	21 490	12 883 453	13 005 421	4 219 271
航天技术	8	7	1	7 175	4 463 307	4 658 435	2 000 041
新材料	105	50	55	29 622	38 215 066	40 745 495	15 324 004
金属材料	33	13	20	12 274	14 782 228	15 294 292	4 739 317
无机非金属材料	28	11	17	3 623	3 987 981	4 166 823	2 122 937
高分子材料	32	19	13	10 591	13 056 448	12 341 626	6 225 325
生物医用材料	3	2	1	402	475 728	552 261	261 238
精细和专用化学品	9	5	4	2 732	5 912 681	8 390 492	1 975 188
高技术服务	79	63	16	17 158	25 764 539	913 925	5 117 072
研发与设计服务	27	23	4	12 427	19 169 259	398 683	5 028 827
检验检测认证与标准服务	8	7	1	866	733 254	492 159	40 236
信息技术服务	28	22	6	1 978	937 662		2 720

净利润/千元	上缴税费/千元	出口创汇/千元	年末资产/千元	年末负债/千元
5 819	16 367	9 456	293 733	40 839
924 015	765 781	389 119	20 781 136	11 472 434
683 918	674 264	189 770	17 008 612	7 860 896
2 433 493	2 618 559	10 410	32 522 582	11 446 334
1 134 152	868 354	3 201 529	39 681 921	21 506 280
708 198	410 032	387 498	19 793 552	10 485 597
553 722	200 455	362	15 959 791	11 885 856
53 819	43 275	32 542	2 775 512	1 584 744
756 823	303 804	1 286 359	44 598 174	26 746 386
53 902	45 531		500 710	229 010
10 498	2 222		178 368	151 273
2 203 097	2 239 341	1 793 124	113 736 198	70 837 000
1 173 287	698 711	182 481	25 176 358	11 744 887
109 066	137 290	645	6 050 281	2 618 992
128 168	81 540	1 222	2 345 126	1 068 193
186 164	53 492	158 813	2 082 127	1 257 113
38 060	32 795	12 453	1 085 652	587 986
525 389	147 944		9 074 332	4 238 443
141 404	214 656	9 348	3 489 395	1 381 099
14 182	7 018		429 829	248 125
30 854	23 976		619 616	344 935
2 580 571	2 676 980	428 158	33 906 658	11 788 038
417 209	289 065		3 132 933	913 961
1 758 464	2 000 738		22 807 880	7 525 918
108 459	146 083		1 388 598	652 843
205 650	123 726	10 045	1 118 426	426 787
15 622	6 184		124 679	100 720
8 819	57 947		1 264 109	388 754
66 348	53 237	418 113	4 070 033	1 779 055
757 165	304 794	940 315	39 516 281	22 955 061
289 145	179 768	902 041	31 596 144	19 637 295
468 019	125 026	38 274	7 920 137	3 317 766
1 484 558	1 097 104	2 852 846	59 298 031	36 761 977
194 329	361 417	665 908	16 678 731	12 026 870
221 436	152 755	710 095	5 641 794	2 370 152
379 882	356 865	1 437 774	17 016 758	9 660 366
20 609	12 660		169 813	69 388
668 302	213 406	39 069	19 790 935	12 635 201
898 753	994 498		37 275 180	28 373 605
583 271	746 883		27 600 868	21 531 731
72 819	35 301		406 019	241 743
49 192	37 148		916 217	456 345

续表 6－2

分　布	统计数/个	区内	区外	年末从业人员/人	营业收入/千元	工业总产值/千元	新产品产值/千元
高技术专业化服务	10	9	1	1 673	4 821 934	5 779	41 900
知识产权与成果转化服务	1	1		67	12 545		
电子商务与现代物流技术	1		1	22	19 660		
城市管理与社会服务	2		2	49	49 271	223	
文化创意产业支撑技术	2	1	1	76	20 953	17 081	3 389
新能源与节能	43	14	29	4 382	2 531 335	2 716 090	949 101
可再生清洁能源	11	2	9	425	388 383	504 986	51 242
新型高效能量转换与储存技术	7		7	1 693	872 090	885 306	337 088
高效节能技术	25	12	13	2 264	1 270 862	1 325 798	560 771
资源与环境	36	17	19	10 413	15 151 815	13 248 351	5 987 627
水污染控制与水资源利用技术	4	4		361	138 835	123 199	102 760
大气污染控制技术	3		3	322	93 108	205 695	201 872
固体废弃物处置与综合利用技术	14	5	9	961	896 944	945 231	279 305
生态环境建设与保护技术	4	2	2	295	367 292		22 160
清洁生产技术	7	3	4	1 953	2 413 641	2 366 959	1 362 836
资源勘查、高效开采与综合利用技术	4	3	1	6 521	11 241 995	9 607 267	4 018 693
先进制造与自动化	109	49	60	37 486	24 603 504	27 964 948	7 666 449
工业生产过程控制系统	7	2	5	1 499	677 517	703 738	30 147
安全生产技术	4	2	2	1 892	1 163 796	1 059 505	610 513
高性能、智能化仪器仪表	7	5	2	2 346	486 953	636 602	313 826
先进制造工艺与装备	18	10	8	2 019	880 927	987 312	521 653
新型机械	37	15	22	10 655	5 407 275	5 546 854	2 953 117
电力系统与设备	14	5	9	1 835	1 939 949	4 669 972	171 858
汽车及轨道车辆相关技术	19	7	12	16 340	13 269 536	13 102 562	2 592 229
传统文化产业改造技术	3	3		900	777 551	1 258 403	473 107
按人员规模							
人数≥1000	37	28	9	84 857	76 002 655	60 607 439	24 355 030
500≤人数＜1000	44	28	16	31 201	33 109 396	32 198 142	15 225 345
300≤人数＜500	49	32	17	18 655	19 833 094	19 101 420	6 128 035
100≤人数＜300	135	72	63	22 946	23 275 443	21 128 078	6 557 306
50≤人数＜100	125	61	64	8 690	7 311 171	5 231 103	799 434
20≤人数＜50	195	111	84	6 246	3 181 487	2 050 300	550 156
人数＜20	103	64	39	1 184	530 940	459 966	13 994
按收入规模							
收入≥4 亿元	82	60	22	102 839	126 736 174	104 520 742	42 494 917
1 亿元≤收入＜4 亿元	120	68	52	40 514	25 402 617	27 482 079	7 979 648
2000 万元≤收入＜1 亿元	182	93	89	20 098	9 104 970	7 532 299	2 811 157
1000 万元≤收入＜2000 万元	72	44	28	4 044	1 077 772	546 796	180 852
500 万元≤收入＜1000 万元	81	44	37	3 418	617 655	477 109	119 438
收入＜500 万元	151	87	64	2 866	304 997	217 423	43 288
按国民经济行业							
农、林、牧、渔业	19	5	14	709	445 381	14 410	16 561
农业	13	3	10	459	192 601		14 417
林业							
畜牧业	4	1	3	189	238 822	14 410	2 144
渔业							

净利润 /千元	上缴税费 /千元	出口创汇 /千元	年末资产 /千元	年末负债 /千元
189 232	169 478		8 220 787	6 054 506
-44	368		25 775	8 084
279	410		15 210	9 625
4 214	4 225		63 061	46 333
-211	686		27 243	25 239
278 857	118 765	11 766	6 219 785	3 367 611
12 129	34 819		282 458	202 905
120 272	26 205	11 766	1 754 396	787 776
146 457	57 741		4 182 932	2 376 929
362 809	519 228	1 621 891	51 275 703	30 536 930
9 179	9 495		658 611	412 493
8 225	6 007	32 542	392 450	227 545
28 083	36 793		1 356 320	968 807
17 044	12 108		745 235	461 407
107 255	53 881		14 359 715	4 758 073
193 022	400 944	1 589 349	33 763 372	23 708 604
1 055 622	995 756	864 137	34 087 423	17 205 268
24 884	41 688	34	1 025 575	586 162
41 993	82 542		4 245 475	2 071 361
20 842	27 979	97 729	1 012 922	505 514
-36 258	64 668	10 320	1 726 226	1 244 994
197 416	200 192	535 186	11 117 938	6 588 771
60 626	50 524	7 289	2 198 244	1 090 272
545 464	439 307	213 579	10 947 699	4 777 544
200 655	88 856		1 813 343	340 651
3 198 837	2 924 765	4 299 695	153 113 635	95 265 198
2 196 379	1 775 233	1 142 329	59 217 741	29 138 422
1 473 246	896 916	1 223 213	24 056 080	11 255 609
1 422 013	1 398 436	202 040	31 181 383	15 701 402
154 576	266 581	20 518	11 542 857	7 368 653
121 228	127 223	13 539	6 785 732	3 580 426
25 344	16 681	260	857 992	423 667
6 684 086	5 302 141	5 989 531	208 010 067	123 235 940
1 865 503	1 523 104	749 291	53 109 998	24 493 510
135 256	485 297	142 163	18 002 627	10 455 611
-42 192	48 262	19 909	3 354 301	2 018 080
-27 474	30 940	441	2 718 357	1 756 786
-23 558	16 092	260	1 560 070	773 448
87 052	1 875		1 084 492	445 363
38 053	977		756 970	296 791
48 226	203		320 166	144 635

续表 6－2

分　布	统计数/个	区内	区外	年末从业人员/人	营业收入/千元	工业总产值/千元	新产品产值/千元
农、林、牧、渔服务业	2	1	1	61	13 958		
采矿业	3		3	961	1 558 556	1 601 140	1 205 978
煤炭开采和洗选业							
石油和天然气开采业	1		1	191	158 580	180 770	
黑色金属矿采选业							
有色金属矿采选业	2		2	770	1 399 976	1 420 370	1 205 978
非金属矿采选业							
开采辅助活动							
其他采矿业							
制造业	411	196	215	141 642	127 372 512	138 780 919	47 218 794
农副食品加工业	6	2	4	591	1 364 182	1 369 990	67 230
食品制造业	2	1	1	67	17 754	27 266	17 146
酒、饮料和精制茶制造业	1		1	48	14 067	22 385	12 138
烟草制品业							
纺织业							
纺织服装、服饰业							
皮革、毛皮、羽毛及其制品和制鞋业	1	1		1 126	2 293 706	1 002 152	371 246
木材加工和木、竹、藤、棕、草制品业	4	1	3	845	213 467	212 825	95 943
家具制造业	1	1		479	430 000	432 000	
造纸和纸制品业	1		1	609	1 136 299	1 200 850	303 130
印刷和记录媒介复制业	3	3		900	777 551	1 258 403	473 107
文教、工美、体育和娱乐用品制造业							
石油加工、炼焦和核燃料加工业	1		1	38	59 460	54 998	
化学原料和化学制品制造业	32	14	18	13 871	20 473 119	21 204 675	7 215 015
医药制造业	47	31	16	19 254	18 542 079	22 475 754	6 455 203
化学纤维制造业							
橡胶和塑料制品业	24	13	11	8 405	9 610 653	10 131 362	5 779 953
非金属矿物制品业	26	10	16	2 179	1 951 587	2 093 330	967 308
黑色金属冶炼和压延加工业	3		3	528	211 202	262 825	76 155
有色金属冶炼和压延加工业	18	6	12	4 650	10 098 965	10 235 408	3 117 986
金属制品业	16	8	8	6 800	4 471 097	5 109 204	2 270 958
通用设备制造业	45	17	28	6 512	3 695 005	3 840 313	900 121
专用设备制造业	30	18	12	3 850	2 063 669	2 294 194	1 342 317
汽车制造业	20	9	11	15 467	12 180 906	12 117 859	2 643 749
铁路、船舶、航空航天和其他运输设备制造业	28	18	10	28 437	15 981 850	15 542 124	5 804 580
电气机械和器材制造业	49	11	38	6 797	5 585 723	6 415 046	1 946 674
计算机、通信和其他电子设备制造业	29	18	11	14 466	12 749 022	17 548 643	6 033 672
仪器仪表制造业	9	7	2	1 265	476 573	582 434	244 907
其他制造业	8	4	4	4 202	2 806 891	3 157 719	1 079 779
废弃资源综合利用业	5	1	4	179	119 804	143 366	480
金属制品、机械和设备修理业	2	2		77	47 883	45 794	
电力、热力、燃气及水生产和供应业	6	5	1	469	278 705	176 810	102 760
电力、热力生产和供应业	5	4	1	187	155 713	53 818	
燃气生产和供应业							
水的生产和供应业	1	1		282	122 992	122 992	102 760

净利润 /千元	上缴税费 /千元	出口创汇 /千元	年末资产 /千元	年末负债 /千元
774	696		7 356	3 936
85 033	89 455		3 458 942	1 937 108
26 530	25 470		817 030	287 420
58 503	63 985		2 641 912	1 649 688
6 587 623	6 052 283	6 900 950	225 481 601	122 683 412
20 631	5 740		452 755	179 731
-427	1 155		305 503	139 060
-1 987	204		53 400	21 470
49 960	57 879		1 080 968	265 837
-117 802	9 247		1 216 872	770 273
38 600	64 911		498 101	233 938
240 803	36 630		2 600 553	1 286 825
200 655	88 856		1 813 343	340 651
-3 421	205		94 245	115 696
977 054	833 097	2 100 821	67 904 946	41 040 172
2 492 801	2 636 094	10 410	29 106 993	9 581 786
238 154	196 294	1 425 482	14 622 072	8 806 186
96 920	107 864	441	2 457 257	1 176 114
24 866	10 127	19 825	611 358	327 247
-57 014	173 332	435 859	7 951 970	7 376 357
123 118	143 173	148 194	7 800 192	2 857 167
193 589	140 290	188 842	6 619 663	4 375 112
2 523	46 835	53 124	3 669 098	1 950 262
540 128	395 292	232 714	10 028 911	4 313 458
566 148	348 954	1 316 836	40 628 136	24 344 171
284 027	180 966	635 676	7 269 991	4 121 699
644 846	498 682	227 659	11 947 276	5 146 988
-40 860	37 287	12 205	1 794 690	1 049 683
70 907	28 419	92 861	4 160 338	2 291 179
2 124	6 186		571 638	427 629
1 282	4 565		221 330	144 722
92 646	10 416		1 064 534	477 853
84 725	2 094		560 690	146 173
7 921	8 322		503 844	331 680

续表 6－2

分 布	统计数/个	区内	区外	年末从业人员/人	营业收入/千元	工业总产值/千元	新产品产值/千元
建筑业	11	9	2	6 549	14 136 370		3 114 606
房屋建筑业	1	1		298	2 040 575		
土木工程建筑业	4	3	1	4 185	7 829 427		3 114 606
建筑安装业	2	2		65	22 537		
建筑装饰、装修和其他建筑业	4	3	1	2 001	4 243 832		
批发和零售业	11	9	2	443	398 222	6 100	4 237
批发业	6	4	2	296	285 637	6 100	
零售业	5	5		147	112 585		4 237
交通运输、仓储和邮政业	1	1		392	149 596		
铁路运输业							
道路运输业							
水上运输业							
航空运输业							
管道运输业							
装卸搬运和运输代理业							
仓储业							
邮政业	1	1		392	149 596		
信息传输、软件和信息技术服务业	170	125	45	12 629	7 662 595	70 650	235 609
电信、广播电视和卫星传输服务	2	2		4 702	2 756 081		
互联网和相关服务	12	11	1	858	165 675		
软件和信息技术服务业	156	112	44	7 069	4 740 840	70 650	235 609
租赁和商务服务业	4	3	1	139	49 504		465
租赁业	1	1		11	1 514		
商务服务业	3	2	1	128	47 990		465
科学研究和技术服务业	42	35	7	8 678	10 791 747	126 419	1 727 488
研究和试验发展	5	4	1	1 194	2 510 320		101 614
专业技术服务业	22	20	2	6 885	7 785 018	5 279	1 602 214
科技推广和应用服务业	15	11	4	599	496 408	121 140	23 660
水利、环境和公共设施管理业	3	2	1	147	39 053		
水利管理业							
生态保护和环境治理业	3	2	1	147	39 053		
公共设施管理业							
居民服务、修理和其他服务业	3	3		363	139 794		
居民服务业							
机动车、电子产品和日用产品修理业							
其他服务业	3	3		363	139 794		
教育	1		1	17	305		
教育	1		1	17	305		
卫生和社会工作	2	2		385	163 384		
卫生	2	2		385	163 384		
社会工作							
文化、体育和娱乐业	1	1		256	58 461		2 800
新闻和出版业	1	1		256	58 461		2 800
广播、电视、电影和影视录音制作业							
文化艺术业							
体育							
娱乐业							

净利润/千元	上缴税费/千元	出口创汇/千元	年末资产/千元	年末负债/千元
99 533	375 912		23 843 556	20 504 697
38 655	72 275		2 817 351	2 198 529
41 887	220 171		15 808 126	13 713 080
1 554	950		35 644	21 217
17 437	82 516		5 182 436	4 571 871
12 213	5 115		311 176	147 978
9 033	4 160		198 837	105 765
3 180	956		112 339	42 213
16 128	13 030		191 030	125 120
16 128	13 030		191 030	125 120
796 743	260 943	645	16 689 332	7 624 913
518 875	68 093		9 257 901	3 881 826
12 084	10 181		414 695	185 122
265 784	182 668	645	7 016 737	3 557 964
4 468	3 788		65 907	43 364
77	53		3 109	2 455
4 391	3 735		62 798	40 909
723 942	564 508		13 994 765	8 486 294
48 973	29 378		2 622 116	1 917 240
654 768	522 559		10 331 046	5 896 852
20 201	12 571		1 041 604	672 202
2 813	2 243		172 197	92 408
2 813	2 243		172 197	92 408
35 974	17 146		170 835	85 129
35 974	17 146		170 835	85 129
11	14		309	267
11	14		309	267
27 837	6 449		75 787	33 902
27 837	6 449		75 787	33 902
19 604	2 659		150 956	45 567
19 604	2 659		150 956	45 567

6-3 收 入

分 布	营业收入	#主营业务收入	#技术收入	产品销售收入
总 计	163 244 186	159 292 384	10 374 580	143 240 767
按地区				
贵阳市	111 142 484	107 789 385	9 695 556	93 037 753
六盘水市	524 762	519 264	1 614	504 689
遵义市	23 025 158	22 879 898	166 467	22 469 714
安顺市	10 213 260	10 059 789	174 938	9 768 478
毕节市	6 409 750	6 409 430	3 787	6 248 598
铜仁市	3 064 217	3 059 133	880	3 030 203
黔西南布依族苗族自治州	1 932 942	1 930 599		1 932 942
黔东南苗族侗族自治州	1 563 772	1 554 346	71 802	1 451 274
黔南布依族苗族自治州	5 367 842	5 090 540	259 536	4 797 116
按企业隶属关系				
中央	58 987 963	58 131 317	6 075 208	48 533 064
省(自治区、直辖市)	24 153 537	23 986 740	1 734 663	21 765 818
地(区、市、州、盟)	34 567 244	32 336 881	542 770	31 285 983
县级及以下	10 184 104	9 937 991	385 273	9 475 627
其他	35 351 337	34 899 455	1 636 666	32 180 275
按企业登记注册类型				
内资企业	159 856 241	155 942 613	10 363 906	139 903 088
国有企业	52 314 826	51 778 889	4 935 454	45 205 355
集体企业				
股份合作企业	98 227	98 227	66 538	
联营企业	10 695	10 638		10 695
有限责任公司	57 508 839	56 973 235	4 386 071	49 373 548
股份有限公司	35 605 491	32 862 193	432 952	31 818 768
私营企业	14 302 351	14 203 619	542 891	13 478 909
其他企业	15 812	15 812		15 812
港、澳、台商投资企业	1 800 612	1 788 556	3 000	1 785 556
合资经营企业(港或澳、台资)	1 461 543	1 449 487	3 000	1 446 487
合作经营企业(港或澳、台资)				
港、澳、台商独资经营企业	339 069	339 069		339 069
港、澳、台商投资股份有限公司				
其他港澳台投资企业				
外商投资企业	1 587 333	1 561 215	7 674	1 552 123
中外合资经营企业	1 583 444	1 557 326	3 785	1 552 123
中外合作经营企业				
外资企业	3 889	3 889	3 889	
外商投资股份有限公司				
其他外商投资企业				
按控股				
国有	93 074 527	89 677 543	6 845 923	78 895 455

单位：千元

产品销售收入				商品销售收入
#高新技术产品	#出口	#新产品	#出口	
98 450 569	4 711 901	47 575 150	3 889 238	1 341 504
63 305 794	3 058 887	31 073 715	2 578 485	1 020 281
483 884		90 476		11 741
17 280 364	357 772	7 610 745	245 898	128 234
7 353 447	131 233	4 384 534	436 444	27 785
375 261		157 912		121 564
2 313 531	635 452	975 217	102 000	17 407
1 787 302	10 045	1 436 610	10 045	
1 018 881	32 542	411 754	32 542	3 340
4 532 105	485 970	1 434 186	483 824	11 153
30 488 819	662 937	16 186 094	642 177	149 762
15 450 903	1 499 624	5 140 941	1 492 287	244 027
19 462 892	1 890 484	8 801 096	1 143 870	426 550
7 000 260	483 115	3 689 233	483 115	73 366
26 047 695	175 741	13 757 786	127 789	447 799
95 801 487	4 625 516	45 970 825	3 821 038	1 318 716
29 901 803	1 939 353	14 383 502	1 917 253	114 354
				28 182
10 695	7 337			
30 834 145	1 090 031	13 117 803	324 577	838 580
25 312 957	1 577 743	14 130 995	1 569 163	152 639
9 729 237	11 053	4 338 525	10 045	184 961
12 650				
1 562 487	76 929	559 740	67 802	
1 297 565	11 927	416 985	2 800	
264 922	65 002	142 755	65 002	
1 086 595	9 456	1 044 585	398	22 788
1 086 595	9 456	1 044 585	398	22 788
49 964 026	3 116 503	27 624 669	3 186 925	311 425

续6-3

分布	营业收入	#主营业务收入	#技术收入	产品销售收入
集体	1 828 047	1 828 047	209 613	1 618 133
私人	49 527 365	49 053 908	1 649 597	46 101 253
港澳台	2 009 878	2 007 845	3 000	2 004 845
外商	104 135	104 135	7 674	93 746
其他	16 700 234	16 620 906	1 658 773	14 527 335
按企业所属领域				
电子与信息领域	15 868 473	15 593 479	1 869 941	13 035 272
生物技术领域	20 527 309	20 401 184	10 621	20 181 811
新材料领域	31 798 581	29 204 107	22 925	29 129 548
光机电一体化	16 082 404	15 926 611	268 655	15 497 297
新能源及高效节能技术	5 587 324	5 546 819	84 478	5 280 860
环境保护技术	955 678	953 445	131 996	804 655
航空航天技术	20 146 026	19 846 012	297 205	19 454 173
地球,空间,海洋工程	209 716	209 716	7 528	202 188
核应用技术	105 364	105 364		104 744
其他高技术	51 963 311	51 505 647	7 681 231	39 550 219
按高新技术领域				
电子信息	18 836 597	18 583 873	1 585 073	16 283 901
软件	3 606 860	3 540 799	799 844	2 459 801
微电子技术	2 039 309	1 988 846	191 219	1 649 445
计算机产品及其网络应用技术	4 232 196	4 231 795	178 189	3 900 135
通信技术	712 194	695 942	33 439	599 970
广播影视技术	5 238 583	5 158 251	885	5 156 836
新型电子元器件	2 244 809	2 227 019	850	2 219 075
信息安全技术	346 997	345 051	154 900	152 407
智能交通和轨道交通技术	415 650	396 169	225 747	146 232
生物与新医药	20 794 569	20 462 197	15 834	20 239 398
医药生物技术	1 771 611	1 768 907	6 627	1 757 385
中药、天然药物	14 599 634	14 483 369	960	14 302 269
化学药研发技术	889 183	888 711		888 711
药物新剂型与制剂创新技术	821 160	816 172	2 063	816 109
医疗仪器、设备与医学专用软件	165 576	165 576		165 576
轻工和化工生物技术	520 767	518 317		518 035
农业生物技术	2 026 638	1 821 145	6 184	1 791 313
航空航天	17 346 760	17 095 007	251 723	16 768 282
航空技术	12 883 453	12 658 047	151 639	12 460 283
航天技术	4 463 307	4 436 960	100 084	4 308 000
新材料	38 215 066	35 750 879	200 540	35 472 919
金属材料	14 782 228	14 598 710	5 798	14 598 853
无机非金属材料	3 987 981	3 966 795	2 243	3 887 433
高分子材料	13 056 448	10 832 683	14 385	10 826 741

产品销售收入				商品销售收入
#高新技术产品	#出口	#新产品	#出口	
1 615 220		1 223 087		
33 835 418	1 142 130	12 872 222	589 306	709 602
1 545 713	65 002	1 139 295	65 002	
75 245	9 456	33 235		
11 414 948	378 810	4 682 642	48 005	320 477
11 783 659	5 363	4 039 590	1 697	596 574
17 347 700	10 163	6 637 975	10 045	202 178
19 919 163	2 463 246	12 700 139	1 666 824	117 066
5 315 050	133 913	4 163 604	111 578	86 804
4 111 547	362	1 690 715		148 552
618 343	32 542	354 252	32 542	13 659
11 750 611	376 617	5 915 210	490 598	4 723
199 627		891		
60 958		60 521		
27 343 911	1 689 694	12 012 253	1 575 954	171 948
15 048 744	906	4 009 621	1 697	604 892
2 086 476	645	357 130		227 226
1 301 948		328 291		142 355
3 899 814		216		121 304
520 662		114 598		68 958
5 122 982		2 548 835		143
1 854 405	261	594 658	1 697	6 824
116 226		18 250		38 082
146 232		47 643		
17 366 717	428 158	7 371 741	428 158	202 460
1 755 791		601 348		4 708
12 077 802		5 382 211		178 615
775 069		187 620		
800 751	10 045	273 467	10 045	
165 576				
258 739		38 177		282
1 532 989	418 113	888 918	418 113	18 856
7 856 105	53 559	5 689 844	353 964	6 804
5 533 846	15 285	3 953 899	318 183	
2 322 258	38 274	1 735 945	35 781	6 804
24 880 861	2 091 334	13 633 767	1 289 673	152 382
10 282 461	474 334	4 553 401	187 592	1 650
3 540 982	710 095	2 082 833	181 102	69 569
5 913 565	867 836	4 976 001	891 366	77 807

续6－3

分　布	营业收入	#主营业务收入	#技术收入	产品销售收入
生物医用材料	475 728	475 728	178 115	297 613
精细和专用化学品	5 912 681	5 876 964		5 862 279
高技术服务	25 764 539	25 713 993	8 081 496	13 699 257
研发与设计服务	19 169 259	19 130 197	6 005 946	11 317 624
检验检测认证与标准服务	733 254	729 677	247 539	483 704
信息技术服务	937 662	935 408	521 450	327 516
高技术专业化服务	4 821 934	4 816 281	1 238 609	1 536 005
知识产权与成果转化服务	12 545	12 545		12 545
电子商务与现代物流技术	19 660	19 660	19 660	
城市管理与社会服务	49 271	49 271	48 293	978
文化创意产业支撑技术	20 953	20 953		20 885
新能源与节能	2 531 335	2 500 337	96 664	2 263 278
可再生清洁能源	388 383	388 383	650	387 733
新型高效能量转换与储存技术	872 090	872 090	305	854 251
高效节能技术	1 270 862	1 239 864	95 709	1 021 293
资源与环境	15 151 815	15 051 806	120 534	14 634 748
水污染控制与水资源利用技术	138 835	138 835	9 413	120 109
大气污染控制技术	93 108	93 108		92 985
固体废弃物处置与综合利用技术	896 944	891 864	23 184	849 778
生态环境建设与保护技术	367 292	365 660	13 005	346 746
清洁生产技术	2 413 641	2 398 056	2 275	2 352 817
资源勘查、高效开采与综合利用技术	11 241 995	11 164 283	72 657	10 872 314
先进制造与自动化	24 603 504	24 134 292	22 716	23 878 984
工业生产过程控制系统	677 517	677 517	1 220	672 968
安全生产技术	1 163 796	1 161 453		1 163 796
高性能、智能化仪器仪表	486 953	480 002	2 003	471 350
先进制造工艺与装备	880 927	870 974	1 732	866 763
新型机械	5 407 275	5 277 137	4 749	5 239 116
电力系统与设备	1 939 949	1 901 838	787	1 901 984
汽车及轨道车辆相关技术	13 269 536	13 000 554	12 226	12 798 189
传统文化产业改造技术	777 551	764 817		764 817
按国民经济行业				
农、林、牧、渔业	445 381	444 300	14 042	408 157
农业	192 601	192 042	606	179 504
林业				
畜牧业	238 822	238 822		228 653
渔业				
农、林、牧、渔服务业	13 958	13 436	13 436	
采矿业	1 558 556	1 554 476		1 554 476
煤炭开采和洗选业				
石油和天然气开采业	158 580	154 500		154 500
黑色金属矿采选业				

产品销售收入				商品销售收入
#高新技术产品	#出口	#新产品	#出口	
207 928		188 663		
4 935 925	39 069	1 832 869	29 613	3 356
10 089 619		3 039 687		46 012
8 122 178		2 948 071		28 362
283 770		38 270		
120 979		8 081		17 650
1 536 005		42 000		
12 545				
501				
13 641		3 265		
1 917 670	11 766	769 896		109 095
327 954		47 769		
754 450	11 766	322 415		3 882
835 266		399 712		105 213
8 357 071	1 536 982	6 000 399	1 524 829	71 092
79 587		102 760		6 224
91 499	32 542	89 981	32 542	
833 391		284 171		16 346
216 552		22 160		7 435
1 628 594		1 466 355		41 088
5 507 448	1 504 440	4 034 972	1 492 287	
12 933 782	589 195	7 060 196	290 917	148 767
392 037	30	25 067		
695 782		538 194		
340 859	69 870	279 562	67 232	5 472
658 929	8 945	423 434	10 059	5 185
4 318 438	351 391	2 566 545	163 916	3 330
660 314	4 457	158 210		1 483
5 199 377	154 502	2 401 139	49 710	133 297
668 045		668 046		
359 122		22 284		21 326
139 743		20 268		11 157
219 378		2 016		10 169
1 554 476		1 219 822		
154 500				

续6－3

分 布	营业收入	#主营业务收入	#技术收入	产品销售收入
有色金属矿采选业	1 399 976	1 399 976		1 399 976
非金属矿采选业				
开采辅助活动				
其他采矿业				
制造业	127 372 512	123 628 663	569 756	122 075 735
农副食品加工业	1 364 182	1 360 207	12	1 361 170
食品制造业	17 754	17 754		17 754
酒、饮料和精制茶制造业	14 067	14 067		14 067
烟草制品业				
纺织业				
纺织服装、服饰业				
皮革、毛皮、羽毛及其制品和制鞋业	2 293 706	2 239 403		2 265 200
木材加工和木、竹、藤、棕、草制品业	213 467	211 467		211 242
家具制造业	430 000	417 365		417 365
造纸和纸制品业	1 136 299	1 131 006		1 131 006
印刷和记录媒介复制业	777 551	764 817		764 817
文教、工美、体育和娱乐用品制造业				
石油加工、炼焦和核燃料加工业	59 460	59 460		59 460
化学原料和化学制品制造业	20 473 119	20 155 329	72 657	19 816 800
医药制造业	18 542 079	18 417 432	229	18 235 800
化学纤维制造业				
橡胶和塑料制品业	9 610 653	7 462 941	16 707	7 410 025
非金属矿物制品业	1 951 587	1 924 553	671	1 901 589
黑色金属冶炼和压延加工业	211 202	209 788		203 417
有色金属冶炼和压延加工业	10 098 965	10 012 138	3 000	10 008 518
金属制品业	4 471 097	4 406 277	3 008	4 390 496
通用设备制造业	3 695 005	3 623 861	13 475	3 549 571
专用设备制造业	2 063 669	2 028 211	202 582	1 801 683
汽车制造业	12 180 906	11 925 188	13 890	11 763 233
铁路、船舶、航空航天和其他运输设备制造业	15 981 850	15 734 315	143 245	15 534 224
电气机械和器材制造业	5 585 723	5 570 185	4 747	5 448 047
计算机、通信和其他电子设备制造业	12 749 022	12 594 829	75 527	12 457 894
仪器仪表制造业	476 573	467 760	2 003	463 189
其他制造业	2 806 891	2 712 625	1 906	2 698 334
废弃资源综合利用业	119 804	119 804		119 801
金属制品、机械和设备修理业	47 883	47 883	16 099	31 034
电力、热力、燃气及水生产和供应业	278 705	276 455	540	269 002
电力、热力生产和供应业	155 713	153 463	540	149 100
燃气生产和供应业				
水的生产和供应业	122 992	122 992		119 902
建筑业	14 136 370	14 113 357	3 781 029	6 942 764
房屋建筑业	2 040 575	2 040 575		
土木工程建筑业	7 829 427	7 809 453	933 750	6 869 583

产品销售收入				商品销售收入
#高新技术产品	#出口	#新产品	#出口	
1 399 976		1 219 822		
81 467 361	4 711 256	42 911 398	3 889 238	610 079
1 071 932		62 784		
17 754		13 448		
9 566		8 058		
501 594		501 594		26 280
205 066		99 874		
417 365				
455 295		455 295		
668 045		668 046		
56 000				
12 989 046	2 028 160	6 942 926	2 018 674	29 286
15 854 717	10 163	6 623 650	10 045	180 785
4 411 196	855 791	4 410 472	888 566	70 577
1 748 720	441	954 494	441	27 667
168 302	19 825	74 024		650
7 357 893	358 397	3 139 851	43 508	
3 022 081	55 693	2 066 913	114 290	4 356
1 930 830	25 241	872 950	7 294	1 842
944 903	38 760	1 149 201	26 607	3 579
5 238 161	155 555	2 369 940	82 252	133 297
8 841 768	407 094	5 179 090	490 598	11 479
3 760 173	635 676	1 766 629	102 253	102 297
10 006 176	43 252	4 319 461	37 478	14 519
387 684	12 205	217 044	2 230	2 716
1 312 920	65 002	1 015 246	65 002	
89 775		410		
400				750
223 345		102 760		2 756
143 965				2 756
79 380		102 760		
4 858 868		1 124 311		7 435
4 814 670		1 124 311		

续 6－3

分　布	营业收入	#主营业务收入	#技术收入	产品销售收入
建筑安装业	22 537	22 537	3 187	19 350
建筑装饰、装修和其他建筑业	4 243 832	4 240 793	2 844 092	53 831
批发和零售业	398 222	392 450	179 321	105 342
批发业	285 637	285 637	118 826	75 267
零售业	112 585	106 813	60 495	30 075
交通运输、仓储和邮政业	149 596	149 596	4 321	145 275
铁路运输业				
道路运输业				
水上运输业				
航空运输业				
管道运输业				
装卸搬运和运输代理业				
仓储业				
邮政业	149 596	149 596	4 321	145 275
信息传输、软件和信息技术服务业	7 662 595	7 528 483	1 791 309	5 155 904
电信、广播电视和卫星传输服务	2 756 081	2 751 917		2 751 917
互联网和相关服务	165 675	165 644	141 966	10 554
软件和信息技术服务业	4 740 840	4 610 922	1 649 343	2 393 433
租赁和商务服务业	49 504	49 504	12 571	24 127
租赁业	1 514	1 514	325	
商务服务业	47 990	47 990	12 246	24 127
科学研究和技术服务业	10 791 747	10 754 146	3 824 821	6 363 273
研究和试验发展	2 510 320	2 492 270	283 734	2 169 483
专业技术服务业	7 785 018	7 766 497	3 350 106	3 945 162
科技推广和应用服务业	496 408	495 380	190 980	248 628
水利、环境和公共设施管理业	39 053	39 053	32 347	
水利管理业				
生态保护和环境治理业	39 053	39 053	32 347	
公共设施管理业				
居民服务、修理和其他服务业	139 794	139 794	133 215	6 579
居民服务业				
机动车、电子产品和日用产品修理业				
其他服务业	139 794	139 794	133 215	6 579
教育	305	305	305	
教育	305	305	305	
卫生和社会工作	163 384	163 384	6 398	156 919
卫生	163 384	163 384	6 398	156 919
社会工作				
文化、体育和娱乐业	58 461	58 416	24 606	33 214
新闻和出版业	58 461	58 416	24 606	33 214
广播、电视、电影和影视录音制作业				
文化艺术业				
体育				
娱乐业				

产品销售收入				商品销售收入
#高新技术产品	#出口	#新产品	#出口	
19 350				
24 848				7 435
83 031		22 487		113 140
71 091		18 250		91 544
11 940		4 237		21 596
2 316				
2 316				
4 809 601	645	382 727		482 166
2 751 917		144 671		
10 554		2 136		4 448
2 047 130	645	235 920		477 718
22 388		216		3 652
				1 189
22 388		216		2 463
4 903 543		1 786 344		94 658
2 002 744		101 534		38 114
2 779 077		1 602 214		28 336
121 722		82 596		28 208
				6 224
				6 224
6 579				
6 579				
156 919				68
156 919				68
3 020		2 800		
3 020		2 800		

6-4 税 费

分 布	实际上缴税费总额	#增值税	所得税
总 计	7 405 836	4 396 335	1 415 955
按地区			
贵阳市	5 747 210	3 399 529	999 939
六盘水市	45 894	26 944	12 028
遵义市	523 074	314 830	107 046
安顺市	529 101	348 455	144 439
毕节市	81 425	19 720	61 026
铜仁市	102 005	68 775	14 985
黔西南布依族苗族自治州	71 946	41 031	5 239
黔东南苗族侗族自治州	65 012	34 678	14 802
黔南布依族苗族自治州	240 169	142 373	56 452
按企业隶属关系			
中央	1 774 964	1 047 861	415 778
省(自治区、直辖市)	1 151 847	590 230	131 717
地(区、市、州、盟)	1 296 691	693 793	255 896
县级及以下	273 402	168 688	55 639
其他	2 908 932	1 895 763	556 925
按企业登记注册类型			
内资企业	7 163 423	4 236 651	1 364 735
国有企业	1 442 568	724 923	188 727
集体企业			
股份合作企业	27		27
联营企业	100		
有限责任公司	2 777 784	1 592 372	632 413
股份有限公司	2 400 164	1 551 852	447 531
私营企业	542 227	366 994	95 997
其他企业	553	512	41
港、澳、台商投资企业	140 784	104 324	21 470
合资经营企业(港或澳、台资)	134 265	99 664	20 486
合作经营企业(港或澳、台资)			
港、澳、台商独资经营企业	6 519	4 660	984
港、澳、台商投资股份有限公司			
其他港澳台投资企业			
外商投资企业	101 629	55 359	29 749
中外合资经营企业	98 712	55 359	26 832
中外合作经营企业			
外资企业	2 917		2 917
外商投资股份有限公司			
其他外商投资企业			
按控股			
国有	3 159 239	1 760 921	539 471
集体	38 613	14 028	526

单位：千元

减免税总额	#增值税	所得税	#享受高新技术企业所得税减免	研发加计扣除所得税减免	技术转让所得税减免
2 203 166	1 014 089	1 124 866	614 887	168 388	4 182
1 649 783	763 019	837 466	439 425	118 980	4 170
4 701		4 701	1 000		
244 471	140 889	100 795	74 034	12 392	
139 906	77 513	61 101	6 465	27 176	
54 255	705	53 478	52 626	89	
23 711	277	23 434	13 416	3 207	
12 898	5 143	7 755	1 108	30	
13 703	4 783	8 539	6 013	2 405	
59 738	21 759	27 598	20 800	4 110	12
1 059 846	712 116	297 521	163 417	62 748	
284 321	66 973	206 967	69 421	7 974	
277 878	49 594	228 131	147 577	13 938	
175 115	139 278	33 875	24 903	4 767	12
406 005	46 127	358 373	209 569	78 961	4 170
2 164 442	1 013 985	1 086 304	582 416	166 133	4 182
511 362	386 517	108 654	70 241	28 230	
691 501	242 156	446 668	255 642	37 023	12
708 821	239 855	423 698	172 580	85 652	
252 757	145 457	107 284	83 952	15 228	4 170
14 812	104	14 651	10 170	645	
14 251		14 193	9 948	645	
561	104	458	222		
23 912		23 912	22 302	1 610	
23 912		23 912	22 302	1 610	
1 079 228	521 241	497 396	207 120	63 604	
297		297	297		

续6－4

分　布	实际上缴税费总额	#增值税	所得税
私人	3 340 889	2 100 668	676 158
港澳台	84 946	44 900	23 956
外商	16 367	8 739	5 307
其他	765 781	467 079	170 536
按企业所属领域			
电子与信息领域	674 264	435 189	120 965
生物技术领域	2 618 559	1 771 547	456 959
新材料领域	868 354	537 649	142 521
光机电一体化	410 032	213 382	147 158
新能源及高效节能技术	200 455	72 463	34 231
环境保护技术	43 275	27 369	11 270
航空航天技术	303 804	106 481	160 094
地球,空间,海洋工程	45 531	22 726	18 113
核应用技术	2 222	1 597	625
其他高技术	2 239 341	1 207 933	324 018
按高新技术领域			
电子信息	698 711	436 786	130 577
软件	137 290	82 992	21 058
微电子技术	81 540	49 727	25 779
计算机产品及其网络应用技术	53 492	24 325	19 714
通信技术	32 795	22 180	9 498
广播影视技术	147 944	91 871	8 915
新型电子元器件	214 656	147 995	37 203
信息安全技术	7 018	3 756	1 964
智能交通和轨道交通技术	23 976	13 941	6 446
生物与新医药	2 676 980	1 797 460	480 674
医药生物技术	289 065	171 494	72 416
中药、天然药物	2 000 738	1 373 416	314 482
化学药研发技术	146 083	112 433	25 607
药物新剂型与制剂创新技术	123 726	83 119	26 266
医疗仪器、设备与医学专用软件	6 184	11	6 172
轻工和化工生物技术	57 947	42 783	7 014
农业生物技术	53 237	14 204	28 717
航空航天	304 794	119 532	147 077
航空技术	179 768	66 662	89 444
航天技术	125 026	52 870	57 632
新材料	1 097 104	606 828	184 155
金属材料	361 417	223 167	62 215
无机非金属材料	152 755	112 022	16 630
高分子材料	356 865	195 795	57 290
生物医用材料	12 660	9 720	1 726
精细和专用化学品	213 406	66 124	46 296

减免税总额	#增值税	所得税	#享受高新技术企业所得税减免	研发加计扣除所得税减免	技术转让所得税减免
714 444	216 423	495 735	310 384	86 666	4 182
20 730	104	20 627	20 391		
2 931		2 931	1 321	1 610	
385 536	276 320	107 882	75 375	16 508	
134 760	39 987	90 972	64 939	21 176	
479 663	186 380	293 284	149 440	58 812	
152 512	17 822	133 412	97 926	18 428	12
352 890	173 935	134 885	106 423	19 596	
19 126	5 669	13 455	3 795	1 083	
10 038	2 993	7 043	4 778	592	
617 993	514 573	100 099	51 854	21 818	
2 782		2 782	185	2 597	
12		12	12		
433 391	72 730	348 923	135 537	24 287	4 170
375 079	156 529	215 057	65 880	21 624	
90 856	71 089	19 732	12 229	3 633	
43 937	27 516	15 603	13 603	883	
8 420	1 152	5 310	4 648	636	
21 209		21 209	10 069	11 140	
170 350	47 925	122 425	5		
34 231	8 847	24 864	19 772	4 992	
1 867		1 706	1 687		
4 209		4 209	3 869	340	
421 612	118 261	302 003	161 877	51 565	
47 784		47 784	43 543	4 241	
194 018	3 193	190 825	78 373	46 545	
15 528		15 528	15 070	458	
33 962	4 678	28 008	6 483	30	
4 117		4 117	4 117		
33 719	33 269	378			
92 484	77 121	15 363	14 291	291	
491 134	343 932	100 653	58 791	20 717	
143 460	105 777	34 372	14 984	4 674	
347 674	238 155	66 281	43 807	16 043	
193 789	42 898	140 508	91 647	27 094	12
39 673	24 910	14 761	4 382	2 912	
25 125	3 490	21 635	10 486	3 525	12
64 375	149	64 225	51 324	10 636	
3 469		3 469	1 174	2 295	
61 148	14 349	36 417	24 281	7 725	

续6－4

分　布	实际上缴税费总额	#增值税	所得税
高技术服务	994 498	487 507	198 389
研发与设计服务	746 883	359 375	127 606
检验检测认证与标准服务	35 301	9 960	16 210
信息技术服务	37 148	25 378	6 795
高技术专业化服务	169 478	87 560	47 755
知识产权与成果转化服务	368	83	
电子商务与现代物流技术	410	400	10
城市管理与社会服务	4 225	4 200	13
文化创意产业支撑技术	686	551	
新能源与节能	118 765	75 476	25 015
可再生清洁能源	34 819	32 335	409
新型高效能量转换与储存技术	26 205	6 930	15 709
高效节能技术	57 741	36 211	8 897
资源与环境	519 228	213 752	42 636
水污染控制与水资源利用技术	9 495	8 152	1 098
大气污染控制技术	6 007	790	2 591
固体废弃物处置与综合利用技术	36 793	22 119	10 233
生态环境建设与保护技术	12 108	5 356	3 929
清洁生产技术	53 881	11 591	20 379
资源勘查、高效开采与综合利用技术	400 944	165 744	4 407
先进制造与自动化	995 756	658 995	207 433
工业生产过程控制系统	41 688	32 932	1 112
安全生产技术	82 542	66 932	15 233
高性能、智能化仪器仪表	27 979	21 584	2 645
先进制造工艺与装备	64 668	44 972	10 167
新型机械	200 192	129 470	36 338
电力系统与设备	50 524	26 191	5 053
汽车及轨道车辆相关技术	439 307	287 990	109 242
传统文化产业改造技术	88 856	48 924	27 643
按国民经济行业			
农、林、牧、渔业	1 875	971	276
农业	977	293	259
林业			
畜牧业	203		
渔业			
农、林、牧、渔服务业	696	678	17
采矿业	89 455	38 453	23 950
煤炭开采和洗选业			
石油和天然气开采业	25 470	15 850	6 030
黑色金属矿采选业			
有色金属矿采选业	63 985	22 603	17 920
非金属矿采选业			

减免税总额	#增值税	所得税	#享受高新技术企业所得税减免	研发加计扣除所得税减免	技术转让所得税减免
433 216	273 642	158 304	88 830	26 581	4 170
401 064	273 642	127 422	67 832	21 045	
10 913		10 913	6 743		4 170
5 620		4 349	1 509	2 670	
15 614		15 614	12 747	2 867	
6		6			
49 974	23 497	26 475	14 443	5 327	
3 676	1 975	1 699	774	290	
38 942	21 506	17 436	11 833	3 202	
7 357	16	7 341	1 836	1 835	
46 133	9 206	36 925	33 035	872	
3 328	2 350	978	978		
4		4	4		
6 006	3 070	2 934	1 142	158	
1 949	361	1 588	204		
30 173	1 918	28 256	28 256		
4 673	1 507	3 166	2 452	714	
192 228	46 122	144 942	100 385	14 609	
932	277	655	595		
9 513	2 805	6 708	307		
2 032		2 032	1 796		
3 634	30	3 589	1 590	31	
70 628	38 734	31 068	19 529	6 053	
3 984		3 719	3 595		
82 969	4 276	78 693	68 691	7 880	
18 537		18 479	4 282	645	
21 306	12 710	8 596	6 199	74	
21 306	12 710	8 596	6 199	74	
3 670		3 670			
3 670		3 670			

续 6－4

分　布	实际上缴税费总额	#增值税	所得税
开采辅助活动			
其他采矿业			
制造业	6 052 283	3 718 926	1 139 248
农副食品加工业	5 740	160	4 248
食品制造业	1 155	178	2
酒、饮料和精制茶制造业	204		
烟草制品业			
纺织业			
纺织服装、服饰业			
皮革、毛皮、羽毛及其制品和制鞋业	57 879	39 843	9 681
木材加工和木、竹、藤、棕、草制品业	9 247	4 119	3 503
家具制造业	64 911	24 000	5 538
造纸和纸制品业	36 630	7 514	20 282
印刷和记录媒介复制业	88 856	48 924	27 643
文教、工美、体育和娱乐用品制造业			
石油加工、炼焦和核燃料加工业	205	124	
化学原料和化学制品制造业	833 097	384 454	98 406
医药制造业	2 636 094	1 796 856	448 420
化学纤维制造业			
橡胶和塑料制品业	196 294	110 625	31 714
非金属矿物制品业	107 864	85 629	10 729
黑色金属冶炼和压延加工业	10 127	6 061	3 083
有色金属冶炼和压延加工业	173 332	117 319	12 863
金属制品业	143 173	94 476	17 070
通用设备制造业	140 290	93 890	24 003
专用设备制造业	46 835	27 772	9 218
汽车制造业	395 292	233 696	117 718
铁路、船舶、航空航天和其他运输设备制造业	348 954	171 773	138 223
电气机械和器材制造业	180 966	118 067	28 244
计算机、通信和其他电子设备制造业	498 682	313 633	102 125
仪器仪表制造业	37 287	27 303	5 434
其他制造业	28 419	7 158	17 411
废弃资源综合利用业	6 186	2 177	3 691
金属制品、机械和设备修理业	4 565	3 176	
电力、热力、燃气及水生产和供应业	10 416	9 223	988
电力、热力生产和供应业	2 094	1 848	41
燃气生产和供应业			
水的生产和供应业	8 322	7 375	947
建筑业	375 912	217 375	57 115
房屋建筑业	72 275	47 901	14 860
土木工程建筑业	220 171	109 781	33 160
建筑安装业	950	626	248

减免税总额	#增值税	所得税	#享受高新技术企业所得税减免	研发加计扣除所得税减免	技术转让所得税减免
1 495 993	652 683	782 463	490 491	127 030	12
105 008	102 452	2 556	2 536		
7 734		7 734	6 751	983	
4 608	3 287	45	9		
4 600		4 600	3 900	700	
28 252		28 252	28 252		
18 537		18 479	4 282	645	
151 235	71 160	69 692	44 099	11 522	12
287 910	2 841	285 069	139 236	58 477	
40 849	1	40 848	37 657	3 172	
7 972	1 142	6 830	5 130	1 572	
1 662		1 662	1 399	263	
2 302	36	2 266	2 243		
21 855	13 698	8 157	1 458	1 787	
47 155	29 011	18 143	10 867	1 993	
6 496	30	5 635	2 971	2 602	
87 142	4 122	83 018	73 139	9 731	
263 552	194 487	65 744	35 316	8 432	
34 856	12 045	22 808	12 863	2 152	
326 641	196 439	85 389	61 169	17 175	
4 336		4 175	2 801	1 355	
40 143	21 506	18 637	14 411	3 990	
2 246		2 246			
904	424	480		480	
4 565	2 350	2 215	892		
1 327		1 327	4		
3 238	2 350	888	888		
21 635	372	21 263	13 477	6 402	
20 574	361	20 213	13 053	5 776	
181		181	181		

续6－4

分布	实际上缴税费总额	#增值税	所得税
建筑装饰、装修和其他建筑业	82 516	59 066	8 847
批发和零售业	5 115	2 450	967
批发业	4 160	1 759	800
零售业	956	691	167
交通运输、仓储和邮政业	13 030	7 598	3 830
铁路运输业			
道路运输业			
水上运输业			
航空运输业			
管道运输业			
装卸搬运和运输代理业			
仓储业			
邮政业	13 030	7 598	3 830
信息传输、软件和信息技术服务业	260 943	153 276	49 520
电信、广播电视和卫星传输服务	68 093	34 615	4 566
互联网和相关服务	10 181	8 133	1 801
软件和信息技术服务业	182 668	110 527	43 153
租赁和商务服务业	3 788	2 961	350
租赁业	53	48	1
商务服务业	3 735	2 913	349
科学研究和技术服务业	564 508	238 082	126 768
研究和试验发展	29 378	13 084	5 385
专业技术服务业	522 559	216 959	119 359
科技推广和应用服务业	12 571	8 039	2 023
水利、环境和公共设施管理业	2 243	1 401	420
水利管理业			
生态保护和环境治理业	2 243	1 401	420
公共设施管理业			
居民服务、修理和其他服务业	17 146	4 011	6 356
居民服务业			
机动车、电子产品和日用产品修理业			
其他服务业	17 146	4 011	6 356
教育	14	11	3
教育	14	11	3
卫生和社会工作	6 449	177	6 164
卫生	6 449	177	6 164
社会工作			
文化、体育和娱乐业	2 659	1 422	
新闻和出版业	2 659	1 422	
广播、电视、电影和影视录音制作业			
文化艺术业			
体育			
娱乐业			

减免税总额	#增值税	所得税	#享受高新技术企业所得税减免	研发加计扣除所得税减免	技术转让所得税减免
880	11	869	243	626	
1 242		1 213	725		
695		695	695		
547		518	30		
1 568		298	107	191	
1 568		298	107	191	
225 484	54 854	168 564	25 996	16 919	
174 339	47 925	126 414	2 455	1 539	
113	72	42			
51 031	6 858	42 109	23 541	15 380	
234		234	233		
1		1			
233		233	233		
409 542	291 120	118 422	63 296	17 772	
299 545	287 255	12 290	580	11 393	
109 361	3 653	105 708	62 294	6 379	
636	212	424	422		
375		375	90		
375		375	90		
8 534		8 534	4 364		4 170
8 534		8 534	4 364		4 170
1		1			
1		1			
4 117		4 117	4 117		
4 117		4 117	4 117		
4 901		4 901	4 901		
4 901		4 901	4 901		

6-5 资 产

单位:千元

分 布	资产总计	#流动资产	固定资产	无形资产
总 计	286 755 420	159 122 157	72 776 230	8 089 188
按地区				
贵阳市	197 531 157	115 093 666	46 231 633	5 359 164
六盘水市	1 721 368	883 974	660 789	65 350
遵义市	38 183 279	17 540 775	12 705 367	1 114 045
安顺市	21 635 521	15 833 873	3 619 320	383 380
毕节市	3 548 646	390 554	1 911 205	220 754
铜仁市	6 609 758	2 131 362	1 076 315	249 804
黔西南布依族苗族自治州	3 814 776	1 244 402	981 876	165 941
黔东南苗族侗族自治州	3 994 750	1 867 105	1 258 223	233 765
黔南布依族苗族自治州	9 716 164	4 136 445	4 331 502	296 984
按企业隶属关系				
中央	99 830 285	65 939 424	20 194 272	2 316 422
省(自治区、直辖市)	69 452 696	32 387 755	24 714 588	1 314 238
地(区、市、州、盟)	49 898 315	22 811 251	12 130 527	1 769 929
县级及以下	12 925 915	6 257 954	3 062 655	374 708
其他	54 648 209	31 725 772	12 674 188	2 313 891
按企业登记注册类型				
内资企业	282 710 928	156 592 998	71 984 228	7 822 319
国有企业	98 215 440	59 250 173	27 136 419	1 948 569
集体企业				
股份合作企业	311 396	165 735	2 206	125
联营企业	902 070	321 855	503 203	3 615
有限责任公司	85 932 750	49 846 907	19 247 811	2 960 489
股份有限公司	75 021 528	37 386 204	16 078 801	1 854 277
私营企业	22 314 080	9 608 913	9 015 334	1 055 244
其他企业	13 665	13 210	455	
港、澳、台商投资企业	2 904 415	1 845 026	516 822	194 120
合资经营企业(港或澳、台资)	2 261 835	1 413 900	394 276	171 512
合作经营企业(港或澳、台资)				
港、澳、台商独资经营企业	642 580	431 126	122 546	22 608
港、澳、台商投资股份有限公司				
其他港澳台投资企业				
外商投资企业	1 140 076	684 133	275 180	72 749
中外合资经营企业	1 102 601	649 584	272 922	72 749
中外合作经营企业				
外资企业	37 475	34 549	2 258	
外商投资股份有限公司				
其他外商投资企业				
按控股				
国有	183 631 811	104 918 765	49 653 659	4 119 061
集体	2 809 019	688 956	757 927	44 631
私人	77 170 875	37 015 673	18 368 250	3 242 047

续 6－5

分　布	资产总计	#流动资产	固定资产	无形资产
港澳台	2 068 844	1 344 391	372 263	203 257
外商	293 733	154 396	63 378	15 213
其他	20 781 136	14 999 976	3 560 753	464 979
按企业所属领域				
电子与信息领域	17 008 612	11 977 805	2 288 676	456 892
生物技术领域	32 522 582	18 810 186	6 455 154	1 549 203
新材料领域	39 681 921	19 351 370	11 668 732	1 432 205
光机电一体化	19 793 552	12 642 800	4 394 714	593 502
新能源及高效节能技术	15 959 791	6 923 527	5 324 181	358 949
环境保护技术	2 775 512	1 713 046	325 612	247 507
航空航天技术	44 598 174	27 892 481	10 984 147	1 162 168
地球,空间,海洋工程	500 710	234 108	92 873	31 815
核应用技术	178 368	130 184	43 317	830
其他高技术	113 736 198	59 446 650	31 198 822	2 256 116
按高新技术领域				
电子信息	25 176 358	14 161 071	5 592 644	471 512
软件	6 050 281	3 723 023	570 937	136 915
微电子技术	2 345 126	1 905 222	317 248	36 942
计算机产品及其网络应用技术	2 082 127	1 632 091	170 705	17 299
通信技术	1 085 652	691 694	244 925	58 381
广播影视技术	9 074 332	2 754 579	3 499 754	106 809
新型电子元器件	3 489 395	2 460 577	766 738	107 083
信息安全技术	429 829	392 655	15 234	4 278
智能交通和轨道交通技术	619 616	601 229	7 103	3 805
生物与新医药	33 906 658	19 429 087	6 641 068	1 626 138
医药生物技术	3 132 933	2 042 429	535 728	134 455
中药、天然药物	22 807 880	13 089 716	4 503 197	847 558
化学药研发技术	1 388 598	832 678	168 738	106 179
药物新剂型与制剂创新技术	1 118 426	592 860	228 821	107 021
医疗仪器、设备与医学专用软件	124 679	104 616	20 033	30
轻工和化工生物技术	1 264 109	833 363	130 265	236 931
农业生物技术	4 070 033	1 933 425	1 054 287	193 964
航空航天	39 516 281	24 558 548	10 390 525	1 094 420
航空技术	31 596 144	18 190 747	9 386 378	980 966
航天技术	7 920 137	6 367 801	1 004 148	113 455
新材料	59 298 031	27 435 593	19 611 309	1 701 582
金属材料	16 678 731	9 202 264	5 472 282	428 566
无机非金属材料	5 641 794	2 473 131	1 774 858	271 265
高分子材料	17 016 758	9 229 039	4 930 020	600 335
生物医用材料	169 813	89 844	48 484	8 397
精细和专用化学品	19 790 935	6 441 315	7 385 665	393 019
高技术服务	37 275 180	29 219 454	2 677 393	448 493
研发与设计服务	27 600 868	20 795 837	2 348 655	351 062

续6－5

分　布	资产总计	#流动资产	固定资产	无形资产
检验检测认证与标准服务	406 019	289 176	83 518	1 113
信息技术服务	916 217	623 422	75 661	73 859
高技术专业化服务	8 220 787	7 409 501	146 005	21 188
知识产权与成果转化服务	25 775	12 810	10 864	
电子商务与现代物流技术	15 210	9 620	2 780	
城市管理与社会服务	63 061	58 019	5 025	17
文化创意产业支撑技术	27 243	21 070	4 884	1 254
新能源与节能	6 219 785	3 899 696	1 388 137	381 544
可再生清洁能源	282 458	150 695	74 558	38 460
新型高效能量转换与储存技术	1 754 396	1 175 005	332 207	98 949
高效节能技术	4 182 932	2 573 996	981 371	244 134
资源与环境	51 275 703	20 637 522	18 470 280	1 270 749
水污染控制与水资源利用技术	658 611	460 501	16 385	35 303
大气污染控制技术	392 450	205 155	123 676	18 039
固体废弃物处置与综合利用技术	1 356 320	618 171	350 093	162 483
生态环境建设与保护技术	745 235	703 021	7 016	443
清洁生产技术	14 359 715	3 167 975	6 243 453	223 461
资源勘查、高效开采与综合利用技术	33 763 372	15 482 698	11 729 656	831 020
先进制造与自动化	34 087 423	19 781 186	8 004 875	1 094 750
工业生产过程控制系统	1 025 575	637 261	269 731	32 995
安全生产技术	4 245 475	1 775 390	1 079 971	172 762
高性能、智能化仪器仪表	1 012 922	719 112	166 278	34 005
先进制造工艺与装备	1 726 226	1 119 798	358 548	73 255
新型机械	11 117 938	7 566 157	2 024 434	204 515
电力系统与设备	2 198 244	1 671 499	286 978	131 568
汽车及轨道车辆相关技术	10 947 699	5 365 062	3 397 843	397 753
传统文化产业改造技术	1 813 343	926 908	421 092	47 898
按国民经济行业				
农、林、牧、渔业	1 084 492	437 273	307 673	107 288
农业	756 970	292 132	178 238	105 558
林业				
畜牧业	320 166	137 918	129 301	1 731
渔业				
农、林、牧、渔服务业	7 356	7 223	133	
采矿业	3 458 942	666 489	1 232 195	55 109
煤炭开采和洗选业				
石油和天然气开采业	817 030	297 070	440 780	1 264
黑色金属矿采选业				
有色金属矿采选业	2 641 912	369 419	791 415	53 845
非金属矿采选业				
开采辅助活动				
其他采矿业				
制造业	225 481 601	118 833 217	64 252 116	7 028 410

续 6 – 5

分 布	资产总计	#流动资产	固定资产	无形资产
农副食品加工业	452 755	313 921	90 617	8 556
食品制造业	305 503	41 382	77 702	183 198
酒、饮料和精制茶制造业	53 400	20 297	20 330	6 774
烟草制品业				
纺织业				
纺织服装、服饰业				
皮革、毛皮、羽毛及其制品和制鞋业	1 080 968	891 594	150 850	38 524
木材加工和木、竹、藤、棕、草制品业	1 216 872	439 542	487 180	27 680
家具制造业	498 101	221 391	222 997	34 120
造纸和纸制品业	2 600 553	445 968	2 032 970	68 668
印刷和记录媒介复制业	1 813 343	926 908	421 092	47 898
文教、工美、体育和娱乐用品制造业				
石油加工、炼焦和核燃料加工业	94 245	63 250	23 626	6 986
化学原料和化学制品制造业	67 904 946	27 371 342	24 303 074	1 668 171
医药制造业	29 106 993	17 340 078	5 425 338	1 175 335
化学纤维制造业				
橡胶和塑料制品业	14 622 072	7 515 651	4 446 857	506 829
非金属矿物制品业	2 457 257	1 173 074	676 257	201 715
黑色金属冶炼和压延加工业	611 358	402 206	186 935	2 888
有色金属冶炼和压延加工业	7 951 970	3 110 886	4 081 397	299 178
金属制品业	7 800 192	3 704 244	1 093 233	144 155
通用设备制造业	6 619 663	4 226 023	1 700 318	119 969
专用设备制造业	3 669 098	2 767 445	551 158	96 744
汽车制造业	10 028 911	4 814 799	3 304 621	427 009
铁路、船舶、航空航天和其他运输设备制造业	40 628 136	24 995 743	10 100 865	1 050 224
电气机械和器材制造业	7 269 991	4 799 082	1 287 676	420 308
计算机、通信和其他电子设备制造业	11 947 276	9 186 412	1 817 072	279 672
仪器仪表制造业	1 794 690	988 810	622 440	33 637
其他制造业	4 160 338	2 799 082	881 182	83 246
废弃资源综合利用业	571 638	201 730	116 370	81 731
金属制品、机械和设备修理业	221 330	72 358	129 961	15 196
电力、热力、燃气及水生产和供应业	1 064 534	723 248	158 862	37 123
电力、热力生产和供应业	560 690	327 591	142 820	1 995
燃气生产和供应业				
水的生产和供应业	503 844	395 657	16 042	35 128
建筑业	23 843 556	20 164 771	1 055 373	136 988
房屋建筑业	2 817 351	2 576 713	4 802	90
土木工程建筑业	15 808 126	12 557 990	970 508	46 446
建筑安装业	35 644	34 927	715	
建筑装饰、装修和其他建筑业	5 182 436	4 995 141	79 348	90 451
批发和零售业	311 176	273 200	15 610	433
批发业	198 837	176 401	3 435	108

续6－5

分　布	资产总计	#流动资产	固定资产	无形资产
零售业	112 339	96 799	12 176	325
交通运输、仓储和邮政业	191 030	163 925	19 415	212
铁路运输业				
道路运输业				
水上运输业				
航空运输业				
管道运输业				
装卸搬运和运输代理业				
仓储业				
邮政业	191 030	163 925	19 415	212
信息传输、软件和信息技术服务业	16 689 332	7 603 734	4 250 238	326 114
电信、广播电视和卫星传输服务	9 257 901	1 963 671	3 492 628	72 847
互联网和相关服务	414 695	351 625	19 876	3 220
软件和信息技术服务业	7 016 737	5 288 438	737 734	250 046
租赁和商务服务业	65 907	42 045	12 758	6 809
租赁业	3 109	3 075	34	
商务服务业	62 798	38 970	12 724	6 809
科学研究和技术服务业	13 994 765	9 888 812	1 368 748	385 438
研究和试验发展	2 622 116	2 081 617	373 766	106 307
专业技术服务业	10 331 046	7 108 909	852 607	243 568
科技推广和应用服务业	1 041 604	698 286	142 375	35 563
水利、环境和公共设施管理业	172 197	60 832	4 341	175
水利管理业				
生态保护和环境治理业	172 197	60 832	4 341	175
公共设施管理业				
居民服务、修理和其他服务业	170 835	153 965	15 344	468
居民服务业				
机动车、电子产品和日用产品修理业				
其他服务业	170 835	153 965	15 344	468
教育	309	309		
教育	309	309		
卫生和社会工作	75 787	52 271	21 110	2 406
卫生	75 787	52 271	21 110	2 406
社会工作				
文化、体育和娱乐业	150 956	58 067	62 446	2 215
新闻和出版业	150 956	58 067	62 446	2 215
广播、电视、电影和影视录音制作业				
文化艺术业				
体育				
娱乐业				

6－6 从业人员

单位：人

分 布	年末从业人员	#当年吸纳高校应届毕业生	学历			
			#博士	硕士	本科	大专
总 计	173 779	6 004	312	4 541	42 640	40 968
按地区						
贵阳市	115 046	4 370	211	3 893	32 820	26 529
六盘水市	990	14	1	10	155	328
遵义市	27 056	727	31	338	3 930	5 891
安顺市	12 405	374	25	147	3 413	4 275
毕节市	3 271	75	6	16	374	788
铜仁市	3 433	104	15	50	355	469
黔西南布依族苗族自治州	2 209	51	2	7	250	646
黔东南苗族侗族自治州	2 974	111	12	32	471	618
黔南布依族苗族自治州	6 395	178	9	48	872	1 424
按企业隶属关系						
中央	70 469	2 125	57	2 620	17 911	16 914
省（自治区、直辖市）	18 368	371	41	474	6 266	4 826
地（区、市、州、盟）	36 418	1 120	60	434	6 046	7 941
县级及以下	9 791	242	32	66	1 302	2 043
其他	38 733	2 146	122	947	11 115	9 244
按企业登记注册类型						
内资企业	169 818	5 908	310	4 509	42 135	40 304
国有企业	39 873	1 265	34	1 246	10 806	9 598
集体企业						
股份合作企业	38			2	28	2
联营企业	85		1	2	14	38
有限责任公司	65 086	2 230	128	1 878	15 943	15 660
股份有限公司	47 370	1 747	58	1 112	11 445	10 236
私营企业	17 336	666	89	267	3 896	4 756
其他企业	30			2	3	14
港、澳、台商投资企业	3 131	71	1	16	318	441
合资经营企业（港或澳、台资）	1 598	41		15	272	349
合作经营企业（港或澳、台资）						
港、澳、台商独资经营企业	1 533	30	1	1	46	92
港、澳、台商投资股份有限公司						
其他港澳台投资企业						
外商投资企业	830	25	1	16	187	223
中外合资经营企业	790	25	1	14	155	223
中外合作经营企业						
外资企业	40			2	32	
外商投资股份有限公司						
其他外商投资企业						
按控股						
国有	105 366	2 579	75	2 945	25 267	24 470

续6－6

分布	年末从业人员	#当年吸纳高校应届毕业生	学历			
			#博士	硕士	本科	大专
集体	1 469	68	2	38	594	430
私人	49 437	2 718	194	1 022	12 529	12 490
港澳台	2 068	34	1	2	96	270
外商	289	9	1	13	80	52
其他	15 150	596	39	521	4 074	3 256
按企业所属领域						
电子与信息领域	20 362	1 045	83	562	6 485	5 181
生物技术领域	21 865	1 285	68	324	6 433	6 158
新材料领域	26 061	421	28	234	2 814	4 230
光机电一体化	20 567	617	23	497	4 092	4 579
新能源及高效节能技术	5 049	169	22	41	794	1 041
环境保护技术	2 014	120	10	69	648	377
航空航天技术	30 828	883	19	1 044	7 849	9 031
地球,空间,海洋工程	392	9		25	85	46
核应用技术	217		1	5	18	163
其他高技术	46 424	1 455	58	1 740	13 422	10 162
按高新技术领域						
电子信息	24 063	1 176	87	586	7 914	6 336
软件	7 027	641	51	288	3 496	1 840
微电子技术	2 618	98	9	47	713	688
计算机产品及其网络应用技术	2 733	161	5	17	237	285
通信技术	863	69	8	13	273	255
广播影视技术	4 878	53		56	1 937	1 871
新型电子元器件	5 304	113	12	136	946	1 257
信息安全技术	408	20	2	7	160	114
智能交通和轨道交通技术	232	21		22	152	26
生物与新医药	21 990	1 316	68	335	6 550	6 315
医药生物技术	1 826	73	2	46	691	471
中药、天然药物	14 538	1 030	53	217	4 787	4 231
化学药研发技术	901	31		9	152	250
药物新剂型与制剂创新技术	1 396	39	2	14	244	491
医疗仪器、设备与医学专用软件	377	34		4	150	119
轻工和化工生物技术	772	13	2	8	119	192
农业生物技术	2 180	96	9	37	407	561
航空航天	28 665	880	22	944	7 168	8 413
航空技术	21 490	617	9	420	5 298	6 849
航天技术	7 175	263	13	524	1 870	1 564
新材料	29 622	570	30	269	3 806	5 712
金属材料	12 274	259	5	118	1 628	2 614
无机非金属材料	3 623	87	10	45	526	746
高分子材料	10 591	159	10	71	1 058	1 508
生物医用材料	402	10	1		74	66

续 6－6

分　布	年末从业人员	#当年吸纳高校应届毕业生	学　历			
			#博士	硕士	本科	大专
精细和专用化学品	2 732	55	4	35	520	778
高技术服务	17 158	969	51	1 676	7 784	3 482
研发与设计服务	12 427	758	35	1 458	5 590	2 245
检验检测认证与标准服务	866	60	4	39	291	237
信息技术服务	1 978	78	4	75	1 093	613
高技术专业化服务	1 673	48	6	102	742	321
知识产权与成果转化服务	67	25	2	2	16	13
电子商务与现代物流技术	22				12	9
城市管理与社会服务	49				31	14
文化创意产业支撑技术	76				9	30
新能源与节能	4 382	137	15	184	981	962
可再生清洁能源	425	30	1		96	149
新型高效能量转换与储存技术	1 693	37	1	101	306	223
高效节能技术	2 264	70	13	83	579	590
资源与环境	10 413	142	15	172	2 331	2 778
水污染控制与水资源利用技术	361	1	2	11	97	80
大气污染控制技术	322	5	3	5	41	58
固体废弃物处置与综合利用技术	961	8	3	10	105	163
生态环境建设与保护技术	295	21	1	6	149	69
清洁生产技术	1 953	73		20	482	889
资源勘查、高效开采与综合利用技术	6 521	34	6	120	1 457	1 519
先进制造与自动化	37 486	814	24	375	6 106	6 970
工业生产过程控制系统	1 499	19	3	4	117	118
安全生产技术	1 892	11		16	345	417
高性能、智能化仪器仪表	2 346	46	1	6	182	226
先进制造工艺与装备	2 019	38	2	30	394	439
新型机械	10 655	289	4	171	2 386	2 444
电力系统与设备	1 835	41		10	302	452
汽车及轨道车辆相关技术	16 340	355	14	138	2 328	2 741
传统文化产业改造技术	900	15			52	133
按国民经济行业						
农、林、牧、渔业	709	44	21	28	208	232
农业	459	16	16	15	135	99
林业						
畜牧业	189	24	4	5	32	122
渔业						
农、林、牧、渔服务业	61	4	1	8	41	11
采矿业	961	15	1	10	162	274
煤炭开采和洗选业						
石油和天然气开采业	191	3		6	56	53
黑色金属矿采选业						
有色金属矿采选业	770	12	1	4	106	221

续 6－6

分 布	年末从业人员	#当年吸纳高校应届毕业生	学 历			
			#博士	硕士	本科	大专
非金属矿采选业						
开采辅助活动						
其他采矿业						
制造业	141 642	4 185	162	2 295	27 672	32 900
农副食品加工业	591	10	1	2	46	96
食品制造业	67			1	23	24
酒、饮料和精制茶制造业	48	4			19	4
烟草制品业						
纺织业						
纺织服装、服饰业						
皮革、毛皮、羽毛及其制品和制鞋业	1 126			5	130	83
木材加工和木、竹、藤、棕、草制品业	845	15		3	105	139
家具制造业	479	25		1	74	57
造纸和纸制品业	609			3	132	270
印刷和记录媒介复制业	900	15			52	133
文教、工美、体育和娱乐用品制造业						
石油加工、炼焦和核燃料加工业	38				12	10
化学原料和化学制品制造业	13 871	240	12	174	2 736	3 326
医药制造业	19 254	1 176	40	269	5 947	5 573
化学纤维制造业						
橡胶和塑料制品业	8 405	105	9	56	756	1 244
非金属矿物制品业	2 179	34	1	13	202	408
黑色金属冶炼和压延加工业	528	10		11	110	68
有色金属冶炼和压延加工业	4 650	100	5	16	375	909
金属制品业	6 800	89		64	724	1 272
通用设备制造业	6 512	218	6	52	1 280	1 730
专用设备制造业	3 850	84	11	98	746	865
汽车制造业	15 467	385	16	174	2 531	2 831
铁路、船舶、航空航天和其他运输设备制造业	28 437	799	11	597	6 981	8 350
电气机械和器材制造业	6 797	248	16	61	1 172	1 413
计算机、通信和其他电子设备制造业	14 466	520	30	460	2 408	3 042
仪器仪表制造业	1 265	20	2	28	267	283
其他制造业	4 202	82	1	196	764	666
废弃资源综合利用业	179	6	1	4	38	90
金属制品、机械和设备修理业	77			7	42	14
电力、热力、燃气及水生产和供应业	469	15		6	125	128
电力、热力生产和供应业	187	15		3	80	58
燃气生产和供应业						
水的生产和供应业	282			3	45	70
建筑业	6 549	390	4	87	2 736	1 455
房屋建筑业	298				116	62
土木工程建筑业	4 185	245	3	79	1 749	1 017

续 6－6

分　布	年末从业人员	#当年吸纳高校应届毕业生	学　历			
			#博士	硕士	本科	大专
建筑安装业	65	6			34	15
建筑装饰、装修和其他建筑业	2 001	139	1	8	837	361
批发和零售业	443	2	3	8	120	144
批发业	296		3	7	82	50
零售业	147	2		1	38	94
交通运输、仓储和邮政业	392	22		32	215	116
铁路运输业						
道路运输业						
水上运输业						
航空运输业						
管道运输业						
装卸搬运和运输代理业						
仓储业						
邮政业	392	22		32	215	116
信息传输、软件和信息技术服务业	12 629	683	48	394	6 396	4 105
电信、广播电视和卫星传输服务	4 702	130	2	70	2 187	1 779
互联网和相关服务	858	20	1	25	508	220
软件和信息技术服务业	7 069	533	45	299	3 701	2 106
租赁和商务服务业	139	25	2	3	56	41
租赁业	11				4	6
商务服务业	128	25	2	3	52	35
科学研究和技术服务业	8 678	559	67	1 626	4 386	1 279
研究和试验发展	1 194	43	10	333	566	158
专业技术服务业	6 885	483	39	1 221	3 510	1 004
科技推广和应用服务业	599	33	18	72	310	117
水利、环境和公共设施管理业	147	5	2	7	58	23
水利管理业						
生态保护和环境治理业	147	5	2	7	58	23
公共设施管理业						
居民服务、修理和其他服务业	363	26	1	13	112	148
居民服务业						
机动车、电子产品和日用产品修理业						
其他服务业	363	26	1	13	112	148
教育	17				10	
教育	17				10	
卫生和社会工作	385	33	1	4	160	119
卫生	385	33	1	4	160	119
社会工作						
文化、体育和娱乐业	256			28	224	4
新闻和出版业	256			28	224	4
广播、电视、电影和影视录音制作业						
文化艺术业						
体育						
娱乐业						

6－7　科技活动人员

单位：人

分　布	科技活动人员	参加科技项目人员	科技管理和服务人员	#全时人员	#高中级技术职称人员
总　计	36 570	33 320	3 250	19 952	10 356
按地区					
贵阳市	25 258	22 936	2 322	14 654	7 364
六盘水市	179	157	22	59	57
遵义市	5 783	5 319	464	2 569	1 670
安顺市	2 446	2 230	216	1 297	594
毕节市	243	216	27	169	57
铜仁市	406	374	32	215	92
黔西南布依族苗族自治州	494	459	35	240	79
黔东南苗族侗族自治州	609	577	32	319	107
黔南布依族苗族自治州	1 152	1 052	100	430	336
按企业隶属关系					
中央	16 575	15 120	1 455	9 761	5 151
省（自治区、直辖市）	2 935	2 690	245	1 279	1 377
地（区、市、州、盟）	7 080	6 445	635	3 495	1 604
县级及以下	1 761	1 594	167	893	296
其他	8 219	7 471	748	4 524	1 928
按企业登记注册类型					
内资企业	36 085	32 874	3 211	19 688	10 237
国有企业	8 355	7 730	625	4 132	3 076
集体企业					
股份合作企业	12	10	2	5	5
联营企业	20	19	1		1
有限责任公司	14 869	13 535	1 334	8 788	4 397
股份有限公司	8 721	7 884	837	4 654	2 040
私营企业	4 099	3 689	410	2 107	711
其他企业	9	7	2	2	7
港、澳、台商投资企业	310	284	26	133	77
合资经营企业（港或澳、台资）	245	225	20	106	58
合作经营企业（港或澳、台资）					
港、澳、台商独资经营企业	65	59	6	27	19
港、澳、台商投资股份有限公司					
其他港澳台投资企业					
外商投资企业	175	162	13	131	42
中外合资经营企业	175	162	13	131	42
中外合作经营企业					
外资企业					
外商投资股份有限公司					
其他外商投资企业					
按控股					
国有	21 868	20 022	1 846	11 940	7 091
集体	392	354	38	206	174

续6－7

分　布	科技活动人员	参加科技项目人员	科技管理和服务人员	#全时人员	#高中级技术职称人员
私人	10 488	9 476	1 012	5 656	2 246
港澳台	165	150	15	94	30
外商	60	54	6	47	28
其他	3 597	3 264	333	2 009	787
按企业所属领域					
电子与信息领域	5 797	5 248	549	3 582	1 025
生物技术领域	3 790	3 508	282	1 938	753
新材料领域	5 342	4 800	542	2 394	1 283
光机电一体化	4 176	3 772	404	2 605	1 164
新能源及高效节能技术	872	777	95	482	169
环境保护技术	417	382	35	261	90
航空航天技术	8 451	7 771	680	5 298	2 631
地球,空间,海洋工程	92	80	12	50	52
核应用技术	30	29	1		9
其他高技术	7 603	6 953	650	3 342	3 180
按高新技术领域					
电子信息	5 811	5 279	532	3 545	1 066
软件	2 629	2 352	277	1 882	430
微电子技术	679	623	56	457	136
计算机产品及其网络应用技术	398	373	25	64	38
通信技术	368	335	33	157	47
广播影视技术	308	287	21	138	41
新型电子元器件	1 110	1 023	87	650	323
信息安全技术	258	230	28	154	45
智能交通和轨道交通技术	61	56	5	43	6
生物与新医药	3 815	3 517	298	1 989	772
医药生物技术	305	282	23	129	34
中药、天然药物	2 550	2 369	181	1 462	532
化学药研发技术	124	114	10	29	4
药物新剂型与制剂创新技术	223	199	24	97	49
医疗仪器、设备与医学专用软件	42	40	2		18
轻工和化工生物技术	109	98	11	67	26
农业生物技术	462	415	47	205	109
航空航天	8 083	7 359	724	5 152	2 162
航空技术	5 794	5 309	485	3 466	1 478
航天技术	2 289	2 050	239	1 686	684
新材料	6 231	5 633	598	2 908	1 579
金属材料	2 895	2 556	339	1 043	812
无机非金属材料	790	731	59	413	110
高分子材料	1 881	1 727	154	1 107	421
生物医用材料	88	86	2	69	14
精细和专用化学品	577	533	44	276	222
高技术服务	4 133	3 770	363	1 978	1 738

续 6 - 7

分　布	科技活动人员	参加科技项目人员	科技管理和服务人员	#全时人员	#高中级技术职称人员
研发与设计服务	2 905	2 680	225	1 404	1 453
检验检测认证与标准服务	223	200	23	111	42
信息技术服务	548	483	65	265	71
高技术专业化服务	410	362	48	187	160
知识产权与成果转化服务					
电子商务与现代物流技术	19	19			
城市管理与社会服务	16	14	2	3	8
文化创意产业支撑技术	12	12		8	4
新能源与节能	1 260	1 144	116	676	390
可再生清洁能源	106	96	10	77	23
新型高效能量转换与储存技术	517	478	39	326	90
高效节能技术	637	570	67	273	277
资源与环境	1 667	1 537	130	674	706
水污染控制与水资源利用技术	49	46	3	37	33
大气污染控制技术	64	63	1	40	17
固体废弃物处置与综合利用技术	267	239	28	84	29
生态环境建设与保护技术	65	54	11	43	18
清洁生产技术	290	268	22	108	104
资源勘查、高效开采与综合利用技术	932	867	65	362	505
先进制造与自动化	5 570	5 081	489	3 030	1 943
工业生产过程控制系统	148	135	13	92	46
安全生产技术	318	288	30	92	176
高性能、智能化仪器仪表	181	166	15	116	88
先进制造工艺与装备	466	427	39	279	165
新型机械	2 209	2 038	171	1 166	823
电力系统与设备	339	314	25	131	90
汽车及轨道车辆相关技术	1 806	1 619	187	1 090	533
传统文化产业改造技术	103	94	9	64	22
按国民经济行业					
农、林、牧、渔业	208	190	18	86	85
农业	148	140	8	67	66
林业					
畜牧业	26	23	3	5	13
渔业					
农、林、牧、渔服务业	34	27	7	14	6
采矿业	240	220	20	97	55
煤炭开采和洗选业					
石油和天然气开采业	12	10	2	4	5
黑色金属矿采选业					
有色金属矿采选业	228	210	18	93	50
非金属矿采选业					
开采辅助活动					
其他采矿业					

续 6－7

分　布	科技活动人员	参加科技项目人员	科技管理和服务人员	#全时人员	#高中级技术职称人员
制造业	27 830	25 408	2 422	15 223	7 668
农副食品加工业	108	96	12	33	16
食品制造业	30	27	3	19	11
酒、饮料和精制茶制造业	1	1		1	1
烟草制品业					
纺织业					
纺织服装、服饰业					
皮革、毛皮、羽毛及其制品和制鞋业	300	273	27	172	8
木材加工和木、竹、藤、棕、草制品业	153	143	10	20	
家具制造业	50	50		30	9
造纸和纸制品业	96	88	8	15	25
印刷和记录媒介复制业	103	94	9	64	22
文教、工美、体育和娱乐用品制造业					
石油加工、炼焦和核燃料加工业	9	7	2	4	3
化学原料和化学制品制造业	2 209	2 037	172	930	1 000
医药制造业	3 203	2 970	233	1 760	595
化学纤维制造业					
橡胶和塑料制品业	1 371	1 256	115	851	363
非金属矿物制品业	454	411	43	236	62
黑色金属冶炼和压延加工业	124	114	10	76	52
有色金属冶炼和压延加工业	1 108	1 004	104	442	251
金属制品业	1 628	1 413	215	417	441
通用设备制造业	1 557	1 428	129	648	539
专用设备制造业	814	756	58	519	250
汽车制造业	1 874	1 676	198	1 199	588
铁路、船舶、航空航天和其他运输设备制造业	6 884	6 315	569	4 270	1 907
电气机械和器材制造业	1 248	1 144	104	662	355
计算机、通信和其他电子设备制造业	3 044	2 755	289	1 890	483
仪器仪表制造业	277	258	19	166	166
其他制造业	1 096	1 014	82	730	494
废弃资源综合利用业	56	46	10	38	9
金属制品、机械和设备修理业	33	32	1	31	18
电力、热力、燃气及水生产和供应业	72	64	8	26	29
电力、热力生产和供应业	41	35	6	6	1
燃气生产和供应业					
水的生产和供应业	31	29	2	20	28
建筑业	1 195	1 111	84	597	188
房屋建筑业	112	102	10	22	20
土木工程建筑业	842	773	69	550	158
建筑安装业	15	12	3	10	8
建筑装饰、装修和其他建筑业	226	224	2	15	2
批发和零售业	181	159	22	90	35

续6－7

分　布	科技活动人员	参加科技项目人员	科技管理和服务人员	#全时人员	#高中级技术职称人员
批发业	114	100	14	54	22
零售业	67	59	8	36	13
交通运输、仓储和邮政业	59	54	5		24
铁路运输业					
道路运输业					
水上运输业					
航空运输业					
管道运输业					
装卸搬运和运输代理业					
仓储业					
邮政业	59	54	5		24
信息传输、软件和信息技术服务业	3 896	3 494	402	2 448	545
电信、广播电视和卫星传输服务	432	391	41	240	82
互联网和相关服务	241	216	25	113	15
软件和信息技术服务业	3 223	2 887	336	2 095	448
租赁和商务服务业	29	25	4	23	10
租赁业					
商务服务业	29	25	4	23	10
科学研究和技术服务业	2 670	2 416	254	1 307	1 686
研究和试验发展	711	653	58	546	464
专业技术服务业	1 660	1 501	159	579	1 156
科技推广和应用服务业	299	262	37	182	66
水利、环境和公共设施管理业	28	26	2	22	7
水利管理业					
生态保护和环境治理业	28	26	2	22	7
公共设施管理业					
居民服务、修理和其他服务业	57	55	2		5
居民服务业					
机动车、电子产品和日用产品修理业					
其他服务业	57	55	2		5
教育	17	15	2		
教育	17	15	2		
卫生和社会工作	60	55	5	5	19
卫生	60	55	5	5	19
社会工作					
文化、体育和娱乐业	28	28		28	
新闻和出版业	28	28		28	
广播、电视、电影和影视录音制作业					
文化艺术业					
体育					
娱乐业					

6－8　科技活动经费

单位：千元

分　布	科技活动经费支出	#政府资金	内部支出	人员人工费	原材料费	折旧费用与长期费用摊销	无形资产摊销	其他费用
总　计	7 554 818	815 148	6 552 210	2 181 697	2 631 605	414 734	59 323	1 264 850
按地区								
贵阳市	5 485 934	676 434	4 761 868	1 612 167	1 769 863	314 600	37 869	1 027 370
六盘水市	21 326	1 030	18 388	9 829	6 034	766	130	1 630
遵义市	988 846	41 591	897 491	278 937	476 237	40 980	1 774	99 563
安顺市	477 042	70 230	403 813	109 992	156 430	24 164	14 306	98 921
毕节市	51 330	8 332	35 551	14 411	13 754	5 034	1 506	846
铜仁市	97 168	2 920	61 990	18 122	29 204	4 144	694	9 827
黔西南布依族苗族自治州	73 869		72 299	31 055	37 714	1 643	70	1 817
黔东南苗族侗族自治州	110 672	10 165	89 684	35 049	29 472	7 639	1 188	16 336
黔南布依族苗族自治州	248 631	4 447	211 125	72 135	112 898	15 765	1 786	8 542
按企业隶属关系								
中央	3 555 548	606 746	3 136 021	1 055 565	1 192 458	153 654	25 755	708 589
省(自治区、直辖市)	820 112	41 266	749 634	202 067	306 357	115 857	8 621	116 732
地(区、市、州、盟)	1 159 888	52 149	980 541	310 206	509 038	45 827	14 187	101 283
县级及以下	313 981	10 214	269 689	108 653	135 018	9 709	1 664	14 645
其他	1 705 289	104 773	1 416 324	505 205	488 734	89 688	9 096	323 601
按企业登记注册类型								
内资企业	7 424 511	810 352	6 432 661	2 154 508	2 553 308	407 725	59 230	1 257 890
国有企业	1 970 765	246 884	1 777 360	483 407	778 416	137 314	4 311	373 912
集体企业								
股份合作企业	2 800	180	750	550		120		80
联营企业	3 300		3 300	2 148	891	261		
有限责任公司	3 137 653	438 887	2 651 071	875 184	1 086 587	128 968	32 585	527 746
股份有限公司	1 685 392	78 251	1 479 567	601 140	485 142	102 985	18 021	272 278
私营企业	623 654	45 850	519 665	191 747	201 750	38 039	4 312	83 816
其他企业	949	300	949	332	522	38		57
港、澳、台商投资企业	69 289	1 436	61 558	15 551	39 536	3 139	93	3 238
合资经营企业(港或澳、台资)	49 822	1 162	43 280	11 146	29 291	1 272		1 571
合作经营企业(港或澳、台资)								
港、澳、台商独资经营企业	19 468	274	18 278	4 404	10 246	1 867	93	1 667
港、澳、台商投资股份有限公司								
其他港澳台投资企业								
外商投资企业	61 017	3 361	57 991	11 638	38 761	3 870		3 722
中外合资经营企业	61 017	3 361	57 991	11 638	38 761	3 870		3 722

续6－8

分　布	科技活动经费支出	#政府资金	内部支出	人员人工费	原材料费	折旧费用与长期费用摊销	无形资产摊销	其他费用
中外合作经营企业								
外资企业								
外商投资股份有限公司								
其他外商投资企业								
按控股								
国有	4 601 116	589 879	4 051 354	1 329 563	1 686 000	277 602	39 938	718 251
集体	64 602	440	64 050	34 872	25 946	859		2 373
私人	1 987 506	119 333	1 626 520	568 378	617 888	90 044	16 192	334 019
港澳台	77 232	274	73 810	12 743	53 168	4 413	93	3 393
外商	13 064	2 711	11 416	4 988	4 234	1 036		1 158
其他	811 297	102 512	725 058	231 153	244 368	40 780	3 100	205 657
按企业所属领域								
电子与信息领域	929 730	86 227	823 188	415 293	216 019	59 162	11 921	120 793
生物技术领域	868 615	52 940	688 510	169 461	251 611	37 257	2 096	228 085
新材料领域	1 065 840	36 939	944 059	193 805	616 917	54 385	12 523	66 428
光机电一体化	699 662	27 930	646 882	341 027	230 697	25 986	2 640	46 532
新能源及高效节能技术	141 762	15 479	124 728	39 107	32 744	2 610	331	49 937
环境保护技术	83 981	2 230	73 416	30 038	30 096	2 121	1 033	10 129
航空航天技术	1 934 779	530 843	1 661 989	412 343	628 136	65 164	13 549	542 797
地球,空间,海洋工程	22 386	6 817	22 136	9 167	6 744	1 365	250	4 611
核应用技术	903		903	510	323			70
其他高技术	1 807 160	55 743	1 566 398	570 946	618 319	166 684	14 980	195 468
按高新技术领域								
电子信息	972 335	83 337	876 919	439 843	222 735	76 715	11 412	126 215
软件	385 834	31 349	331 734	226 249	32 314	24 739	4 101	44 332
微电子技术	120 985	19 061	114 699	44 963	36 936	6 560	476	25 764
计算机产品及其网络应用技术	103 632	2 780	96 493	24 157	55 837	2 590	252	13 657
通信技术	67 460	4 200	56 737	27 879	7 384	5 922	475	15 076
广播影视技术	74 223	376	73 795	44 476	1 519	22 311		5 488
新型电子元器件	176 847	24 592	164 305	51 614	79 052	11 404	5 024	17 210
信息安全技术	27 447	500	25 273	13 926	4 555	2 364	682	3 746
智能交通和轨道交通技术	15 907	480	13 883	6 578	5 138	825	401	941
生物与新医药	896 007	55 116	716 264	173 252	278 181	35 721	2 440	226 668
医药生物技术	78 242	3 740	72 289	7 174	57 065	3 175		4 875
中药、天然药物	641 275	42 508	488 744	111 121	143 397	23 076	1 565	209 585
化学药研发技术	27 968		26 773	8 830	15 685	1 303		955

续 6－8

分 布	科技活动经费支出	#政府资金	内部支出	人员人工费	原材料费	折旧费用与长期费用摊销	无形资产摊销	其他费用
药物新剂型与制剂创新技术	31 565	1 962	30 654	9 478	17 243	1 856	709	1 369
医疗仪器、设备与医学专用软件	11 269	922	10 605	4 768	4 520	1 237		80
轻工和化工生物技术	12 613	200	12 453	7 899	1 401	1 434		1 719
农业生物技术	93 076	5 784	74 746	23 982	38 870	3 641	166	8 087
航空航天	1 855 334	450 526	1 598 620	530 617	592 466	69 429	14 456	391 652
航空技术	1 420 931	409 578	1 211 897	276 795	512 075	41 945	13 195	367 887
航天技术	434 403	40 948	386 723	253 822	80 391	27 484	1 261	23 765
新材料	1 285 678	49 468	1 121 101	240 118	667 889	70 066	13 300	129 729
金属材料	519 490	19 652	475 749	104 536	298 452	27 242	1 341	44 177
无机非金属材料	147 854	6 654	108 410	28 370	64 305	10 183	1 824	3 728
高分子材料	414 796	10 805	369 214	65 621	254 352	17 290	9 410	22 541
生物医用材料	12 257		10 404	4 471	1 009	1 575		3 349
精细和专用化学品	191 281	12 358	157 324	37 119	49 770	13 776	725	55 933
高技术服务	964 528	93 168	825 368	296 676	253 643	22 844	7 465	244 740
研发与设计服务	765 079	78 103	646 993	227 628	164 357	15 600	6 224	233 185
检验检测认证与标准服务	31 789	6 000	25 399	10 009	10 433	1 150	14	3 792
信息技术服务	63 209	4 170	51 742	38 388	6 063	829	434	6 029
高技术专业化服务	99 551	4 895	96 419	18 897	72 349	2 918	793	1 462
知识产权与成果转化服务								
电子商务与现代物流技术	1 038		1 038	665	130			243
城市管理与社会服务	2 961		2 895	658	23	2 214		
文化创意产业支撑技术	902		882	431	289	133		29
新能源与节能	176 063	8 793	162 671	84 919	49 499	10 261	780	17 213
可再生清洁能源	10 756	491	9 449	5 637	2 553	592	225	442
新型高效能量转换与储存技术	81 452	4 651	79 447	36 116	29 392	5 939	50	7 950
高效节能技术	83 855	3 651	73 775	43 165	17 554	3 730	505	8 821
资源与环境	546 827	16 338	510 487	132 829	263 641	79 405	4 746	29 866
水污染控制与水资源利用技术	5 606	300	5 606	1 769	3 275		11	552
大气污染控制技术	8 544	200	8 544	2 667	3 611	168		2 098
固体废弃物处置与综合利用技术	42 988	2 231	33 872	15 050	13 561	2 816	1 232	1 213
生态环境建设与保护技术	16 454	720	15 642	5 928	7 693	309	30	1 681
清洁生产技术	92 660	582	75 302	17 813	37 337	6 183	2	13 967
资源勘查、高效开采与综合利用技术	380 575	12 305	371 521	89 602	198 164	69 929	3 471	10 355
先进制造与自动化	858 045	58 402	740 780	283 443	303 552	50 294	4 723	98 769
工业生产过程控制系统	30 504		13 354	4 466	4 801	562	620	2 906

续6－8

分　布	科技活动经费支出	#政府资金	内部支出	人员人工费	原材料费	折旧费用与长期费用摊销	无形资产摊销	其他费用
安全生产技术	39 143		29 015	5 349	5 098	17 170	195	1 203
高性能、智能化仪器仪表	31 568	4 140	30 153	13 025	12 056	1 454	709	2 908
先进制造工艺与装备	44 880	5 254	42 776	18 262	17 047	586	283	6 598
新型机械	309 049	25 776	267 582	102 285	123 391	5 562	584	35 759
电力系统与设备	37 629	959	36 117	11 434	16 699	2 465	119	5 401
汽车及轨道车辆相关技术	314 165	21 611	292 762	123 903	107 902	16 861	2 176	41 921
传统文化产业改造技术	51 107	662	29 021	4 720	16 557	5 635	37	2 072
按国民经济行业								
农、林、牧、渔业	26 206	6 122	21 975	7 990	8 990	1 473	246	3 275
农业	13 418	4 422	13 165	4 823	5 707	652	212	1 771
林业								
畜牧业	11 017	1 700	7 039	1 825	2 989	734	34	1 456
渔业								
农、林、牧、渔服务业	1 771		1 771	1 342	294	87		48
采矿业	53 811	300	53 269	23 795	27 429	1 200	250	595
煤炭开采和洗选业								
石油和天然气开采业	1 977		1 745	1 210	269			266
黑色金属矿采选业								
有色金属矿采选业	51 834	300	51 524	22 585	27 160	1 200	250	329
非金属矿采选业								
开采辅助活动								
其他采矿业								
制造业	5 855 747	667 732	5 078 584	1 493 583	2 274 834	330 208	45 179	934 780
农副食品加工业	24 140	500	23 063	7 710	14 255	941		157
食品制造业	1 486	164	1 473	639	488	342		4
酒、饮料和精制茶制造业	1 230		974	348	581	20	10	15
烟草制品业								
纺织业								
纺织服装、服饰业								
皮革、毛皮、羽毛及其制品和制鞋业	29 794	380	29 312	8 019	17 252	97	280	3 664
木材加工和木、竹、藤、棕、草制品业	14 175	300	6 055	3 071	2 293	552	12	127
家具制造业	18 885		18 885	9 500	7 000			2 385
造纸和纸制品业	38 165		37 722	6 627	15 593	4 149		11 352
印刷和记录媒介复制业	51 107	662	29 021	4 720	16 557	5 635	37	2 072

续 6－8

分 布	科技活动经费支出	#政府资金	内部支出	人员人工费	原材料费	折旧费用与长期费用摊销	无形资产摊销	其他费用
文教、工美、体育和娱乐用品制造业								
石油加工、炼焦和核燃料加工业	2 010		1 170	520	400	150	70	30
化学原料和化学制品制造业	700 276	23 210	621 381	131 394	306 559	105 256	4 495	73 676
医药制造业	790 323	42 492	629 169	143 223	230 521	31 612	2 082	221 731
化学纤维制造业								
橡胶和塑料制品业	323 253	11 770	271 488	36 953	196 484	17 846	10 068	10 137
非金属矿物制品业	61 526	5 120	52 873	20 495	22 667	5 336	661	3 715
黑色金属冶炼和压延加工业	24 480	10 640	21 720	6 110	14 635	825	30	120
有色金属冶炼和压延加工业	282 770	3 195	257 034	60 211	169 198	19 300		8 325
金属制品业	183 884	4 021	171 846	36 061	98 769	5 790	1 094	30 131
通用设备制造业	241 730	14 144	184 807	66 042	86 217	8 232	2 017	22 299
专用设备制造业	125 642	12 730	112 962	47 801	44 142	5 302	156	15 561
汽车制造业	318 339	20 710	301 319	132 716	100 744	15 786	1 606	50 468
铁路、船舶、航空航天和其他运输设备制造业	1 654 006	444 869	1 410 126	335 293	599 126	57 218	14 158	404 330
电气机械和器材制造业	182 077	4 399	144 545	58 265	67 145	8 101	1 219	9 815
计算机、通信和其他电子设备制造业	578 980	48 009	555 788	272 435	205 362	27 835	5 579	44 577
仪器仪表制造业	41 292	4 140	40 637	21 743	13 462	1 697	705	3 031
其他制造业	148 156	14 571	140 039	79 045	38 937	7 808	116	14 134
废弃资源综合利用业	11 670	90	8 847	3 291	4 182	378	784	212
金属制品、机械和设备修理业	6 348	1 617	6 328	1 351	2 263			2 714
电力、热力、燃气及水生产和供应业	6 276		5 646	1 942	3 246			458
电力、热力生产和供应业	1 925		1 295	804	358			133
燃气生产和供应业								
水的生产和供应业	4 351		4 351	1 138	2 888			325
建筑业	434 428	4 620	356 026	84 154	222 635	5 697	300	43 241
房屋建筑业	5 345		5 295	1 630	2 650	510	300	205
土木工程建筑业	261 233	4 570	188 752	42 774	131 850	1 980		12 148
建筑安装业	616	50	584	241	176	20		147
建筑装饰、装修和其他建筑业	167 234		161 395	39 509	87 959	3 187		30 740
批发和零售业	26 715	620	24 307	12 660	4 658	140	77	6 771
批发业	22 106	620	21 394	10 678	3 988	130	72	6 525
零售业	4 609		2 913	1 982	670	10	5	246
交通运输、仓储和邮政业	1 273	400	1 273	1 273				
铁路运输业								
道路运输业								

续6－8

分　布	科技活动经费支出	#政府资金	内部支出	人员人工费	原材料费	折旧费用与长期费用摊销	无形资产摊销	其他费用
水上运输业								
航空运输业								
管道运输业								
装卸搬运和运输代理业								
仓储业								
邮政业	1 273	400	1 273	1 273				
信息传输、软件和信息技术服务业	590 408	40 089	522 309	339 574	50 074	57 990	6 301	68 370
电信、广播电视和卫星传输服务	101 408	853	94 426	61 447	1 469	22 644	465	8 401
互联网和相关服务	28 732	2 692	27 102	24 525	130	639	118	1 691
软件和信息技术服务业	460 269	36 544	400 781	253 603	48 475	34 706	5 718	58 279
租赁和商务服务业	8 464	300	4 759	3 693	30	2	1	1 033
租赁业								
商务服务业	8 464	300	4 759	3 693	30	2	1	1 033
科学研究和技术服务业	528 223	88 743	462 521	202 389	33 727	15 994	6 727	203 685
研究和试验发展	178 501	71 697	174 890	31 137	5 932	2 602	102	135 117
专业技术服务业	303 825	9 793	251 278	153 917	11 996	12 138	6 195	67 032
科技推广和应用服务业	45 897	7 253	36 354	17 335	15 799	1 254	430	1 536
水利、环境和公共设施管理业	3 458	700	3 315	1 411	1 292	5	241	367
水利管理业								
生态保护和环境治理业	3 458	700	3 315	1 411	1 292	5	241	367
公共设施管理业								
居民服务、修理和其他服务业	6 845	4 200	6 033	3 362	179	373		2 119
居民服务业								
机动车、电子产品和日用产品修理业								
其他服务业	6 845	4 200	6 033	3 362	179	373		2 119
教育	416	100	416	338				78
教育	416	100	416	338				78
卫生和社会工作	11 989	1 222	11 217	5 010	4 510	1 618		79
卫生	11 989	1 222	11 217	5 010	4 510	1 618		79
社会工作								
文化、体育和娱乐业	559		559	523		36		
新闻和出版业	559		559	523		36		
广播、电视、电影和影视录音制作业								
文化艺术业								
体育								
娱乐业								

续 6－8

分　布	外部支出	#对境内研究机构	对境内高等学校	对境内企业	对境外支出	当年形成用于科技活动的固定资产	#仪器和设备
总　计	416 980	131 888	34 027	240 865	2 614	585 628	507 628
按地区							
贵阳市	364 766	95 731	25 485	234 485	1 484	359 300	302 532
六盘水市	970	30	850	90		1 968	888
遵义市	16 346	14 626	1 133	586		75 010	70 239
安顺市	27 498	19 023	4 336	3 003	1 130	45 731	43 577
毕节市	520		520			15 259	14 604
铜仁市	1 681		350	1 330		33 497	29 514
黔西南布依族苗族自治州	132	120		12		1 438	1 052
黔东南苗族侗族自治州	2 005	1 915	90			18 983	18 779
黔南布依族苗族自治州	3 062	442	1 262	1 358		34 443	26 443
按企业隶属关系							
中央	270 974	73 690	9 296	182 931	1 032	148 553	125 869
省（自治区、直辖市）	33 004	4 007	754	26 790		37 474	31 912
地（区、市、州、盟）	36 992	11 762	9 702	14 238		142 355	133 433
县级及以下	8 528	2 441	4 422	1 465		35 764	32 045
其他	67 482	39 988	9 852	15 443	1 582	221 482	184 368
按企业登记注册类型							
内资企业	411 512	126 420	34 027	240 865	2 614	580 339	504 424
国有企业	91 828	47 638	2 950	40 334	904	101 576	82 182
集体企业							
股份合作企业	200					1 850	
联营企业							
有限责任公司	236 761	41 083	19 668	169 449	128	249 821	232 395
股份有限公司	61 528	32 675	5 615	22 108	1 130	144 298	119 290
私营企业	21 195	5 024	5 794	8 975	452	82 794	70 557
其他企业							
港、澳、台商投资企业	5 468	5 468				2 264	1 704
合资经营企业（港或澳、台资）	5 010	5 010				1 532	1 532
合作经营企业（港或澳、台资）							
港、澳、台商独资经营企业	458	458				732	172
港、澳、台商投资股份有限公司							
其他港澳台投资企业							
外商投资企业						3 026	1 500
中外合资经营企业						3 026	1 500
中外合作经营企业							

续6－8

分　布	外部支出	#对境内研究机构	对境内高等学校	对境内企业	对境外支出	当年形成用于科技活动的固定资产	#仪器和设备
外资企业							
外商投资股份有限公司							
其他外商投资企业							
按控股							
国有	287 132	76 639	10 166	193 617	1 032	262 630	232 789
集体	60	60				492	492
私人	115 983	50 971	22 917	38 606	1 582	245 003	222 896
港澳台	2 446	2 446				976	174
外商	150		150			1 498	1 498
其他	11 209	1 772	794	8 642		75 030	49 779
按企业所属领域							
电子与信息领域	45 218	3 705	1 944	34 355		61 324	57 670
生物技术领域	72 513	42 816	14 356	13 759	1 582	107 592	94 194
新材料领域	11 451	7 567	1 887	1 587		110 330	107 421
光机电一体化	3 418	922	983	1 506		49 362	44 723
新能源及高效节能技术	1 788	111	1 387	90		15 246	11 181
环境保护技术	5 788	2 172	3 616			4 777	3 824
航空航天技术	158 247	23 036	3 678	130 729	802	114 543	107 161
地球,空间,海洋工程						250	100
核应用技术							
其他高技术	118 558	51 559	6 176	58 839	230	122 205	81 355
按高新技术领域							
电子信息	36 577	3 795	2 434	28 375		58 839	56 435
软件	27 131	2 269	1 090	23 772		26 968	25 769
微电子技术	787	550		237		5 499	5 442
计算机产品及其网络应用技术	557	557				6 583	6 583
通信技术	1 319			1 319		9 404	9 290
广播影视技术	248			248		180	5
新型电子元器件	5 022	420	1 094	1 535		7 521	6 819
信息安全技术	250		250			1 923	1 766
智能交通和轨道交通技术	1 264			1 264		760	760
生物与新医药	73 273	42 876	15 056	13 759	1 582	106 471	93 073
医药生物技术	3 859	3 859				2 094	2 094
中药、天然药物	65 911	37 996	14 086	12 699	1 130	86 620	77 315
化学药研发技术	1 152			700	452	43	43
药物新剂型与制剂创新技术	175	163		12		736	656

续6－8

分　布	外部支出	#对境内研究机构	对境内高等学校	对境内企业	对境外支出	当年形成用于科技活动的固定资产	#仪器和设备
医疗仪器、设备与医学专用软件						664	664
轻工和化工生物技术	80		80			80	80
农业生物技术	2 096	858	890	348		16 234	12 221
航空航天	147 465	9 304	3 590	130 767	802	109 249	100 194
航空技术	133 124	3 575	756	128 793		75 910	70 899
航天技术	14 341	5 729	2 834	1 974	802	33 339	29 295
新材料	21 271	15 857	1 537	3 567		143 306	135 794
金属材料	17 279	15 837	505	937		26 462	26 103
无机非金属材料	2 362		502	1 550		37 082	35 436
高分子材料	120	20	100			45 462	44 543
生物医用材料						1 853	1 853
精细和专用化学品	1 510		430	1 080		32 447	27 859
高技术服务	106 717	42 825	5 306	56 764	128	32 443	19 542
研发与设计服务	98 941	42 775	5 284	49 300	128	19 145	8 137
检验检测认证与标准服务	156			156		6 234	6 234
信息技术服务	6 585		22	6 323		4 881	3 008
高技术专业化服务	1 001	50		951		2 131	2 131
知识产权与成果转化服务							
电子商务与现代物流技术							
城市管理与社会服务	34			34		32	32
文化创意产业支撑技术						20	
新能源与节能	5 133	21	4 693	117	102	8 259	3 947
可再生清洁能源	808	21	787			499	455
新型高效能量转换与储存技术	200		200			1 805	1 227
高效节能技术	4 125		3 706	117	102	5 955	2 265
资源与环境	10 011	3 231	410	6 270		26 329	25 218
水污染控制与水资源利用技术							
大气污染控制技术							
固体废弃物处置与综合利用技术	5 080	3 171	410	1 499		4 036	3 243
生态环境建设与保护技术						813	813
清洁生产技术	148			48		17 209	16 891
资源勘查、高效开采与综合利用技术	4 783	60		4 723		4 271	4 271
先进制造与自动化	16 533	13 979	1 001	1 246		100 733	73 426
工业生产过程控制系统	6 985	6 985				10 165	10 165
安全生产技术	548			548		9 580	9 580
高性能、智能化仪器仪表	300	200	100			1 115	300

续6－8

分　布	外部支出	#对境内研究机构	对境内高等学校	对境内企业	对境外支出	当年形成用于科技活动的固定资产	#仪器和设备
先进制造工艺与装备	248	243	5			1 856	1 856
新型机械	6 794	6 171	26	590		34 673	32 461
电力系统与设备	458		50	108		1 054	682
汽车及轨道车辆相关技术	1 200	380	820			20 203	18 259
传统文化产业改造技术						22 086	123
按国民经济行业							
农、林、牧、渔业	358	258		100		3 873	1 453
农业	100			100		153	73
林业							
畜牧业	258	258				3 720	1 380
渔业							
农、林、牧、渔服务业							
采矿业	60	60				482	332
煤炭开采和洗选业							
石油和天然气开采业						232	232
黑色金属矿采选业							
有色金属矿采选业	60	60				250	100
非金属矿采选业							
开采辅助活动							
其他采矿业							
制造业	273 432	84 278	24 035	157 043	2 384	503 730	446 753
农副食品加工业	168			168		909	869
食品制造业						13	13
酒、饮料和精制茶制造业						256	256
烟草制品业							
纺织业							
纺织服装、服饰业							
皮革、毛皮、羽毛及其制品和制鞋业						482	378
木材加工和木、竹、藤、棕、草制品业	590	500	90			7 530	7 530
家具制造业							
造纸和纸制品业						443	348
印刷和记录媒介复制业						22 086	123
文教、工美、体育和娱乐用品制造业							
石油加工、炼焦和核燃料加工业	770		770			70	50
化学原料和化学制品制造业	8 009	160	1 370	6 479		70 887	65 632
医药制造业	70 055	40 976	14 086	13 411	1 582	91 099	81 794

续 6－8

分　布	外部支出	#对境内研究机构	对境内高等学校	对境内企业	对境外支出	当年形成用于科技活动的固定资产	#仪器和设备
化学纤维制造业							
橡胶和塑料制品业	200		100			51 565	50 770
非金属矿物制品业	2 472	120	462	1 580		6 181	5 722
黑色金属冶炼和压延加工业	1 900	1 600	300			860	840
有色金属冶炼和压延加工业	7 078	6 649	160	269		18 658	18 557
金属制品业	157	41	115			11 881	11 754
通用设备制造业	11 112	6 794	431	887		45 811	43 232
专用设备制造业	148			142		12 532	12 518
汽车制造业	2 210	380	880			14 810	12 851
铁路、船舶、航空航天和其他运输设备制造业	151 007	16 322	3 452	130 429	802	92 873	85 839
电气机械和器材制造业	2 266	197	347	1 422		35 266	31 574
计算机、通信和其他电子设备制造业	5 218	1 222	807	2 166		17 974	15 565
仪器仪表制造业	100		100			555	300
其他制造业	7 490	7 185	215	90		627	21
废弃资源综合利用业	2 482	2 132	350			341	216
金属制品、机械和设备修理业						20	
电力、热力、燃气及水生产和供应业						630	525
电力、热力生产和供应业						630	525
燃气生产和供应业							
水的生产和供应业							
建筑业	64 404	34 961	3 166	26 277		13 998	3 562
房屋建筑业	50	50					
土木工程建筑业	60 951	34 911		26 040		11 530	1 904
建筑安装业						32	32
建筑装饰、装修和其他建筑业	3 403		3 166	237		2 436	1 627
批发和零售业	903	557		345		1 506	1 496
批发业	131			130		581	581
零售业	772	557		215		925	915
交通运输、仓储和邮政业							
铁路运输业							
道路运输业							
水上运输业							
航空运输业							
管道运输业							

续6－8

分布	外部支出	#对境内研究机构	对境内高等学校	对境内企业	对境外支出	当年形成用于科技活动的固定资产	#仪器和设备
装卸搬运和运输代理业							
仓储业							
邮政业							
信息传输、软件和信息技术服务业	32 380	2 269	951	28 920		35 720	32 732
电信、广播电视和卫星传输服务	248			248		6 734	6 734
互联网和相关服务	1 362			1 122		268	268
软件和信息技术服务业	30 770	2 269	951	27 550		28 718	25 730
租赁和商务服务业	3 695			3 695		10	10
租赁业							
商务服务业	3 695			3 695		10	10
科学研究和技术服务业	41 748	9 506	5 874	24 485	230	23 953	19 052
研究和试验发展	759		540	117	102	2 852	1 439
专业技术服务业	39 147	7 864	5 334	24 368	128	13 400	11 929
科技推广和应用服务业	1 842	1 642				7 701	5 684
水利、环境和公共设施管理业						143	130
水利管理业							
生态保护和环境治理业						143	130
公共设施管理业							
居民服务、修理和其他服务业						812	812
居民服务业							
机动车、电子产品和日用产品修理业							
其他服务业						812	812
教育							
教育							
卫生和社会工作						772	772
卫生						772	772
社会工作							
文化、体育和娱乐业							
新闻和出版业							
广播、电视、电影和影视录音制作业							
文化艺术业							
体育							
娱乐业							

6－9 企业办科技机构

分 布	机构数/个	区内	区外	机构人员/人	机构经费支出/千元
总 计	331	239	92	14 699	3 264 126
按地区					
贵阳市	232	220	12	9 806	2 444 230
六盘水市	4		4	62	4 641
遵义市	42		42	2 572	392 757
安顺市	20	19	1	1 214	225 202
毕节市	2		2	97	15 187
铜仁市	6		6	186	30 606
黔西南布依族苗族自治州	2		2	216	46 375
黔东南苗族侗族自治州	14		14	303	59 553
黔南布依族苗族自治州	9		9	243	45 575
按企业隶属关系					
中央	86	70	16	8 112	1 799 342
省(自治区、直辖市)	52	48	4	1 080	221 483
地(区、市、州、盟)	72	41	31	1 875	351 612
县级及以下	18	4	14	524	122 326
其他	103	76	27	3 108	769 363
按企业登记注册类型					
内资企业	319	227	92	14 431	3 199 742
国有企业	60	49	11	4 086	607 220
集体企业					
股份合作企业					
联营企业	1	1		20	1 215
有限责任公司	122	79	43	5 585	1 454 941
股份有限公司	85	72	13	3 809	966 875
私营企业	51	26	25	931	169 491
其他企业					
港、澳、台商投资企业	9	9		116	8 499
合资经营企业(港或澳、台资)	8	8		103	6 457
合作经营企业(港或澳、台资)					
港、澳、台商独资经营企业	1	1		13	2 042
港、澳、台商投资股份有限公司					
其他港澳台投资企业					
外商投资企业	3	3		152	55 886
中外合资经营企业	3	3		152	55 886
中外合作经营企业					
外资企业					
外商投资股份有限公司					

续6－9

分　布	机构数/个	区内	区外	机构人员/人	机构经费支出/千元
其他外商投资企业					
按控股					
国有	127	100	27	9 879	2 181 355
集体	3	2	1	356	61 035
私人	146	95	51	3 403	807 453
港澳台	3	3		75	47 031
外商	1	1		40	7 806
其他	51	38	13	946	159 446
按企业所属领域					
电子与信息领域	83	71	12	1 936	319 916
生物技术领域	37	23	14	1 278	459 916
新材料领域	39	24	15	1 787	357 143
光机电一体化	27	12	15	2 353	380 841
新能源及高效节能技术	14	4	10	331	43 315
环境保护技术	10	4	6	146	22 944
航空航天技术	25	16	9	3 338	1 036 919
地球,空间,海洋工程					
核应用技术	1		1	18	615
其他高技术	95	85	10	3 512	642 518
按高新技术领域					
电子信息	85	72	13	2 001	333 049
软件	46	41	5	853	135 492
微电子技术	7	5	2	365	67 219
计算机产品及其网络应用技术	2	2		48	227
通信技术	4	4		59	14 029
广播影视技术	1	1		13	1 462
新型电子元器件	15	9	6	595	108 075
信息安全技术	9	9		53	3 050
智能交通和轨道交通技术	1	1		15	3 494
生物与新医药	39	23	16	1 363	490 264
医药生物技术	3	1	2	29	50 555
中药、天然药物	26	19	7	1 131	368 452
化学药研发技术	1	1		29	8 086
药物新剂型与制剂创新技术	3	2	1	54	19 296
医疗仪器、设备与医学专用软件					
轻工和化工生物技术					
农业生物技术	6		6	120	43 874
航空航天	17	15	2	3 573	1 124 859

续6－9

分　布	机构数/个			机构人员/人	机构经费支出/千元
		区内	区外		
航空技术	10	8	2	1 911	871 156
航天技术	7	7		1 662	253 703
新材料	42	30	12	2 076	394 448
金属材料	14	9	5	1 124	195 470
无机非金属材料	11	6	5	279	56 232
高分子材料	12	11	1	584	121 244
生物医用材料					
精细和专用化学品	5	4	1	89	21 501
高技术服务	37	34	3	1 375	147 045
研发与设计服务	22	21	1	1 128	114 925
检验检测认证与标准服务	2	2		83	12 839
信息技术服务	3	3		34	4 058
高技术专业化服务	8	8		112	12 423
知识产权与成果转化服务					
电子商务与现代物流技术					
城市管理与社会服务	1		1	10	1 847
文化创意产业支撑技术	1		1	8	953
新能源与节能	20	10	10	597	75 707
可再生清洁能源	2		2	37	830
新型高效能量转换与储存技术	4		4	231	44 832
高效节能技术	14	10	4	329	30 045
资源与环境	27	17	10	957	313 653
水污染控制与水资源利用技术	1	1		31	4 351
大气污染控制技术	3		3	48	7 971
固体废弃物处置与综合利用技术	5	3	2	86	16 828
生态环境建设与保护技术	2	1	1	8	415
清洁生产技术	4	1	3	138	62 156
资源勘查、高效开采与综合利用技术	12	11	1	646	221 932
先进制造与自动化	64	38	26	2 757	385 102
工业生产过程控制系统					
安全生产技术	2	1	1	40	4 741
高性能、智能化仪器仪表	2	2		122	12 802
先进制造工艺与装备	8	5	3	190	16 865
新型机械	20	5	15	1 421	158 316
电力系统与设备	4	2	2	80	14 541
汽车及轨道车辆相关技术	22	17	5	808	165 987
传统文化产业改造技术	6	6		96	11 850
按国民经济行业					

续6－9

分　布	机构数/个			机构人员/人	机构经费支出/千元
		区内	区外		
农、林、牧、渔业	2		2	17	762
农业	2		2	17	762
林业					
畜牧业					
渔业					
农、林、牧、渔服务业					
采矿业	2		2	200	45 110
煤炭开采和洗选业					
石油和天然气开采业	1		1	12	1 196
黑色金属矿采选业					
有色金属矿采选业	1		1	188	43 914
非金属矿采选业					
开采辅助活动					
其他采矿业					
制造业	222	142	80	11 957	2 916 585
农副食品加工业	1		1	13	2 192
食品制造业					
酒、饮料和精制茶制造业					
烟草制品业					
纺织业					
纺织服装、服饰业					
皮革、毛皮、羽毛及其制品和制鞋业	1	1		300	29 312
木材加工和木、竹、藤、棕、草制品业	2		2	30	10 789
家具制造业	1	1		48	18 885
造纸和纸制品业	2		2	86	38 165
印刷和记录媒介复制业	6	6		96	11 850
文教、工美、体育和娱乐用品制造业					
石油加工、炼焦和核燃料加工业					
化学原料和化学制品制造业	28	20	8	834	290 826
医药制造业	33	23	10	1 248	448 720
化学纤维制造业					
橡胶和塑料制品业	7	6	1	146	55 071
非金属矿物制品业	5	3	2	94	18 846
黑色金属冶炼和压延加工业	2		2	91	5 300
有色金属冶炼和压延加工业	7	4	3	532	51 682
金属制品业	8	6	2	366	106 322
通用设备制造业	16	6	10	760	69 598
专用设备制造业	13	7	6	349	43 247
汽车制造业	24	19	5	1 017	208 438

续6－9

分　布	机构数/个	区内	区外	机构人员/人	机构经费支出/千元
铁路、船舶、航空航天和其他运输设备制造业	18	14	4	2 514	944 907
电气机械和器材制造业	18	3	15	751	96 748
计算机、通信和其他电子设备制造业	20	16	4	1 821	362 769
仪器仪表制造业	4	3	1	191	26 027
其他制造业	5	3	2	656	73 431
废弃资源综合利用业	1	1		14	3 461
金属制品、机械和设备修理业					
电力、热力、燃气及水生产和供应业	1	1		31	4 351
电力、热力生产和供应业					
燃气生产和供应业					
水的生产和供应业	1	1		31	4 351
建筑业	9	8	1	145	13 818
房屋建筑业					
土木工程建筑业	8	7	1	135	13 395
建筑安装业	1	1		10	423
建筑装饰、装修和其他建筑业					
批发和零售业	1	1		6	817
批发业					
零售业	1	1		6	817
信息传输、软件和信息技术服务业	55	49	6	999	145 868
电信、广播电视和卫星传输服务	4	4		239	25 725
互联网和相关服务	4	4		34	4 401
软件和信息技术服务业	47	41	6	726	115 743
科学研究和技术服务业	30	30		1 323	135 715
研究和试验发展	5	5		218	21 898
专业技术服务业	18	18		994	98 071
科技推广和应用服务业	7	7		111	15 746
水利、环境和公共设施管理业	1		1	10	500
水利管理业					
生态保护和环境治理业	1		1	10	500
公共设施管理业					
居民服务、修理和其他服务业	8	8		11	600
居民服务业					
机动车、电子产品和日用产品修理业					
其他服务业	8	8		11	600

6－10　自主知识产权保护

分　布	当年申请专利/件	#发明	当年授权专利/件	#发明	拥有有效专利/件	#发明	#境外	专利所有权转让及许可/件	专利所有权转让及许可收入/千元
总　计	4 774	2 447	2 803	916	16 200	4 969	62	217	114 029
按地区									
贵阳市	3 137	1 571	1 888	620	10 983	3 458	34	192	113 878
六盘水市	48	32	17	8	173	41			
遵义市	847	483	422	139	2 801	684	1	1	
安顺市	326	211	142	57	882	427	27	4	
毕节市	88	26	62	6	194	31		6	
铜仁市	39	15	32	17	172	49		7	
黔西南布依族苗族自治州	42	16	25	15	126	42		1	31
黔东南苗族侗族自治州	90	32	93	20	334	83			
黔南布依族苗族自治州	157	61	122	34	535	154		6	120
按企业隶属关系									
中央	2 241	1 215	1 352	493	7 160	2 343	10	17	346
省（自治区、直辖市）	327	143	175	47	1 793	550	2	2	510
地（区、市、州、盟）	747	414	384	120	2 510	558	23	27	2 746
县级及以下	422	198	250	82	989	303	1	18	151
其他	1 037	477	642	174	3 748	1 215	26	153	110 276
按企业登记注册类型									
内资企业	4 674	2 404	2 724	901	15 864	4 895	62	215	114 023
国有企业	891	446	613	212	4 354	1 365	4	6	270
集体企业									
股份合作企业	17	7	12	1	18	1			
联营企业					4	4			
有限责任公司	2 204	1 166	1 197	402	6 584	1 910	32	157	110 771
股份有限公司	784	419	461	156	2 719	1 076	26	21	306
私营企业	778	366	441	130	2 183	537		31	2 676
其他企业					2	2			
港、澳、台商投资企业	71	29	51	6	218	42			
合资经营企业（港或澳、台资）	54	23	42	3	174	32			
合作经营企业（港或澳、台资）									
港、澳、台商独资经营企业	17	6	9	3	44	10			
港、澳、台商投资股份有限公司									
其他港澳台投资企业									
外商投资企业	29	14	28	9	118	32		2	6
中外合资经营企业	29	14	28	9	118	32		2	6
中外合作经营企业									
外资企业									
外商投资股份有限公司									
其他外商投资企业									
按控股									
国有	2 644	1 402	1 557	521	9 345	2 853	38	19	656

续 6－10

分 布	当年申请专利/件	#发明	当年授权专利/件	#发明	拥有有效专利/件	#发明	#境外	专利所有权转让及许可/件	专利所有权转让及许可收入/千元
集体	21	10	13	4	50	15		1	31
私人	1 563	782	935	288	5 036	1 513	24	75	3 342
港澳台	22	8	15	6	114	20			
外商	7	4	2	1	28	16		7	
其他	517	241	281	96	1 627	552		115	110 000
按企业所属领域									
电子与信息领域	707	383	395	142	1 572	478		16	475
生物技术领域	340	218	149	59	1 430	748	24	8	
新材料领域	505	249	320	95	1 880	596	35	29	2 320
光机电一体化	713	329	409	119	2 342	583		122	110 000
新能源及高效节能技术	205	91	115	23	698	103		4	281
环境保护技术	154	59	96	21	430	111			
航空航天技术	945	606	433	198	2 487	1 012	1	19	70
地球,空间,海洋工程	16		18	2	46	4			
核应用技术	2	2	2	2	12	12			
其他高技术	1 187	510	866	255	5 303	1 322	2	19	883
按高新技术领域									
电子信息	713	391	427	156	1 868	597		31	465
软件	221	152	95	59	378	196		13	265
微电子技术	141	70	72	10	279	103		18	
计算机产品及其网络应用技术	47	16	43	15	163	42			
通信技术	38	16	24	5	79	28			200
广播影视技术	5	3	6	1	90	14			
新型电子元器件	232	131	167	66	830	208			
信息安全技术	21		20		36	5			
智能交通和轨道交通技术	8	3			13	1			
生物与新医药	328	223	164	73	1 465	780	24	8	
医药生物技术	29	25	5	3	98	52			
中药、天然药物	141	100	64	28	808	489	24	6	
化学药研发技术	16	6	13	5	65	30			
药物新剂型与制剂创新技术	38	19	27	4	136	31			
医疗仪器、设备与医学专用软件	15	6	1		12	3			
轻工和化工生物技术	21	14	15	6	110	62		1	
农业生物技术	68	53	39	27	236	113		1	
航空航天	803	500	412	195	2 078	924		19	70
航空技术	477	306	245	124	1 323	582		19	70
航天技术	326	194	167	71	755	342			
新材料	712	361	424	121	2 366	794	36	19	120
金属材料	295	205	118	56	777	383	8		
无机非金属材料	98	23	103	16	324	132	26	12	120
高分子材料	230	79	137	25	934	166			

续6－10

分布	当年申请专利/件	#发明	当年授权专利/件	#发明	拥有有效专利/件	#发明	#境外	专利所有权转让及许可/件	专利所有权转让及许可收入/千元
生物医用材料	13	12	9	9	30	14			
精细和专用化学品	76	42	57	15	301	99	2	7	
高技术服务	709	304	460	137	2 147	455		11	586
研发与设计服务	546	229	396	111	1 827	374		2	310
检验检测认证与标准服务	40	15	13	4	32	10		5	276
信息技术服务	31	19	13	6	56	17		2	
高技术专业化服务	91	41	28	7	194	41		2	
知识产权与成果转化服务					14	3			
电子商务与现代物流技术									
城市管理与社会服务	1		1		10				
文化创意产业支撑技术			9	9	14	10			
新能源与节能	269	137	163	62	1 373	400		5	331
可再生清洁能源	48	31	14	9	184	40			
新型高效能量转换与储存技术	53	30	23	8	101	31			
高效节能技术	168	76	126	45	1 088	329		5	331
资源与环境	302	124	179	28	1 631	403	2	11	2 231
水污染控制与水资源利用技术	28	9	18	3	92	6			
大气污染控制技术	10	5	8	4	105	66			
固体废弃物处置与综合利用技术	96	33	63	12	231	34			
生态环境建设与保护技术	26	10	20	3	88	9			
清洁生产技术	30	4	10		109	9		10	2 200
资源勘查、高效开采与综合利用技术	112	63	60	6	1 006	279	2	1	31
先进制造与自动化	938	407	574	144	3 272	616		113	110 226
工业生产过程控制系统	50	24	25	6	104	15		1	
安全生产技术	17	9	11	6	161	40			
高性能、智能化仪器仪表	60	28	24	8	248	21			
先进制造工艺与装备	89	27	75	20	424	70		10	210
新型机械	423	194	225	63	1 280	321			
电力系统与设备	50	25	28	4	185	21			
汽车及轨道车辆相关技术	218	88	159	36	746	120		102	110 016
传统文化产业改造技术	31	12	27	1	124	8			
国民经济行业									
农、林、牧、渔业	49	25	30	19	147	46		1	
农业	34	20	20	17	103	40			
林业									
畜牧业	8	3	2	2	30	6		1	
渔业									
农、林、牧、渔服务业	7	2	8		14				
采矿业	21	3	13	1	66	6		1	31
煤炭开采和洗选业									
石油和天然气开采业	8	2			40	2			

续 6－10

分　布	当年申请专利/件	#发明	当年授权专利/件	#发明	拥有有效专利/件	#发明	#境外	专利所有权转让及许可/件	专利所有权转让及许可收入/千元
黑色金属矿采选业									
有色金属矿采选业	13	1	13	1	26	4		1	31
非金属矿采选业									
开采辅助活动									
其他采矿业									
制造业	3 546	1 839	2 032	638	12 442	3 968	39	173	113 097
农副食品加工业	35	23	11	3	77	25			
食品制造业	5	1	9	1	35	9			
酒、饮料和精制茶制造业	2	2	2	1	2	1			
烟草制品业									
纺织业									
纺织服装、服饰业									
皮革、毛皮、羽毛及其制品和制鞋业	54	15	66	4	352	48			
木材加工和木、竹、藤、棕、草制品业	7	7	5	1	49	15			
家具制造业	20	1	20	1	51	25			
造纸和纸制品业					5	3			
印刷和记录媒介复制业	31	12	27	1	124	8			
文教、工美、体育和娱乐用品制造业									
石油加工、炼焦和核燃料加工业	11	5	1	1	5	5			
化学原料和化学制品制造业	281	143	144	36	1 658	582	30	13	120
医药制造业	219	146	92	31	1 096	595	1	6	
化学纤维制造业									
橡胶和塑料制品业	119	45	54	27	466	80		16	2 200
非金属矿物制品业	87	24	86	7	242	56			
黑色金属冶炼和压延加工业	22	22	3	2	48	26			
有色金属冶炼和压延加工业	73	45	37	26	254	123			
金属制品业	145	81	63	26	427	132	7	4	281
通用设备制造业	298	119	204	38	1 129	268		13	
专用设备制造业	174	73	111	40	816	190		2	
汽车制造业	245	97	168	39	840	162		102	110 016
铁路、船舶、航空航天和其他运输设备制造业	671	461	342	151	1 850	771	1	7	70
电气机械和器材制造业	216	121	105	41	782	148			
计算机、通信和其他电子设备制造业	515	259	302	100	1 224	504			200
仪器仪表制造业	100	33	67	18	441	59			
其他制造业	157	93	66	33	326	110		10	210
废弃资源综合利用业	41	10	43	9	125	22			
金属制品、机械和设备修理业	18	1	4	1	18	1			
电力、热力、燃气及水生产和供应业	37	11	23		91	5			
电力、热力生产和供应业	22	8	14		52	1			
燃气生产和供应业									

续 6－10

分　布	当年申请专利/件	#发明	当年授权专利/件	#发明	拥有有效专利/件	#发明	#境外	专利所有权转让及许可/件	专利所有权转让及许可收入/千元
水的生产和供应业	15	3	9		39	4			
建筑业	102	54	50	7	191	57		18	
房屋建筑业	2		6		10	2			
土木工程建筑业	73	34	38	5	153	41		18	
建筑安装业									
建筑装饰、装修和其他建筑业	27	20	6	2	28	14			
批发和零售业	1	1	1	1	12	6			
批发业	1	1	1	1	12	6			
零售业									
交通运输、仓储和邮政业					8	1			
铁路运输业									
道路运输业									
水上运输业									
航空运输业									
管道运输业									
装卸搬运和运输代理业									
仓储业									
邮政业					8	1			
信息传输、软件和信息技术服务业	293	192	151	81	503	173		15	265
电信、广播电视和卫星传输服务	36	33	10	4	99	20		1	265
互联网和相关服务	1				6	5			
软件和信息技术服务业	256	159	141	77	398	148		14	
租赁和商务服务业	1		2		16	3			
租赁业			1		1				
商务服务业	1		1		15	3			
科学研究和技术服务业	680	294	490	165	2 633	696	23	4	360
研究和试验发展	111	70	86	54	822	370		1	50
专业技术服务业	476	186	349	88	1 555	244		1	300
科技推广和应用服务业	93	38	55	23	256	82	23	2	10
水利、环境和公共设施管理业	22	15	9	3	64	3			
水利管理业									
生态保护和环境治理业	22	15	9	3	64	3			
公共设施管理业									
居民服务、修理和其他服务业	1	1	1	1	9	4		5	276
居民服务业									
机动车、电子产品和日用产品修理业									
其他服务业	1	1	1	1	9	4		5	276
教育	8	8			8				
教育	8	8			8				
卫生和社会工作	13	4	1		10	1			
卫生	13	4	1		10	1			
社会工作									

6－11 科技活动的其他情况

分 布	发表科技论文/篇	拥有注册商标/件	#当年	#境外	软件著作权/件	#当年	形成国际标准/项	形成国家或行业标准/项	获得国家科技奖励/项
总 计	1 163	2 666	363	145	3 189	1 225	2	104	22
按地区									
贵阳市	901	1 512	264	135	2 871	1 103	1	68	14
六盘水市		12	2		8				
遵义市	191	345	59		179	57	1	27	4
安顺市	39	429			31	15		6	3
毕节市		10	4		7	6			
铜仁市	3	16	4		22	20		2	
黔西南布依族苗族自治州		31	2						
黔东南苗族侗族自治州	10	180	10		45	4			
黔南布依族苗族自治州	19	131	18	10	26	20		1	1
按企业隶属关系									
中央	629	263	26	62	242	48		56	4
省（自治区、直辖市）	295	97	14		455	143		5	2
地（区、市、州、盟）	78	659	75		848	334	1	16	3
县级及以下	9	227	29	10	164	89		20	3
其他	152	1 420	219	73	1 480	611	1	7	10
按企业登记注册类型									
内资企业	1 159	2 629	360	145	3 169	1 216	2	100	21
国有企业	571	179	18	62	132	15		20	2
集体企业									
股份合作企业	2	3							
联营企业									
有限责任公司	402	861	80	72	1 551	668		65	5
股份有限公司	127	1 066	115	11	537	174	1	12	8
私营企业	57	520	147		949	359	1	3	6
其他企业									
港、澳、台商投资企业	4	32	3					1	
合资经营企业（港或澳、台资）	4	32	3					1	
合作经营企业（港或澳、台资）									
港、澳、台商独资经营企业									
港、澳、台商投资股份有限公司									
其他港澳台投资企业									
外商投资企业		5			20	9		3	1
中外合资经营企业		5			12	9		3	
中外合作经营企业									
外资企业					8				1
外商投资股份有限公司									
其他外商投资企业									
按控股									
国有	917	571	48	135	612	143	1	60	6

续6－11

分　布	发表科技论文/篇	拥有注册商标/件	#当年	#境外	软件著作权/件	#当年	形成国际标准/项	形成国家或行业标准/项	获得国家科技奖励/项
集体	8	2	1		25	2			
私人	172	1 635	246	10	1 905	791	1	33	13
港澳台	3	6						2	
外商		3	1		18	7		2	1
其他	63	449	67		629	282		7	2
按企业所属领域									
电子与信息领域	36	389	116		2 520	973		35	5
生物技术领域	72	1 452	83	72	50	20		28	4
新材料领域	58	254	42	73	6	1	1	16	1
光机电一体化	88	112	11		113	70	1	5	5
新能源及高效节能技术	3	76	12		46	10			
环境保护技术	2	39	9		35	24			2
航空航天技术	318	49	3		13	4		8	2
地球,空间,海洋工程	8	10							
核应用技术									
其他高技术	578	285	87		406	123		12	3
按高新技术领域									
电子信息	39	392	116		2 175	808		33	8
软件	12	315	96		1 505	560			4
微电子技术	2	11	2		268	115		30	
计算机产品及其网络应用技术	2	11	2		96	57			1
通信技术		28	14		166	42			
广播影视技术	5	7			30				2
新型电子元器件	18	16	2		9	3		3	1
信息安全技术		4			76	16			
智能交通和轨道交通技术					25	15			
生物与新医药	73	1 517	95	82	56	26		28	4
医药生物技术	24	22	4		7	7			
中药、天然药物	26	963	20	72				28	2
化学药研发技术		38	18						
药物新剂型与制剂创新技术	1	216	20		23	1			
医疗仪器、设备与医学专用软件	2				17	9			
轻工和化工生物技术	4	138	8		9	9			1
农业生物技术	16	140	25	10					1
航空航天	269	54	2		12	2		6	3
航空技术	151	36			9			1	1
航天技术	118	18	2		3	2		5	2
新材料	100	252	30	63	7	1	1	20	1
金属材料	63	37	4	1	5		1	7	
无机非金属材料	2	24	2		1			3	1
高分子材料	14	92	6		1	1		5	

续 6－11

分　布	发表科技论文/篇	拥有注册商标/件	#当年	#境外	软件著作权/件	#当年	形成国际标准/项	形成国家或行业标准/项	获得国家科技奖励/项
生物医用材料		7	2						
精细和专用化学品	21	92	16	62				5	
高技术服务	483	128	80		803	323	1	10	2
研发与设计服务	384	79	59		236	57	1	6	1
检验检测认证与标准服务	29	4	2		28	28			
信息技术服务	1	39	18		450	179		2	1
高技术专业化服务	69	6	1		54	25		2	
知识产权与成果转化服务									
电子商务与现代物流技术					15	15			
城市管理与社会服务					10	10			
文化创意产业支撑技术					10	9			
新能源与节能	51	60	6		26	10		3	1
可再生清洁能源		16	1						
新型高效能量转换与储存技术	27	10			2				
高效节能技术	24	34	5		24	10		3	1
资源与环境	60	59	10		14	6			1
水污染控制与水资源利用技术	2	1			5				
大气污染控制技术		6			1				
固体废弃物处置与综合利用技术		13	2						
生态环境建设与保护技术					6	6			1
清洁生产技术	10	31	7		2				
资源勘查、高效开采与综合利用技术	48	8	1						
先进制造与自动化	88	204	24		96	49		4	2
工业生产过程控制系统		7	7		11	10			
安全生产技术	5	6			2				
高性能、智能化仪器仪表	15	16			45	26			
先进制造工艺与装备	6	70	9		15	8			
新型机械	47	59	5		10			4	2
电力系统与设备		9	1		9	5			
汽车及轨道车辆相关技术	15	37	2		4				
传统文化产业改造技术									
按国民经济行业									
农、林、牧、渔业	8	72	10		29	7			
农业	7	72	10		2	1			
林业									
畜牧业									
渔业									
农、林、牧、渔服务业	1				27	6			
采矿业		11	1		1				
煤炭开采和洗选业									
石油和天然气开采业					1				
黑色金属矿采选业									

续 6－11

分　布	发表科技论文/篇	拥有注册商标/件	#当年	#境外	软件著作权/件	#当年	形成国际标准/项	形成国家或行业标准/项	获得国家科技奖励/项
有色金属矿采选业		11	1						
非金属矿采选业									
开采辅助活动									
其他采矿业									
制造业	593	2 071	150	145	273	74	1	91	13
农副食品加工业	6								
食品制造业	4	8							1
酒、饮料和精制茶制造业									
烟草制品业									
纺织业									
纺织服装、服饰业									
皮革、毛皮、羽毛及其制品和制鞋业		21						1	
木材加工和木、竹、藤、棕、草制品业		7							
家具制造业		37	2					1	
造纸和纸制品业									
印刷和记录媒介复制业									
文教、工美、体育和娱乐用品制造业									
石油加工、炼焦和核燃料加工业		1							
化学原料和化学制品制造业	77	221	29	72	4			5	1
医药制造业	30	1 307	57	72	3	3		28	2
化学纤维制造业									
橡胶和塑料制品业	14	24	2		1	1		3	
非金属矿物制品业	2	23	5					1	1
黑色金属冶炼和压延加工业	4	2							
有色金属冶炼和压延加工业	13	14	2		5			3	
金属制品业	24	26	3	1	2	2	1	1	
通用设备制造业	36	70	7		3	2		3	1
专用设备制造业	12	45	10		72	13		1	3
汽车制造业	11	46	2		3				
铁路、船舶、航空航天和其他运输设备制造业	203	43	3		10			5	
电气机械和器材制造业	6	95	9		18	4		2	
计算机、通信和其他电子设备制造业	66	47	10		104	28		37	2
仪器仪表制造业	15	19			41	18			
其他制造业	70	10	7		7	3			2
废弃资源综合利用业		4	2						
金属制品、机械和设备修理业		1							
电力、热力、燃气及水生产和供应业		1			16	13			
电力、热力生产和供应业					16	13			
燃气生产和供应业									
水的生产和供应业		1							
建筑业	40	2			61	31		2	1

续 6－11

分 布	发表科技论文/篇	拥有注册商标/件	#当年	#境外	软件著作权/件	#当年	形成国际标准/项	形成国家或行业标准/项	获得国家科技奖励/项
房屋建筑业									
土木工程建筑业	40	2			11	2		2	1
建筑安装业					15	15			
建筑装饰、装修和其他建筑业					35	14			
批发和零售业		10	2		107	48			
批发业		6			51	20			
零售业		4	2		56	28			
交通运输、仓储和邮政业					29	2			
铁路运输业									
道路运输业									
水上运输业									
航空运输业									
管道运输业									
装卸搬运和运输代理业									
仓储业									
邮政业					29	2			
信息传输、软件和信息技术服务业	16	384	122		2 315	918	1	2	5
电信、广播电视和卫星传输服务	5	145	15		52	2			2
互联网和相关服务		9	1		167	99			1
软件和信息技术服务业	11	230	106		2 096	817	1	2	2
租赁和商务服务业					24				1
租赁业									
商务服务业					24				1
科学研究和技术服务业	464	103	76		283	94		9	2
研究和试验发展	59	28	11		8			3	
专业技术服务业	384	63	59		247	81		6	2
科技推广和应用服务业	21	12	6		28	13			
水利、环境和公共设施管理业	2	8							
水利管理业									
生态保护和环境治理业	2	8							
公共设施管理业									
居民服务、修理和其他服务业	20	4	2		16	16			
居民服务业									
机动车、电子产品和日用产品修理业									
其他服务业	20	4	2		16	16			
卫生和社会工作	20				22	16			
卫生	20				22	16			
社会工作									
文化、体育和娱乐业					13	6			
新闻和出版业					13	6			
广播、电视、电影和影视录音制作业									
文化艺术业									
体育									
娱乐业									

6－12　技术获取和技术改造

单位：千元

分　布	技术改造经费支出	引进国外技术经费支出	引进技术的消化吸收经费支出	购买国内技术经费支出	技术合同成交总额
总　计	2 428 687	6 959	56	559 276	827 918
按地区					
贵阳市	1 792 472	610	56	503 367	754 172
六盘水市	787			80	
遵义市	306 900			30 445	7 900
安顺市	140 372	6 349		19 450	56 339
毕节市	21 200				320
铜仁市	55 202				7 746
黔西南布依族苗族自治州	47 606			1 241	
黔东南苗族侗族自治州	4 015			30	
黔南布依族苗族自治州	60 133			4 663	1 441
按企业隶属关系					
中央	971 271	600		32 672	655 730
省（自治区、直辖市）	909 581	10	56	492 850	11 588
地（区、市、州、盟）	282 322			3 891	42 595
县级及以下	115 011			241	15 971
其他	150 503	6 349		29 622	102 034
按企业登记注册类型					
内资企业	2 425 929	6 959	56	559 276	825 938
国有企业	1 058 410			518 550	485 520
集体企业					
股份合作企业	2 050				
联营企业					
有限责任公司	714 744	600		3 402	275 684
股份有限公司	453 619			34 431	32 644
私营企业	197 107	6 359	56	2 893	32 091
其他企业					
港、澳、台商投资企业	2 758				1 980
合资经营企业（港或澳、台资）	1 198				1 980
合作经营企业（港或澳、台资）					
港、澳、台商独资经营企业	1 560				
港、澳、台商投资股份有限公司					
其他港澳台投资企业					
外商投资企业					
中外合资经营企业					
中外合作经营企业					
外资企业					

续6－12

分 布	技术改造经费支出	引进国外技术经费支出	引进技术的消化吸收经费支出	购买国内技术经费支出	技术合同成交总额
外商投资股份有限公司					
其他外商投资企业					
按控股					
国有	1 892 846	600		522 263	630 622
集体	43 913				
私人	426 801	6 359	56	33 748	77 283
港澳台	1 560				1 980
外商					150
其他	63 568			3 265	117 884
按企业所属领域					
电子与信息领域	123 066	10	56	6 960	56 960
生物技术领域	131 632			21 975	16 306
新材料领域	161 505			6 843	10 746
光机电一体化	126 306			27 126	15 173
新能源及高效节能技术	102 084			50	2 100
环境保护技术	6 449	6 349		50	720
航空航天技术	494 924	600			316 024
地球,空间,海洋工程	4 206			2 979	
核应用技术					
其他高技术	1 278 516			493 293	409 890
按高新技术领域					
电子信息	123 211	10	56	7 010	70 913
软件	1 906	10	56	6 960	50 327
微电子技术	11 680				590
计算机产品及其网络应用技术					743
通信技术	1 335				17 153
广播影视技术					
新型电子元器件	108 290			50	2 100
信息安全技术					
智能交通和轨道交通技术					
生物与新医药	176 586			21 975	16 306
医药生物技术	310				
中药、天然药物	117 043			19 480	2 745
化学药研发技术	10 576			115	10 576
药物新剂型与制剂创新技术	541				2 300
医疗仪器、设备与医学专用软件					85
轻工和化工生物技术	2 380			2 380	280
农业生物技术	45 735				320

续 6－12

分　布	技术改造经费支出	引进国外技术经费支出	引进技术的消化吸收经费支出	购买国内技术经费支出	技术合同成交总额
航空航天	410 284	600			216 165
航空技术	330 848	600			210 965
航天技术	79 436				5 200
新材料	229 686			8 374	13 227
金属材料	114 878			8 374	2 440
无机非金属材料	35 565				200
高分子材料	3 618				9 216
生物医用材料	342				
精细和专用化学品	75 283				1 371
高技术服务	24 216				488 400
研发与设计服务	22 118				424 890
检验检测认证与标准服务	1 860				
信息技术服务					
高技术专业化服务	85				63 510
知识产权与成果转化服务					
电子商务与现代物流技术					
城市管理与社会服务					
文化创意产业支撑技术	153				
新能源与节能	68 256			1 448	12 800
可再生清洁能源	1 270				
新型高效能量转换与储存技术	64 608			30	
高效节能技术	2 378			1 418	12 800
资源与环境	1 059 043	6 349		489 630	720
水污染控制与水资源利用技术					
大气污染控制技术					
固体废弃物处置与综合利用技术	10 901	6 349		1 280	720
生态环境建设与保护技术					
清洁生产技术	167 209				
资源勘查、高效开采与综合利用技术	880 933			488 350	
先进制造与自动化	337 406			30 839	9 388
工业生产过程控制系统	33				
安全生产技术	18 232			3 713	3 889
高性能、智能化仪器仪表	1 680			880	
先进制造工艺与装备	17 222			1 230	2 479
新型机械	80 788			25 016	20
电力系统与设备	214				
汽车及轨道车辆相关技术	218 039				3 000
传统文化产业改造技术	1 198				

续 6－12

分 布	技术改造经费支出	引进国外技术经费支出	引进技术的消化吸收经费支出	购买国内技术经费支出	技术合同成交总额
按国民经济行业					
农、林、牧、渔业					320
农业					320
林业					
畜牧业					
渔业					
农、林、牧、渔服务业					
采矿业	48 119			2 979	
煤炭开采和洗选业					
石油和天然气开采业					
黑色金属矿采选业					
有色金属矿采选业	48 119			2 979	
非金属矿采选业					
开采辅助活动					
其他采矿业					
制造业	2 361 653	6 949		550 592	257 471
农副食品加工业	2 385				
食品制造业					
酒、饮料和精制茶制造业					
烟草制品业					
纺织业					
纺织服装、服饰业					
皮革、毛皮、羽毛及其制品和制鞋业	691				
木材加工和木、竹、藤、棕、草制品业					
家具制造业					120
造纸和纸制品业	153 535				
印刷和记录媒介复制业	1 198				
文教、工美、体育和娱乐用品制造业					
石油加工、炼焦和核燃料加工业					
化学原料和化学制品制造业	986 115			492 113	6 760
医药制造业	130 883			21 975	15 621
化学纤维制造业					
橡胶和塑料制品业	3 919				7 596
非金属矿物制品业	5 720			2 648	200
黑色金属冶炼和压延加工业	2 135				3 000
有色金属冶炼和压延加工业	40 188			5 200	1 300
金属制品业	35 113			165	
通用设备制造业	17 985			25 266	4 599

续 6－12

分　布	技术改造经费支出	引进国外技术经费支出	引进技术的消化吸收经费支出	购买国内技术经费支出	技术合同成交总额
专用设备制造业	8 547				250
汽车制造业	228 250				
铁路、船舶、航空航天和其他运输设备制造业	441 525	600			212 105
电气机械和器材制造业	60 766			110	
计算机、通信和其他电子设备制造业	179 086			1 255	
仪器仪表制造业	120			880	
其他制造业	57 142			980	5 200
废弃资源综合利用业	6 349	6 349			720
金属制品、机械和设备修理业					
电力、热力、燃气及水生产和供应业	308				
电力、热力生产和供应业	308				
燃气生产和供应业					
水的生产和供应业					
建筑业	30				325 959
房屋建筑业					
土木工程建筑业					325 959
建筑安装业	30				
建筑装饰、装修和其他建筑业					
批发和零售业					493
批发业					
零售业					493
信息传输、软件和信息技术服务业	1 325	10	56	5 705	68 070
电信、广播电视和卫星传输服务	423				
互联网和相关服务	188			850	820
软件和信息技术服务业	714	10	56	4 855	67 250
科学研究和技术服务业	16 942				175 521
研究和试验发展	14 842				109 040
专业技术服务业					65 901
科技推广和应用服务业	2 100				580
教育					
教育					
卫生和社会工作	310				85
卫生	310				85
社会工作					

6－13　科技项目(课题)

分　布	项目数/项	参加项目人员/人	项目人员实际工作时间/人月	项目经费内部支出/千元	#政府资金
总　计	3 651	34 340	246 776	6 397 334	720 697
按地区					
贵阳市	2 467	24 081	170 544	4 604 525	597 202
六盘水市	36	157	1 070	18 078	1 030
遵义市	484	5 377	39 089	899 895	33 521
安顺市	243	2 038	13 780	367 477	63 380
毕节市	37	216	2 065	43 315	8 332
铜仁市	41	374	3 191	84 374	2 920
黔西南布依族苗族自治州	67	459	3 872	67 357	
黔东南苗族侗族自治州	95	577	4 679	96 013	10 165
黔南布依族苗族自治州	181	1 061	8 486	216 300	4 147
按企业隶属关系					
中央	1 184	15 541	129 119	2 991 515	572 779
省(自治区、直辖市)	317	2 823	16 612	635 965	19 336
地(区、市、州、盟)	783	6 678	39 995	1 037 830	49 467
县级及以下	297	1 675	12 309	280 966	9 014
其他	1 070	7 623	48 741	1 451 058	70 101
按企业登记注册类型					
内资企业	3 560	33 870	244 152	6 282 123	718 213
国有企业	507	7 846	59 622	1 703 280	209 309
集体企业					
股份合作企业	3	12	81	3 180	180
联营企业	2	20	106	3 000	
有限责任公司	1 686	14 173	109 913	2 632 996	411 110
股份有限公司	659	7 883	47 727	1 412 736	61 802
私营企业	701	3 929	26 650	526 021	35 812
其他企业	2	7	53	911	
港、澳、台商投资企业	61	301	1 764	59 888	274
合资经营企业(港或澳、台资)	50	243	1 264	44 108	
合作经营企业(港或澳、台资)					
港、澳、台商独资经营企业	11	58	500	15 780	274
港、澳、台商投资股份有限公司					
其他港澳台投资企业					
外商投资企业	30	169	860	55 323	2 211
中外合资经营企业	30	169	860	55 323	2 211
中外合作经营企业					

续 6－13

分　布	项目数/项	参加项目人员/人	项目人员实际工作时间/人月	项目经费内部支出/千元	#政府资金
外资企业					
外商投资股份有限公司					
其他外商投资企业					
按控股					
国有	1 510	20 290	151 493	3 849 071	534 245
集体	27	358	2 843	59 743	420
私人	1 636	10 093	69 183	1 686 469	87 806
港澳台	34	160	1 282	69 939	274
外商	8	52	577	11 582	2 711
其他	436	3 387	21 398	720 530	95 242
按项目来源					
国家科技项目	222	3 991	36 561	925 801	433 212
地方科技项目	364	4 466	28 146	714 792	89 001
其他企业委托科技项目	150	1 935	14 393	317 266	50 308
本企业自选科技项目	2 753	22 565	157 678	4 238 691	115 034
来自境外的科技项目	4	28	224	1 918	5
其他科技项目	158	1 355	9 774	198 867	33 137
按项目合作形式					
与境外机构合作	5	19	117	3 072	40
与境内高校合作	198	2 586	18 271	484 579	39 172
与境内独立研究机构合作	177	4 069	36 266	1 158 853	361 616
与境内注册的外商独资企业合作	2	14	52	4 046	
与境内注册的其他企业合作	239	2 473	16 584	489 102	49 859
独立研究	2 927	24 515	171 374	4 123 455	266 495
其他	103	664	4 112	134 228	3 515
按项目活动类型					
基础研究					
应用研究	1	5	10	256	40
试验发展	2 510	24 049	173 626	4 472 326	599 141
试制与工程化	785	7 533	55 359	1 440 065	99 464
技术咨询与技术服务	355	2 753	17 781	484 687	22 052
按项目技术经济目标					
科学原理的探索、发现	1	5	3	2	
技术原理的研究	6	31	33	7 988	40
开发全新产品	1 283	14 227	120 083	2 677 287	502 733
增加产品功能或提高性能	1 276	10 949	70 514	1 965 947	148 036

续 6－13

分 布	项目数/项	参加项目人员/人	项目人员实际工作时间/人月	项目经费内部支出/千元	
					#政府资金
提高劳动生产率	470	4 049	22 716	711 523	13 757
减少能源消耗或提高能源使用效率	197	1 866	13 748	391 302	9 060
节约原材料	50	417	2 194	103 983	8 399
减少环境污染	126	1 155	8 085	299 012	7 137
其他	242	1 641	9 400	240 291	31 536
按跨年项目所处进展阶段					
研究阶段	757	7 916	52 909	1 378 387	185 143
小试阶段	596	5 925	51 117	1 147 734	308 395
中试阶段	489	5 065	39 927	1 189 654	100 286
试生产阶段	759	6 441	45 586	1 193 832	73 516
其他	1 050	8 993	57 237	1 487 727	53 356
按课题服务的国民经济行业					
农、林、牧、渔业	60	200	1 474	21 442	6 122
农业	39	147	1 159	12 259	4 422
林业					
畜牧业	10	23	140	7 561	1 700
渔业					
农、林、牧、渔服务业	11	30	175	1 622	
采矿业	15	220	1 705	47 616	300
煤炭开采和洗选业					
石油和天然气开采业	1	10	100	1 908	
黑色金属矿采选业					
有色金属矿采选业	14	210	1 605	45 708	300
非金属矿采选业					
开采辅助活动					
其他采矿业					
制造业	2 441	25 888	195 591	4 970 851	592 213
农副食品加工业	18	96	369	22 343	500
食品制造业	14	36	206	1 088	101
酒、饮料和精制茶制造业	1	1	12	1 200	
烟草制品业					
纺织业					
纺织服装、服饰业					
皮革、毛皮、羽毛及其制品和制鞋业	7	261	1 313	29 312	380
木材加工和木、竹、藤、棕、草制品业	14	144	620	12 477	300
家具制造业	4	49	48	17 895	

续 6－13

分　布	项目数/项	参加项目人员/人	项目人员实际工作时间/人月	项目经费内部支出/千元	#政府资金
造纸和纸制品业	13	88	770	33 921	
印刷和记录媒介复制业	18	103	606	23 349	300
文教、工美、体育和娱乐用品制造业					
石油加工、炼焦和核燃料加工业	4	7	60	920	
化学原料和化学制品制造业	169	1 856	14 138	559 170	7 937
医药制造业	362	2 986	20 053	653 630	30 505
化学纤维制造业					
橡胶和塑料制品业	117	1 317	5 070	284 634	11 530
非金属矿物制品业	81	430	2 754	51 048	4 020
黑色金属冶炼和压延加工业	8	114	1 147	20 840	9 040
有色金属冶炼和压延加工业	79	1 068	8 630	244 237	2 705
金属制品业	91	1 523	5 320	175 991	3 455
通用设备制造业	207	1 483	10 558	213 794	5 703
专用设备制造业	118	790	5 969	118 496	10 211
汽车制造业	108	1 710	14 697	291 004	19 260
铁路、船舶、航空航天和其他运输设备制造业	276	6 404	60 215	1 359 681	422 325
电气机械和器材制造业	167	1 181	8 684	160 542	3 545
计算机、通信和其他电子设备制造业	457	2 858	22 383	513 858	42 979
仪器仪表制造业	34	268	1 948	36 347	4 140
其他制造业	51	1 037	9 356	130 849	11 571
废弃资源综合利用业	18	46	326	7 896	90
金属制品、机械和设备修理业	5	32	339	6 328	1 617
电力、热力、燃气及水生产和供应业	28	81	205	6 149	
电力、热力生产和供应业	25	50	185	1 798	
燃气生产和供应业					
水的生产和供应业	3	31	20	4 351	
建筑业	152	1 148	8 530	382 664	1 179
房屋建筑业	9	112	345	3 781	
土木工程建筑业	107	782	5 480	220 893	1 129
建筑安装业	4	28	100	561	50
建筑装饰、装修和其他建筑业	32	226	2 605	157 429	
批发和零售业	22	170	1 107	24 715	620
批发业	11	100	794	20 992	620
零售业	11	70	313	3 723	
交通运输、仓储和邮政业	2	56	436	1 220	400
铁路运输业					

续 6－13

分 布	项目数/项	参加项目人员/人	项目人员实际工作时间/人月	项目经费内部支出/千元	#政府资金
道路运输业					
水上运输业					
航空运输业					
管道运输业					
装卸搬运和运输代理业					
仓储业					
邮政业	2	56	436	1 220	400
信息传输、软件和信息技术服务业	572	3 798	23 943	473 389	30 905
电信、广播电视和卫星传输服务	11	395	2 657	72 103	440
互联网和相关服务	35	228	1 469	32 030	2 380
软件和信息技术服务业	526	3 175	19 817	369 256	28 085
租赁和商务服务业	16	25	243	4 766	300
租赁业					
商务服务业	16	25	243	4 766	300
科学研究和技术服务业	308	2 565	12 304	440 845	86 582
研究和试验发展	47	689	3 912	171 641	71 696
专业技术服务业	227	1 585	6 234	226 503	7 633
科技推广和应用服务业	34	291	2 158	42 701	7 253
水利、环境和公共设施管理业	5	32	107	6 402	700
水利管理业					
生态保护和环境治理业	5	32	107	6 402	700
公共设施管理业					
居民服务、修理和其他服务业	8	55	364	6 033	200
居民服务业					
机动车、电子产品和日用产品修理业					
其他服务业	8	55	364	6 033	200
教育	1	17	68	416	100
教育	1	17	68	416	100
卫生和社会工作	18	57	569	10 342	1 076
卫生	18	57	569	10 342	1 076
社会工作					
文化、体育和娱乐业	3	28	130	485	
新闻和出版业	3	28	130	485	
广播、电视、电影和影视录音制作业					
文化艺术业					
体育					
娱乐业					

6－14 R&D 项目

分 布	项目数/项	参加项目人员/人	项目人员实际工作时间/人月	项目经费内部支出/千元	#政府资金
总 计	2 511	24 054	173 636	4 472 582	599 181
按地区					
贵阳市	1 856	18 472	132 678	3 545 558	506 787
六盘水市	32	145	1 039	17 788	1 030
遵义市	266	2 948	19 696	418 838	17 447
安顺市	121	1 084	7 857	223 060	56 940
毕节市	17	78	803	19 391	3 029
铜仁市	19	223	1 882	39 189	2 100
黔西南布依族苗族自治州	34	147	1 422	15 511	
黔东南苗族侗族自治州	48	295	2 525	57 489	8 758
黔南布依族苗族自治州	118	662	5 734	135 758	3 090
按企业隶属关系					
中央	884	11 380	94 641	2 282 614	503 609
省（自治区、直辖市）	229	2 090	11 412	429 043	15 081
地（区、市、州、盟）	492	4 504	25 475	638 170	27 106
县级及以下	156	877	6 807	156 547	5 764
其他	750	5 203	35 301	966 208	47 621
按企业登记注册类型					
内资企业	2 431	23 664	171 611	4 378 854	597 881
国有企业	420	6 101	45 772	1 320 560	195 530
集体企业					
股份合作企业	3	12	81	3 180	180
联营企业	2	20	106	3 000	
有限责任公司	1 006	9 178	73 394	1 715 591	337 690
股份有限公司	565	5 793	34 811	998 759	40 509
私营企业	433	2 553	17 394	336 854	23 973
其他企业	2	7	53	911	
港、澳、台商投资企业	51	225	1 213	39 315	
合资经营企业（港或澳、台资）	46	192	869	31 170	
合作经营企业（港或澳、台资）					
港、澳、台商独资经营企业	5	33	344	8 145	
港、澳、台商投资股份有限公司					
其他港澳台投资企业					
外商投资企业	29	165	812	54 412	1 300
中外合资经营企业	29	165	812	54 412	1 300

续 6 – 14

分 布	项目数/项	参加项目人员/人	项目人员实际工作时间/人月	项目经费内部支出/千元	#政府资金
中外合作经营企业					
外资企业					
外商投资股份有限公司					
其他外商投资企业					
按控股					
国有	1 106	14 867	111 169	2 851 184	464 661
集体	14	165	1 620	21 489	
私人	1 073	6 615	45 413	1 041 456	55 310
港澳台	25	90	779	51 755	
外商	5	35	373	8 038	1 300
其他	288	2 282	14 282	498 661	77 911
按项目来源					
国家科技项目	148	3 039	26 493	813 739	411 266
地方科技项目	253	2 903	20 582	446 010	59 353
其他企业委托科技项目	106	1 551	13 324	270 097	48 708
本企业自选科技项目	1 913	15 700	106 840	2 847 384	65 508
来自境外的科技项目	2	24	201	1 600	
其他科技项目	89	837	6 196	93 752	14 346
按项目合作形式					
与境外机构合作	4	15	82	2 960	
与境内高校合作	145	1 434	10 112	235 952	19 880
与境内独立研究机构合作	127	3 463	32 049	983 361	351 171
与境内注册的外商独资企业合作	2	14	52	4 046	
与境内注册的其他企业合作	167	1 887	12 507	363 383	43 342
独立研究	2 019	17 027	117 542	2 861 359	183 541
其他	47	214	1 292	21 522	1 248
按项目活动类型					
基础研究					
应用研究	1	5	10	256	40
试验发展	2 510	24 049	173 626	4 472 326	599 141
按项目技术经济目标					
科学原理的探索、发现	1	5	3	2	
技术原理的研究	4	24	24	1 475	40
开发全新产品	895	10 398	88 273	1 992 329	442 780
增加产品功能或提高性能	920	7 897	49 867	1 354 928	123 306

续 6－14

分　布	项目数/项	参加项目人员/人	项目人员实际工作时间/人月	项目经费内部支出/千元	#政府资金
提高劳动生产率	330	2 799	16 826	552 481	6 579
减少能源消耗或提高能源使用效率	128	978	6 417	213 498	5 900
节约原材料	35	299	1 540	70 172	7 949
减少环境污染	89	786	5 560	178 266	5 100
其他	109	868	5 126	109 432	7 527
按跨年项目所处进展阶段					
研究阶段	612	6 324	44 706	1 092 106	168 327
小试阶段	453	4 506	37 748	924 165	274 177
中试阶段	369	4 144	34 893	1 033 762	92 028
试生产阶段	387	3 183	22 563	495 120	37 355
其他	690	5 897	33 726	927 428	27 295
按课题服务的国民经济行业					
农、林、牧、渔业	40	130	913	16 726	4 534
农业	27	94	751	9 055	2 834
林业					
畜牧业	10	23	140	7 561	1 700
渔业					
农、林、牧、渔服务业	3	13	22	110	
采矿业	6	60	569	10 950	300
煤炭开采和洗选业					
石油和天然气开采业	1	10	100	1 908	
黑色金属矿采选业					
有色金属矿采选业	5	50	469	9 042	300
非金属矿采选业					
开采辅助活动					
其他采矿业					
制造业	1 658	17 798	134 592	3 338 026	489 101
农副食品加工业	14	85	330	21 327	400
食品制造业	6	20	164	929	40
酒、饮料和精制茶制造业	1	1	12	1 200	
烟草制品业					
纺织业					
纺织服装、服饰业					
皮革、毛皮、羽毛及其制品和制鞋业	7	261	1 313	29 312	380
木材加工和木、竹、藤、棕、草制品业	5	51	332	1 828	200

续 6－14

分 布	项目数/项	参加项目人员/人	项目人员实际工作时间/人月	项目经费内部支出/千元	#政府资金
家具制造业	4	49	48	17 895	
造纸和纸制品业					
印刷和记录媒介复制业	17	97	558	20 961	300
文教、工美、体育和娱乐用品制造业					
石油加工、炼焦和核燃料加工业	4	7	60	920	
化学原料和化学制品制造业	133	1 398	10 537	345 728	3 963
医药制造业	279	1 874	13 973	399 141	17 054
化学纤维制造业					
橡胶和塑料制品业	95	1 206	4 116	263 552	11 030
非金属矿物制品业	45	281	1 642	33 037	870
黑色金属冶炼和压延加工业	3	16	125	2 480	300
有色金属冶炼和压延加工业	47	435	3 218	60 233	1 267
金属制品业	73	1 053	3 674	134 027	2 555
通用设备制造业	116	962	7 219	152 133	3 953
专用设备制造业	80	563	4 653	82 538	7 561
汽车制造业	62	709	5 176	97 981	3 041
铁路、船舶、航空航天和其他运输设备制造业	141	4 482	44 287	1 065 326	387 202
电气机械和器材制造业	93	730	4 884	91 050	1 303
计算机、通信和其他电子设备制造业	340	2 327	18 036	363 811	37 270
仪器仪表制造业	32	256	1 894	35 813	3 840
其他制造业	41	863	7 722	103 392	4 891
废弃资源综合利用业	15	40	280	7 085	66
金属制品、机械和设备修理业	5	32	339	6 328	1 617
电力、热力、燃气及水生产和供应业	28	81	205	6 149	
电力、热力生产和供应业	25	50	185	1 798	
燃气生产和供应业					
水的生产和供应业	3	31	20	4 351	
建筑业	134	1 014	8 074	376 034	739
房屋建筑业					
土木工程建筑业	104	769	5 444	219 073	720
建筑安装业	3	24	70	410	19
建筑装饰、装修和其他建筑业	27	221	2 560	156 551	
批发和零售业	11	80	346	10 088	100
批发业	1	12	36	6 518	100

续 6－14

分　布	项目数/项	参加项目人员/人	项目人员实际工作时间/人月	项目经费内部支出/千元	#政府资金
零售业	10	68	310	3 570	
交通运输、仓储和邮政业	1	48	420	1 100	400
铁路运输业					
道路运输业					
水上运输业					
航空运输业					
管道运输业					
装卸搬运和运输代理业					
仓储业					
邮政业	1	48	420	1 100	400
信息传输、软件和信息技术服务业	382	2 622	16 824	326 855	20 700
电信、广播电视和卫星传输服务	11	395	2 657	72 103	440
互联网和相关服务	23	128	1 066	17 328	1 600
软件和信息技术服务业	348	2 099	13 101	237 425	18 660
科学研究和技术服务业	225	2 078	10 734	365 533	81 476
研究和试验发展	39	608	3 409	164 385	71 133
专业技术服务业	158	1 211	5 437	173 517	6 875
科技推广和应用服务业	28	259	1 888	27 631	3 468
水利、环境和公共设施管理业	5	32	107	6 402	700
水利管理业					
生态保护和环境治理业	5	32	107	6 402	700
公共设施管理业					
居民服务、修理和其他服务业	5	41	258	4 294	200
居民服务业					
机动车、电子产品和日用产品修理业					
其他服务业	5	41	258	4 294	200
卫生和社会工作	13	42	464	9 940	931
卫生	13	42	464	9 940	931
社会工作					
文化、体育和娱乐业	3	28	130	485	
新闻和出版业	3	28	130	485	
广播、电视、电影和影视录音制作业					
文化艺术业					
体育					
娱乐业					

七 科技活动成果

7－1 历年专利申请(2013—2017)

单位:件

分 布	2013 年	2014 年	2015 年	2016 年	2017 年
总 计	17 405	22 471	18 295	25 315	34 607
按地区					
贵阳市	7 039	12 630	7 194	9 875	14 129
云岩区	1 358	2 421	927	1 617	2 270
南明区	1 690	2 490	1 152	1 289	2 535
乌当区	456	719	413	614	665
白云区	449	796	521	484	761
花溪区	1 586	2 906	2 102	3 225	4 506
观山湖区	1 245	2 632	1 682	2 071	2 112
清镇市	109	319	128	121	184
开阳县	57	103	160	288	629
息烽县	21	134	67	96	168
修文县	68	110	42	70	299
六盘水市	575	403	672	1 032	1 391
钟山区	155	191	449	741	984
盘州市	263	97	150	166	214
六枝特区	88	45	21	29	65
水城县	69	70	52	96	128
遵义市	3 806	3 699	3 191	4 668	6 509
红花岗区	953	789	633	600	906
汇川区	1 311	1 178	884	1 253	551
播州区	462	413	315	416	1 945
赤水市	168	221	132	160	142
仁怀市	128	243	180	413	437
桐梓县	46	78	56	252	411
湄潭县	195	167	166	245	334
余庆县	29	44	109	154	213
绥阳县	72	240	331	332	342
习水县	97	62	84	155	214
道真仡佬族苗族自治县	32	38	48	85	177
凤冈县	153	74	111	153	210
正安县	82	95	56	293	367
务川仡佬族苗族自治县	78	57	86	157	260
安顺市	1 226	1 066	1 159	1 372	2 129
西秀区	678	701	694	633	1 096
平坝区	242	130	206	363	360

续 7－1

分　布	2013 年	2014 年	2015 年	2016 年	2017 年
普定县	88	97	88	127	196
关岭布依族苗族自治县	92	80	106	124	177
镇宁布依族苗族县	91	28	28	69	188
紫云苗族布依族自治县	35	30	37	56	112
毕节市	739	367	621	647	1 129
七星关区	142	149	208	193	536
纳雍县	53	13	16	25	50
织金县	187	18	87	12	38
金沙县	115	33	102	165	215
黔西县	68	35	62	65	99
赫章县	62	58	35	65	38
大方县	83	34	72	93	97
威宁彝族回族苗族自治县	29	27	39	29	56
铜仁市	748	1 136	1 664	1 466	1 760
碧江区	217	286	487	398	527
万山区	84	183	209	245	212
玉屏侗族自治县	42	72	214	279	204
印江土家族苗族自治县	56	94	108	64	144
江口县	43	186	166	88	63
德江县	66	44	61	94	95
石阡县	19	22	79	130	139
思南县	87	115	119	56	135
沿河土家族自治县	26	55	79	43	63
松桃苗族自治县	108	79	142	69	178
黔西南布依族苗族自治州	583	391	402	889	1 467
兴义市	222	202	243	401	519
兴仁县	113	48	56	102	242
安龙县	43	48	55	76	161
普安县	44	4	15	59	136
册亨县	33	2	3	77	90
望谟县	27	3	10	46	88
贞丰县	47	38	11	72	139
晴隆县	54	46	9	56	92
黔东南苗族侗族自治州	1 565	1 735	1 409	2 565	2 975
凯里市	359	409	472	771	1 015
镇远县	94	23	50	80	120
施秉县	185	61	37	201	120

续 7－1

分　布	2013 年	2014 年	2015 年	2016 年	2017 年
黄平县	266	824	246	336	280
榕江县	116	40	35	49	85
台江县	90	38	66	53	66
丹寨县	60	39	112	256	288
岑巩县	62	6	18	15	131
天柱县	26	31	22	28	45
黎平县	102	78	31	123	164
锦屏县	13	27	24	68	46
剑河县	33	21	25	79	110
雷山县	49	8	55	72	96
三穗县	44	70	109	102	88
从江县	33	17	62	268	229
麻江县	33	43	45	64	92
黔南布依族苗族自治州	1 124	1 044	1 983	2 801	3 121
都匀市	353	179	268	280	656
贵定县	68	38	57	190	181
福泉市	94	106	505	380	361
龙里县	63	362	400	664	469
长顺县	22	41	93	173	133
瓮安县	92	106	364	514	405
惠水县	66	69	87	156	159
罗甸县	40	24	22	37	180
荔波县	23	48	14	25	76
三都水族自治县	92	15	12	28	73
独山县	86	47	69	299	401
平塘县	125	9	92	55	27
按种类					
发明	3 988	8 203	7 538	10 953	13 884
实用新型	6 456	7 335	8 317	11 081	16 898
外观设计	6 961	6 933	2 440	3 281	3 825
按对象					
非职务发明专利	3 089	7 896	3 277	4 712	6 918
职务发明专利	14 316	14 575	15 018	20 603	27 689
大专院校	1 056	1 176	1 864	3 634	5 532
科研单位	626	542	632	724	897
工矿企业	12 100	12 413	11 614	15 045	18 874
机关团体	534	444	908	1 200	2 386

7－2　历年专利授权(2013—2017)

单位:件

分　布	2013 年	2014 年	2015 年	2016 年	2017 年
总　计	7 915	10 107	14 115	10 425	12 559
按地区					
贵阳市	3 531	3 766	8 002	4 754	5 641
云岩区	725	669	1 634	659	1 027
南明区	868	852	1 623	624	802
乌当区	316	272	510	338	368
白云区	248	250	607	304	271
花溪区	822	823	1 665	1 546	1 592
观山湖区	458	750	1 769	1 155	1 249
清镇市	28	62	54	38	60
开阳县	30	18	50	37	90
息烽县	6	36	15	23	100
修文县	30	34	75	30	82
六盘水市	421	242	506	552	520
钟山区	111	98	293	384	340
盘州市	215	51	128	83	90
六枝特区	45	58	28	18	18
水城县	50	35	57	67	72
遵义市	1 449	2 040	1 981	1 881	2 192
红花岗区	179	275	98	329	335
汇川区	608	791	35	536	712
播州区	156	225	35	34	175
赤水市	75	108	257	112	43
仁怀市	67	110	760	70	195
桐梓县	50	31	107	89	76
湄潭县	109	108	173	245	98
余庆县	15	18	183	38	73
绥阳县	30	81	36	130	174
习水县	30	88	22	54	68
道真仡佬族苗族自治县	4	21	46	32	17
凤冈县	112	66	72	71	81
正安县	4	59	36	92	111
务川仡佬族苗族自治县	10	59	121	49	34
安顺市	573	841	835	523	590
西秀区	237	504	639	241	313
平坝区	98	149	62	145	145

续 7－2

分　布	2013 年	2014 年	2015 年	2016 年	2017 年
普定县	58	69	32	61	31
关岭布依族苗族自治县	62	45	62	38	51
镇宁布依族苗族县	93	52	31	21	43
紫云苗族布依族自治县	25	22	9	16	7
毕节市	363	352	335	410	420
七星关区	70	96	133	115	149
纳雍县	4	26	7	28	6
织金县	140	27	8	64	11
金沙县	47	49	48	52	111
黔西县	38	26	47	27	44
赫章县	36	29	57	41	25
大方县	21	76	24	62	59
威宁彝族回族苗族自治县	7	23	11	21	15
铜仁市	296	484	646	667	609
碧江区	58	98	117	157	292
万山区	30	73	100	122	61
玉屏侗族自治县	24	34	59	73	49
印江土家族苗族自治县	15	50	47	53	22
江口县	30	42	62	55	15
德江县	15	53	34	34	31
石阡县	28	14	37	36	32
思南县	47	24	78	49	37
沿河土家族自治县	12	32	57	34	15
松桃苗族自治县	37	64	55	54	55
黔西南布依族苗族自治州	366	259	305	291	404
兴义市	129	127	187	140	209
兴仁县	29	58	27	42	46
安龙县	31	3	45	22	27
普安县	49		7	33	19
册亨县	26	4	1	12	30
望谟县	16	12	4	11	32
贞丰县	48	9	24	18	20
晴隆县	38	46	10	13	21
黔东南苗族侗族自治州	575	1 204	648	655	1 183
凯里市	105	189	219	190	514
镇远县	7	43	10	19	28
施秉县	16	97	6	23	61

续7－2

分　布	2013年	2014年	2015年	2016年	2017年
黄平县	188	582	91	57	105
榕江县	43	23	31	22	22
台江县	10	15	22	31	20
丹寨县	28	40	45	49	132
岑巩县	28	32	8	10	8
天柱县	30	14	19	24	10
黎平县	9	67	25	55	90
锦屏县	4	14	15	20	19
剑河县	18	11	21	13	38
雷山县	36	7	6	11	23
三穗县	35	44	102	55	13
从江县	10	19	11	57	58
麻江县	8	7	17	19	42
黔南布依族苗族自治州	341	919	857	692	1 000
都匀市	112	225	143	126	194
贵定县	22	37	21	28	77
福泉市	54	61	140	190	114
龙里县	47	152	97	131	153
长顺县	4	28	20	27	49
瓮安县	11	81	286	77	181
惠水县	28	48	64	38	62
罗甸县	29	3	18	9	8
荔波县	4	21	4	3	6
三都水族自治县	9	69	9	8	7
独山县	10	77	48	46	123
平塘县	11	117	7	9	26
按种类					
发明	776	1 047	1 501	2 036	1 875
实用新型	3 916	5 207	7 007	6 525	7 986
外观设计	3 223	3 853	5 607	1 864	2 698
按对象					
非职务发明专利	1 731	1 369	4 635	1 847	2 340
职务发明专利	6 184	8 738	9 480	8 578	10 219
大专院校	345	460	1 074	1 529	1 908
科研单位	333	377	392	307	301
工矿企业	5 426	7 795	7 794	6 581	7 656
机关团体	80	106	220	161	354

7－3　历年有效发明专利(2013—2017)

单位:件

分　布	2013 年	2014 年	2015 年	2016 年	2017 年
总　计	3 262	4 193	5 428	7 019	8 408
按地区					
贵阳市	2 399	3 002	3 749	4 640	5 256
六盘水市	47	68	81	117	172
遵义市	360	467	656	955	1 194
安顺市	157	237	318	453	548
毕节市	70	93	130	141	173
铜仁市	39	52	83	161	246
黔西南布依族苗族自治州	36	71	90	116	210
黔东南苗族侗族自治州	75	93	133	176	244
黔南布依族苗族自治州	79	110	188	260	365

7－4　专利申请数和授权数

单位:件

分　布	专利申请	发明	实用新型	外观设计	专利授权	发明	实用新型	外观设计
总　计	34 607	13 884	16 898	3 825	12 559	1 875	7 986	2 698
按地区								
贵阳市	14 129	4 750	8 096	1 283	5 641	1 072	3 776	793
云岩区	2 270	511	1 420	339	1 027	124	745	158
南明区	2 535	711	1 640	184	802	178	533	91
乌当区	665	185	399	81	368	69	258	41
白云区	761	324	401	36	271	61	182	28
花溪区	4 506	1 791	2 371	344	1 592	324	1 010	258
观山湖区	2 112	657	1 347	108	1 249	279	877	93
清镇市	184	37	133	14	60	6	47	7
开阳县	629	307	283	39	90	9	74	7
息烽县	168	64	52	52	100	16	33	51
修文县	299	163	50	86	82	6	17	59
六盘水市	1 391	276	1 012	103	520	48	390	82
钟山区	984	134	806	44	340	29	280	31
盘州市	214	70	105	39	90	15	56	19
六枝特区	65	35	22	8	18	1	4	13
水城县	128	37	79	12	72	3	50	19
遵义市	6 509	3 227	2 722	560	2 192	349	1 363	480
红花岗区	906	397	451	58	335	28	274	33
汇川区	1 945	531	1 354	60	712	155	520	37
播州区	551	327	191	33	175	39	122	14
赤水市	142	82	49	11	43	5	33	5
仁怀市	437	262	50	125	195	22	29	144
桐梓县	411	313	85	13	76	10	48	18
湄潭县	334	193	109	32	98	7	55	36
余庆县	213	112	49	52	73	2	19	52
绥阳县	342	190	118	34	174	53	88	33
习水县	214	145	34	35	68	4	37	27
道真仡佬族苗族自治县	177	126	43	8	17		13	4
凤冈县	210	110	48	52	81	10	43	28
正安县	367	229	100	38	111	8	64	39

续 7－4

分 布	专利申请	发明	实用新型	外观设计	专利授权	发明	实用新型	外观设计
务川仡佬族苗族自治县	260	210	41	9	34	6	18	10
安顺市	2 129	1 045	709	375	590	100	305	185
西秀区	1 096	447	458	191	313	56	171	86
平坝区	360	244	90	26	145	30	89	26
普定县	196	157	39		31	12	19	
关岭布依族苗族自治县	177	50	40	87	51		12	39
镇宁布依族苗族县	188	63	57	68	43	2	18	33
紫云苗族布依族自治县	112	84	25	3	7		6	1
毕节市	1 129	229	662	238	420	31	189	200
七星关区	536	92	365	79	149	9	99	41
纳雍县	50	12	32	6	6		1	5
织金县	38	17	11	10	11	2	4	5
金沙县	215	32	116	67	111	4	40	67
黔西县	99	31	53	15	44	4	23	17
赫章县	38	9	15	14	25	5	4	16
大方县	97	8	44	45	59	6	9	44
威宁彝族回族苗族自治县	56	28	26	2	15	1	9	5
铜仁市	1 760	814	757	189	609	84	386	139
碧江区	527	88	387	52	292	22	225	45
万山区	212	177	33	2	61	31	29	1
玉屏侗族自治县	204	138	61	5	49	20	24	5
印江土家族苗族自治县	144	81	48	15	22		15	7
江口县	63	43	7	13	15	3	3	9
德江县	95	18	49	28	31		13	18
石阡县	139	85	42	12	32	2	19	11
思南县	135	55	50	30	37	2	19	16
沿河土家族自治县	63	48	13	2	15		11	4
松桃苗族自治县	178	81	67	30	55	4	28	23
黔西南布依族苗族自治州	1 467	833	501	133	404	32	196	176
兴义市	519	198	295	26	209	23	140	46
兴仁县	242	146	85	11	46	2	38	6
安龙县	161	142	15	4	27	1	3	23
普安县	136	84	16	36	19	1	7	11

续7－4

分　布	专利申请	发明	实用新型	外观设计	专利授权	发明	实用新型	外观设计
册亨县	90	57	27	6	30			30
望谟县	88	59	28	1	32	1	2	29
贞丰县	139	92	23	24	20	3	3	14
晴隆县	92	55	12	25	21	1	3	17
黔东南苗族侗族自治州	2 975	1 053	1 195	727	1 183	66	584	533
凯里市	1 015	251	558	206	514	25	243	246
镇远县	120	65	29	26	28	1	8	19
施秉县	120	57	46	17	61	3	45	13
黄平县	280	149	124	7	105	3	99	3
榕江县	85	39	42	4	22	1	13	8
台江县	66	35	26	5	20	5	13	2
丹寨县	288	72	37	179	132	5	31	96
岑巩县	131	43	85	3	8	2	6	0
天柱县	45	28	5	12	10	1	2	7
黎平县	164	50	38	76	90	4	26	60
锦屏县	46	22	10	14	19	3	4	12
剑河县	110	56	50	4	38	3	33	2
雷山县	96	35	24	37	23	3	11	9
三穗县	88	41	15	32	13	4	5	4
从江县	229	68	78	83	58	2	27	29
麻江县	92	42	28	22	42	1	18	23
黔南布依族苗族自治州	3 121	1 658	1 244	219	1 000	93	797	110
都匀市	656	169	400	87	194	26	146	22
贵定县	181	47	118	16	77	1	60	16
福泉市	361	286	71	4	114	12	100	2
龙里县	469	307	140	22	153	12	126	15
长顺县	133	90	38	5	49	5	37	7
瓮安县	405	251	124	30	181	27	131	23
惠水县	159	44	93	22	62		61	1
罗甸县	180	72	105	3	8	1	5	2
荔波县	76	67	8	1	6		5	1
三都水族自治县	73	22	43	8	7	2	3	2
独山县	401	294	96	11	123	7	110	6
平塘县	27	9	8	10	26		13	13

7－5 历年技术市场合同登记概况(2013—2017)

分 布	2013 年		2014 年		2015 年		2016 年		2017 年	
	合同数/项	成交额/万元	合同数/项	成交额/万元	合同数/项	成交额/万元	合同数/项	成交额/万元	合同数/项	成交额/万元
总 计	594	193 764.9	658	200 391.8	654	260 190.0	980	223 866.1	2 957	838 419.6
按登记机构										
省直属	133	141 182.6	199	169 123.8	113	199 828.1	9	347.0	1 281	360 387.6
贵阳市	158	49 533.9	125	16 666.5	243	32 247.8	382	180 635.9	456	282 320.7
六盘水市	50	675.0	57	682.0	1	30.0			20	238.0
遵义市	79	1 099.5	49	956.0	77	6 955.4	66	13 613.8	111	23 842.5
安顺市	30	141.0	38	81.5	7	6 695.0	52	9 016.3	97	11 016.0
毕节市	59	566.0	71	9 982.1	142	10 592.1	176	5 894.3	200	35 709.6
铜仁市	9	62.0	30	169.5	29	1 479.0	60	2 892.5	144	11 079.9
黔西南布依族苗族自治州	4		6	2 058.0			9	371.0	44	14 361.7
黔东南苗族侗族自治州	16	53.3	47	466.4	15	718.1	73	6 938.3	423	72 159.6
黔南布依族苗族自治州	56	451.5	36	206.0	27	1 644.6	153	4 157.0	181	27 304.0
按合同类别										
技术开发	403	152 525.2	420	115 620.7	349	101 372.8	475	66 559.2	1 277	412 094.8
技术转让	12	8 424.4	11	12 640.0	47	18 120.7	51	143 603.3	55	40 134.5
技术咨询	56	14 273.4	47	3 698.6	29	659.9	32	972.9	719	97 602.6
技术服务	123	18 542.0	180	68 432.4	229	140 036.7	422	12 730.6	906	288 587.7
按计划类别										
国家计划			1	100.0	3	59.0	4	1 856.1	11	1 076.6
部门计划	5	1 237.0	8	1 663.3	6	223.8	5	115.0	10	253.3
省计划	99	122 112.3	147	142 195.6	130	203 963.8	82	5 565.5	1 200	364 433.2
地市县计划	442	40 255.7	314	15 826.8	79	7 186.5	242	7 016.4	217	95 693.3
计划外	48	30 159.9	188	40 606.0	436	48 757.0	647	209 313.0	1 519	376 963.2
按技术领域										
电子信息技术	68	16 244.3	93	32 223.4	120	21 515.4	171	146 753.3	395	107 655.1
航空航天技术	13	8 526.8	16	14 265.3	71	24 065.0	164	37 200.3	156	45 559.0
先进制造技术	70	18 423.2	47	23 577.5	48	17 505.0	26	4 509.5	106	25 422.4
生物、医药和医疗器械技术	129	8 371.4	158	13 960.5	78	19 963.6	93	7 855.7	348	38 407.4
新材料及其应用	21	14 016.6	15	10 352.4	22	13 934.1	19	813.0	156	46 191.6
新能源与高效节能	7	695.0	15	6 078.1	19	12 263.2	14	829.4	82	22 104.1
环境保护与资源综合利用技术	24	1 355.0	21	5 383.0	17	10 511.8	15	773.7	193	111 632.8
核应用技术							1	100.0		
农业技术	226	123 207.9	198	72 877.5	247	129 295.8	422	22 233.6	825	226 252.5
现代交通	2	565.0	5	3 365.0	5	2 559.8	4	369.0	32	5 151.6
城市建设与社会发展	34	2 359.8	90	18 309.2	27	8 576.5	51	2 428.6	664	210 043.1

续7－5

分 布	2013年		2014年		2015年		2016年		2017年	
	合同数/项	成交额/万元	合同数/项	成交额/万元	合同数/项	成交额/万元	合同数/项	成交额/万元	合同数/项	成交额/万元
按社会经济目标										
农业、林业和渔业的发展	211	119 342.9	199	74 603.5	249	131 206.3	437	24 097.0	796	220 644.7
工商业发展	51	9 749.0	55	41 646.0	91	47 405.4	83	6 588.9	165	46 997.0
能源的生产和合理利用	27	6 623.6	55	17 844.8	20	16 957.3	18	2 960.2	106	30 582.6
基础设施的发展	1	10.0	13	3 008.1	7	3 769.8	14	1 111.4	442	115 163.1
环境治理与保护	26	2 119.0	26	6 744.0	10	2 750.6	11	812.4	146	105 241.1
卫生事业发展	79	2 596.9	97	6 336.6	43	10 676.0	52	3 190.6	277	20 139.6
社会发展和社会服务	31	1 774.2	85	20 839.3	84	17 669.6	103	6 553.3	506	158 895.8
地球和大气层的探索与利用	2	600.0	2	9.0					7	226.0
教育事业发展	9	758.5	5	195.0	2	289.4	20	526.2	60	19 639.9
民用空间	2	752.0			2	825.0	1	330.0	10	9 837.8
国防	11	8 510.3	14	14 227.3	68	16 470.0	171	38 127.8	171	40 673.1
非定向研究	83	26 199.0	22	1 319.2	17	6 175.0	12	697.0	47	12 006.1
其他	61	14 729.6	85	13 619.1	61	5 995.9	58	138 871.2	224	58 372.8
按知识产权										
技术秘密	156	128 666.2	253	75 721.8	274	201 590.9	260	168 442.3	647	239 240.0
专利	13	5 223.0	30	52 849.0	69	10 568.6	56	6 932.4	346	223 138.9
计算机软件	33	8 127.0	24	3 831.9	43	4 690.2	85	8 321.3	76	11 239.2
动、植物新品种	1	160.0	11	158.0	7	503.0	15	647.1	17	10 942.8
生物、医药新品种	6	723.0	8	541.0	3	940.8	9	247.8	15	1 491.5
设计著作权					2	178.0	1	110.0	4	221.4
未涉及知识产权	385	50 865.7	332	67 290.0	256	41 718.5	554	39 165.2	1 852	352 145.7
按买方类别										
机关法人	361	122 037.6	577	171 202.4	179	206 595.0	209	5 790.6	1 464	414 800.5
事业法人	88	9 944.4	13	1 640.4	15	1 085.0	72	7 531.8	415	55 701.4
社团法人	1	433.0			28	1 428.0	52	1 907.9	28	1 206.4
企业法人	144	61 349.9	68	27 549.0	429	50 934.0	611	207 098.3	1 015	365 275.9
自然人					3	148.0	10	468.0	19	740.5
其他组织							26	1 069.5	16	695.0
按卖方类别										
机关法人	40	45 159.9	77	20 179.0	11	69 648.0	14	98.0	105	105 990.2
事业法人	221	16 692.1	266	42 966.6	196	65 142.9	231	16 660.4	1 246	122 179.4
社团法人	1	2.0	1	251.6	26	1 631.0	31	4 131.6	15	6 453.2
企业法人	287	54 905.6	293	109 653.2	419	119 671.2	687	202 844.0	1 546	564 288.9
自然人			2	110.0	1	500.0			12	1 982.0
其他组织	45	77 005.3	19	27 231.4	1	3 597.0	17	132.0	33	37 525.9

7－6 历年技术吸纳合同登记概况(2013—2017)

分 布	2013 年		2014 年		2015 年		2016 年		2017 年	
	合同数/项	成交额/万元	合同数/项	成交额/万元	合同数/项	成交额/万元	合同数/项	成交额/万元	合同数/项	成交额/万元
总 计	2 304	368 679.3	2 658	1 258 371.6	2 346	1 761 018.3	2 777	1 673 802.0	5 615	1 932 986.6
按买方地区										
贵阳市	1 202	289 242.4	1 335	839 375.4	1 187	678 085.7	1 132	1 373 692.7	2 708	1 181 710.6
六盘水市	136	5 491.6	113	10 109.1	107	128 322.0	133	42 490.0	153	44 769.3
遵义市	268	37 350.7	228	324 999.9	276	777 888.5	258	74 623.6	420	137 641.5
安顺市	136	17 192.7	134	16 166.8	103	38 334.7	203	36 246.1	356	163 941.9
毕节市	145	5 717.3	360	14 264.4	241	28 484.1	298	51 869.7	492	88 845.3
铜仁市	58	1 706.9	106	9 282.7	116	10 469.4	191	35 924.2	311	28 453.0
黔西南布依族苗族自	76	2 526.4	132	23 520.8	69	6 343.4	100	18 182.3	171	35 234.9
黔东南苗族侗族自治	132	5 595.0	96	2 087.3	111	82 623.2	199	16 643.0	631	94 870.9
黔南布依族苗族自治	143	3 518.4	154	18 565.1	136	10 467.2	263	24 130.6	373	157 519.3
其他*	8	337.8								
按合同类型										
技术开发	1 255	230 570.0	1 490	183 330.9	1 117	203 819.9	1 314	175 983.8	2 580	550 924.4
技术转让	75	10 628.6	90	73 328.7	135	36 502.0	98	157 255.3	129	57 618.0
技术咨询	258	54 134.8	190	39 429.6	179	47 204.8	161	51 626.7	943	140 385.3
技术服务	716	73 345.9	888	962 282.5	915	1 473 491.6	1 204	1 288 936.2	1 963	1 184 058.9
按应用行业										
农业、林业和渔业的发展	272	121 954.0	243	80 994.0	321	134 362.7	492	32 733.5	968	280 547.9
工商业发展	133	10 334.8	139	54 501.8	165	54 011.4	171	13 700.5	373	118 834.3
能源的生产和合理利用	163	25 391.1	168	34 777.0	84	31 672.7	91	44 229.7	238	58 715.0
基础设施的发展	352	25 320.7	285	403 179.9	148	225 942.1	201	900 410.5	668	428 581.0
环境治理与保护	130	44 949.7	121	35 726.0	136	155 923.5	155	47 736.6	357	145 273.9
卫生事业发展	240	8 731.7	302	46 727.5	99	65 984.0	94	16 338.7	365	45 579.3
社会发展和社会服务	502	39 748.9	831	175 980.9	849	224 808.6	940	333 486.7	1 661	567 868.3
地球和大气层的探索与利用	11	1 559.4	28	8 736.0			8	276.9	15	419.8
教育事业发展	32	2 214.5	68	7 243.1	32	2 590.8	83	2 262.3	127	33 177.8
民用空间	11	1 341.2	11	618.4	6	1 127.5	8	1 699.6	35	11 165.3
国防	59	13 806.0	45	21 939.0	106	28 798.2	195	45 444.1	173	42 532.1
非定向研究	95	28 305.2	85	10 572.4	61	3 683.3	36	4 769.0	106	88 077.0
其他	304	45 022.1	332	377 375.5	339	832 113.6	303	230 713.8	529	112 214.8
按技术领域										
电子信息技术	976	80 148.3	1 160	102 456.8	922	92 947.8	1 156	254 492.5	1 718	261 391.5
航空航天技术	72	14 525.4	60	22 692.7	131	34 328.9	188	44 653.5	167	48 387.9
先进制造技术	146	22 503.5	148	39 848.1	144	31 808.5	108	60 349.5	297	110 882.0
生物、医药和医疗器械	197	15 953.5	232	70 014.1	153	39 750.4	143	25 893.7	489	74 291.8
新材料及其应用	70	18 719.4	44	11 738.8	56	27 019.5	61	5 465.0	199	58 761.0
新能源与高效节能	132	19 838.5	129	24 511.4	120	26 432.6	87	34 208.2	204	47 855.2
环境保护与资源综合利	172	41 347.9	137	65 539.8	155	192 456.9	179	95 641.9	430	165 199.8
核应用技术	5	182.4	3	17.6			1	100.0	2	234.7
农业技术	290	125 845.9	242	94 283.7	313	133 604.2	487	31 522.5	986	284 110.3
现代交通	88	11 008.8	139	668 887.7	150	820 435.8	72	904 994.5	146	302 680.8
城市建设与社会发展	156	18 605.7	364	158 380.9	202	362 233.8	295	216 480.9	977	579 191.6
按知识产权										
技术秘密	958	168 678.8	1 105	265 434.6	824	774 660.0	876	331 633.4	1 489	342 160.7

续7－6

分　布	2013年		2014年		2015年		2016年		2017年	
	合同数/项	成交额/万元	合同数/项	成交额/万元	合同数/项	成交额/万元	合同数/项	成交额/万元	合同数/项	成交额/万元
专利	43	3 768.7	59	337 815.5	117	221 379.6	91	898 720.5	436	458 922.7
计算机软件	253	39 085.5	344	26 042.2	306	38 247.8	333	46 136.9	429	60 467.4
动、植物新品种	3	536.0	14	1 414.1	9	818.0	17	759.1	20	11 758.8
集成电路布图设计	8	581.1	1	49.6	4	6 020.0	5	787.0	5	776.2
生物、医药新品种	66	4 630.2	15	2 905.9	12	1 393.5	19	4 992.4	27	6 199.0
设计著作权					17	3 461.6	10	2 850.9	19	1 714.0
未涉及知识产权	973	151 399.0	1 120	624 709.7	1 057	715 037.8	1 426	387 921.7	3 190	1 050 987.8
按买方类别										
机关法人	547	167 736.4	798	229 843.5	381	282 873.3	438	64 815.8	1 827	514 685.5
事业法人	414	39 221.4	514	58 208.8	266	23 779.1	282	30 116.7	683	88 116.2
社团法人	5	777.6	5	174.7	30	1 456.0	61	3 531.8	33	1 263.4
企业法人	1 307	159 381.3	1 315	963 403.0	1 619	1 450 123.3	1 916	1 571 722.8	3 004	1 325 443.7
自然人	24	254.0	19	1 908.6	34	532.5	46	1 098.4	39	1 945.5
其他组织	7	1 308.7	7	4 833.0	16	2 254.1	34	2 516.6	29	1 532.4
按卖方省市										
安徽省	26	1 561.5	27	18 602.0	32	63 762.3	41	8 973.8	55	22 690.6
北京市	409	53 293.0	513	705 572.8	675	1 249 959.5	653	1 144 783.7	846	550 379.3
福建省	17	3 985.5	3	197.8	19	2 165.0	17	1 831.3	28	1 539.3
甘肃省	14	3 596.9	26	16 971.5	32	18 660.6	22	12 892.1	37	15 581.6
广东省	107	7 512.5	110	14 057.2	88	7 610.6	78	14 164.6	150	29 573.6
广西壮族自治区	2	205.0	2	62.8	2	78.5	3	1 890.9	3	153.5
贵州省	578	175 631.0	634	195 938.6	570	248 542.0	819	182 469.8	2 718	774 841.5
海南省	1	44.3							7	31 010.5
河北省	7	228.8	7	378.7	3	975.8	10	1 087.3	1	5.5
河南省	24	1 307.4	19	2 910.1	20	1 709.8	24	1 827.2	9	1 546.1
黑龙江省	4	451.4	7	1 295.3	9	1 393.0	11	6 757.1	19	3 214.2
湖北省	55	3 579.1	189	81 698.7	113	19 412.8	189	33 626.2	5	1 337.5
湖南省	54	3 505.9	23	6 999.7	31	4 262.5	30	3 278.2	252	142 453.8
吉林省	6	176.4	6	54.1			5	82.0	57	97 656.4
江苏省	103	11 888.0	81	42 945.4	90	14 446.2	110	10 779.4	18	6 396.1
江西省	17	930.6	8	710.0	9	11 424.4	4	334.0	250	16 878.3
辽宁省	63	32 897.4	27	1 161.0	43	13 519.6	55	22 537.4	19	7 815.5
青海省			1	1 112.0	1	180.0	2	11 665.8	65	8 791.7
山东省	26	4 947.2	56	3 093.1	57	3 090.1	53	10 602.5	1	13 085.9
山西省	2	35.0	2	50.5			3	863.0	55	11 886.3
陕西省	62	13 127.5	119	78 980.4	137	20 867.3	78	18 635.0	3	3.0
上海市	53	2 501.8	80	30 958.0	59	8 542.6	45	11 401.8	182	19 889.8
四川省	274	5 659.8	527	7 098.2	240	59 937.7	362	52 970.9	65	11 515.3
天津市	31	3 004.6	35	31 342.6	21	2 297.6	55	87 037.9	563	23 409.4
香港特别行政区									48	110 782.5
云南省	27	3 062.9	18	1 207.4	23	1 493.5	21	718.5	1	2 400.0
浙江省	30	15 471.7	24	1 930.5	29	2 327.8	41	5 218.4	1	0.4
重庆市	311	10 281.0	114	13 042.9	40	3 837.1	43	8 003.9	68	12 935.0
台湾省					1	262.0			48	12 941.4
国外	1	9 793.0			2	260.0	3	19 369.3	41	2 272.7

注：* 其他表示技术的买方地址只填到贵州省，没有向下填到市（州），以下各表相同。

7－7　技术市场合同登记

分　布	合同数/项	成交额/万元	#技术交易额
总　计	2 957	838 419.6	610 533.9
按登记机构			
省直属	1 281	360 387.6	359 541.2
贵阳市	456	282 320.7	93 970.1
六盘水市	20	238.0	238.0
遵义市	111	23 842.5	18 370.8
安顺市	97	11 016.0	11 006.0
毕节市	200	35 709.6	14 689.8
铜仁市	144	11 079.9	9 669.7
黔西南州	44	14 361.7	7 822.5
黔东南州	423	72 159.6	68 803.5
黔南州	181	27 304.0	26 422.3
按合同类型			
技术开发	1 277	412 094.8	393 235.4
技术转让	55	40 134.5	39 229.0
技术咨询	719	97 602.6	79 919.4
技术服务	906	288 587.7	98 150.1
按计划类别			
国家计划	11	1 076.6	1 054.8
部门计划	10	253.3	233.1
省计划	1 200	364 433.2	360 987.7
地市县计划	217	95 693.3	25 930.1
计划外	1 519	376 963.2	222 328.1
按技术领域			
电子信息技术	395	107 655.1	103 532.2
航空航天技术	156	45 559.0	45 148.3
先进制造技术	106	25 422.4	24 812.7
生物、医药和医疗器械技术	348	38 407.4	34 863.6
新材料及其应用	156	46 191.6	44 722.4
新能源与高效节能	82	22 104.1	13 655.3
环境保护与资源综合利用技术	193	111 632.8	35 786.4
核应用技术			

续7－7

分　布	合同数/项	成交额/万元	#技术交易额
农业技术	825	226 252.5	219 006.4
现代交通	32	5 151.6	4 244.6
城市建设与社会发展	664	210 043.1	84 761.9
按社会经济目标类别			
农业、林业和渔业的发展	796	220 644.7	213 636.8
工商业发展	165	46 997.0	44 643.1
能源的生产和合理利用	106	30 582.6	22 559.9
基础设施的发展	442	115 163.1	47 858.0
环境治理与保护	146	105 241.1	31 528.4
卫生事业发展	277	20 139.6	17 265.3
社会发展和社会服务	506	158 895.8	115 797.4
地球和大气层的探索与利用	7	226.0	213.0
教育事业发展	60	19 639.9	2 137.8
民用空间	10	9 837.8	9 803.3
国防	171	40 673.1	40 315.1
非定向研究	47	12 006.1	7 750.3
其他	224	58 372.8	57 025.5
按知识产权			
技术秘密	647	239 240.0	151 909.1
专利	346	223 138.9	220 439.6
计算机软件	76	11 239.2	9 167.0
动、植物新品种	17	10 942.8	10 659.9
生物、医药新品种	15	1 491.5	1 491.5
设计著作权	4	221.4	212.4
未涉及知识产权	1 852	352 145.7	216 654.4
按买方类别			
机关法人	1 464	414 800.5	386 125.7
事业法人	415	55 701.4	33 350.5
社团法人	28	1 206.4	955.4
企业法人	1 015	365 275.9	188 953.0
自然人	19	740.5	653.3
其他组织	16	695.0	496.1

续 7－7

分　布	合同数/项	成交额/万元	#技术交易额
按买方地区			
北京市	120	19 939.9	18 829.6
广东省	6	887.0	867.0
广西壮族自治区	1	12.0	12.0
贵州省	2 725	805 852.0	579 962.4
海南省	2	284.0	208.8
河南省	5	477.0	477.0
湖北省	5	158.0	158.0
湖南省	3	494.1	484.1
吉林省	2	7.9	7.9
江苏省	7	1 199.0	1 169.0
江西省	2	30.0	30.0
辽宁省	3	483.3	298.0
内蒙古自治区	1	120.0	120.0
宁夏回族自治区	1	1 886.0	1 386.0
青海省	1	17.0	11.7
山东省	3	63.0	63.0
山西省	1	300.0	300.0
陕西省	2	320.0	320.0
四川省	7	2 001.5	2 001.5
天津市	47	2 817.9	2 817.9
新疆维吾尔自治区	1	50.0	50.0
云南省	7	722.2	662.2
浙江省	3	193.0	193.0
重庆市	2	104.8	104.8
按卖方类别			
机关法人	105	105 990.2	103 053.1
事业法人	1 246	122 179.4	114 341.7
社团法人	15	6 453.2	6 446.2
企业法人	1 546	564 288.9	347 374.0
自然人	12	1 982.0	1 817.0
其他组织	33	37 525.9	37 501.9

7－8 技术吸纳合同登记

分 布	合同数/项	成交额/万元	#技术交易额
总 计	5 615	1 932 986.6	1 286 991.9
按合同类型			
技术开发	2 580	550 924.4	518 468.8
技术转让	129	57 618.0	54 442.8
技术咨询	943	140 385.3	109 212.9
技术服务	1 963	1 184 058.9	604 867.5
按应用行业			
农林牧渔业发展	968	280 547.9	229 052.7
工商业发展	373	118 834.3	87 162.2
能源生产、分配和合理利用	238	58 715.0	41 694.5
基础设施以及城市和农村规划	668	428 581.0	276 082.6
环境保护、生态建设及污染防治	357	145 273.9	54 860.8
卫生事业发展	365	45 579.3	40 278.5
社会发展和社会服务	1 661	567 868.3	358 880.1
地球和大气层的探索与利用	15	419.8	373.0
教育事业发展	127	33 177.8	13 305.4
民用空间探测及开发	35	11 165.3	10 665.5
国防	173	42 532.1	41 966.4
非定向研究	106	88 077.0	27 294.2
其他民用目标	529	112 214.8	105 376.0
按技术领域			
电子信息	1 718	261 391.5	234 226.7
航空航天	167	48 387.9	47 978.6
先进制造	297	110 882.0	42 983.5
生物、医药和医疗器械	489	74 291.8	63 638.5
新材料及其应用	199	58 761.0	56 593.3
新能源与高效节能	204	47 855.2	32 225.2
环境保护与资源综合利用	430	165 199.8	73 263.2
核应用	2	234.7	234.6
农业	986	284 110.3	232 935.2
现代交通	146	302 680.8	177 663.0
城市建设与社会发展	977	579 191.6	325 250.2
按知识产权			
技术秘密	1 489	342 160.7	226 445.4
专利	436	458 922.7	383 422.9
计算机软件著作权	429	60 467.4	50 961.8

续 7－8

分　布	合同数/项	成交额/万元	#技术交易额
植物新品种	20	11 758.8	10 831.9
集成电路布图设计专有权	5	776.2	770.2
生物、医药新品种	27	6 199.0	5 996.1
设计著作权	19	1 714.0	1 228.5
未涉及知识产权	3 190	1 050 987.8	607 335.3
按买方类别			
机关法人	1 827	514 685.5	461 517.5
事业法人	683	88 116.2	59 174.7
社团法人	33	1 263.4	1 012.4
企业法人	3 004	1 325 443.7	762 128.2
自然人	39	1 945.5	1 847.2
其他组织	29	1 532.4	1 312.0
按买方城市			
贵阳市	2 708	1 181 710.6	799 426.3
吸纳省内	1 321	536 416.1	377 833.3
吸纳省外	1 387	645 294.5	421 593.0
六盘水市	153	44 769.3	28 778.5
吸纳省内	46	1 662.5	1 261.4
吸纳省外	107	43 106.7	27 517.1
遵义市	420	137 641.5	78 548.9
吸纳省内	151	26 152.1	20 723.1
吸纳省外	269	111 489.4	57 825.8
安顺市	356	163 941.9	106 337.5
吸纳省内	126	13 156.4	13 139.4
吸纳省外	230	150 785.5	93 198.1
毕节市	492	88 845.3	36 343.8
吸纳省内	186	68 499.8	19 200.0
吸纳省外	306	20 345.5	17 143.8
铜仁市	311	28 453.0	26 259.8
吸纳省内	169	12 558.4	10 894.7
吸纳省外	142	15 894.6	15 365.2
黔西南布依族苗族自治州	171	35 234.9	24 673.3
吸纳省内	66	14 770.0	8 202.5
吸纳省外	105	20 464.9	16 470.8
黔东南苗族侗族自治州	631	94 870.9	87 068.5
吸纳省内	458	80 030.2	76 527.0

续7－8

分　布	合同数/项	成交额/万元	#技术交易额
吸纳省外	173	14 840.8	10 541.5
黔南布依族苗族自治州	373	157 519.3	99 555.5
吸纳省内	195	21 596.0	21 229.3
吸纳省外	178	135 923.3	78 326.1
按卖方省（市、区）			
安徽省	55	22 690.6	20 250.8
北京市	846	550 379.3	372 962.6
福建省	28	1 539.3	1 359.8
甘肃省	37	15 581.6	9 669.0
广东省	150	29 573.6	27 232.3
广西壮族自治区	3	153.5	153.5
贵州省	2 718	774 841.5	549 010.8
国外	7	31 010.5	30 951.6
海南省	1	5.5	5.5
河北省	9	1 546.1	1 355.7
河南省	19	3 214.2	1 529.0
黑龙江省	5	1 337.5	1 332.0
湖北省	252	142 453.8	48 566.4
湖南省	57	97 656.4	40 026.6
吉林省	18	6 396.1	3 218.8
江苏省	250	16 878.3	16 802.7
江西省	19	7 815.5	7 707.5
辽宁省	65	8 791.7	3 761.3
青海省	1	13 085.9	3 168.0
山东省	55	11 886.3	11 886.3
山西省	3	3.0	3.0
陕西省	182	19 889.8	18 647.4
上海市	65	11 515.3	10 700.3
四川省	563	23 409.4	22 574.5
天津市	48	110 782.5	56 947.1
香港特别行政区	1	2 400.0	178.4
新疆维吾尔自治区	1	0.4	0.4
云南省	68.00	12935.01	12862.64
浙江省	48.00	12941.39	12069.44
重庆市	41.00	2272.68	2058.68

7－9　历年科技成果登记情况(2013—2017)

项　目	2013年	2014年	2015年	2016年	2017年
成果登记/项	141	147	115	120	144
#形成发明专利/件	150	174	116	247	316
#制订标准数/个	8	7	4	8	3
按地区分					
贵阳市	109	115	89	93	121
六盘水市	8	3	4	3	
遵义市	11	10	12	14	12
安顺市	1	3	1	1	1
毕节市	7	6	3	3	1
铜仁市		3	1	1	2
黔西南自治州		3	2	2	2
黔东南自治州	2	3	1	2	2
黔南自治州	3	1	2	1	3
按单位属性分					
独立科研机构	19	20	20	23	28
大专院校	33	35	42	47	56
企业	69	71	40	38	45
医疗机构	7	3	6	3	6
其他	13	18	7	9	9
按成果类型分					
#基础理论成果	26	22	25	28	36
应用技术成果	115	124	89	92	108
按成果应用属性分					
原始性创新	8	9	13	22	54
国外引进消化吸收创新	26	12	12	22	12
国内技术二次开发	81	103	64	48	42
按成果来源分					
国家科技计划	25	27	28	38	41
部门计划	10	16	10	9	16
地方计划	37	45	27	19	34
基金计划	12	8	9	14	19
其他	57	51	41	40	34
按成果评价分					
#国际水平	19	30	17	22	17

续7-9

项　目	2013年	2014年	2015年	2016年	2017年
国内领先	52	46	40	43	26
国内先进	39	44	31	26	5
成果完成人情况/人次	1 712	2 009	1 386	1 339	1 468
按学历					
博士	242	314	219	280	369
硕士	419	555	435	417	444
大本	954	1 001	651	534	589
大专	75	115	68	89	54
中专	13	17	8	14	9
其他	9	7	5	5	3
按年龄结构					
35岁以下(含35岁)	500	570	399	398	403
36~45岁	625	762	479	428	516
46~55岁	466	541	415	390	449
56~65岁	94	123	74	93	89
66岁以上	27	13	19	30	11
按技术职称					
院士	2		1	1	3
正高	398	444	329	366	410
副高	531	751	454	339	544
中级	551	594	444	457	403
初级	149	137	100	102	54
其他	81	83	58	74	54
项目投资额/万元	58 093	295 362	114 161	98 050	164 272
国家资金	4 376	2 122	6 153	6 621	70 195
部门资金	3 905	36 693	12 809	5 429	2 803
地方资金	5 324	6 297	4 647	14 759	34 754
基金投入	228	124	272	297	240
自有资金	43 807	249 584	90 280	69 963	54 069
银行贷款	200	500		900	900
国外资金				25	86
其他资金	253	42		56	1 225
经济效益项目数/项	62	41	55	60	74
净利润/万元	125 554	296 395	64 726	293 909	2 581 655
实交税金/万元	83 925	134 026	35 752	82 758	2 270 754

注:分类指标“成果来源”是多选项。

7－10　科技成果登记基本情况

项　目	总　计	独立科研机构	大专院校	企业	医疗机构	其他
基本情况/项						
登记成果数	144	28	56	45	6	9
鉴定项目数	32	4	4	21	2	1
验收项目数	82	20	39	16	3	4
评审项目数	5		1			4
行业准入数	2	1		1		
评估项目数	6	1	2	3		
机构评价数	5		1	4		
结题项目数	12	2	9		1	
知识产权数	667	82	135	437	5	8
发明专利数	316	63	63	186		4
实用新型专利数	276	5	41	229		1
外观设计专利数	8	1	5	2		
软件著作权数	19	1	5	12		1
其他	48	12	21	8	5	2
已授权专利数	501	49	93	355		4
制订标准数	3		2	1		
国际标准						
国家标准						
行业标准	1		1			
地方标准	1		1			
企业标准	1			1		
成果类别/项						
应用技术成果	108	24	29	45	5	5
基础理论成果	36	4	27		1	4
软科学成果						
课题来源/项						
国家科技计划	41	11	20	7	1	2
科技重大专项	2			2		
自然科学基金	16	3	12		1	
重点基础研究发展计划	2	1	1			
高技术研究发展计划	1			1		
科技支撑计划	5		4	1		
科技基础条件平台建设						
星火计划						
火炬计划						
国家重点新产品计划	1			1		
国家软科学研究计划						
国际科技合作专项	2	1		1		

续 7－10

项　目	总　计	独立科研机构	大专院校	企业	医疗机构	其他
国家重点实验室						
国家工程技术研究中心						
科技型中小企业技术创新基金	1			1		
重大科学仪器设备开发专项						
科技基础性工作专项	1	1				
国家野外科学研究观测台站						
农业科技成果转化资金	4	4				
科技富民强县专项行动计划						
科研院所技术开发研究专项资金	2		2			
ITER 计划专项						
其他	4	1	1			2
部门计划	16	4	8	2		2
地方计划	34	11	12	9		2
部门基金	3		1		2	
地方基金	15	1	11		3	
民间基金	1			1		
国际合作	1		1			
横向委托	4		2	2		
自选	21		1	19		1
其他	8	1		5		2
项目投资/万元						
经费实际投入额	164 272	8 978	16 331	109 707	84	29 172
国家投入	70 195	2 367	1 992	61 805	61	3 970
部门投入	2 803	141	2 122	180		360
地方投入	34 754	2 904	3 221	4 249	15	24 365
基金投入	240	101	137		2	
自有资金	54 069	2 565	8 548	42 473	6	477
银行贷款	900	900				
国外资金	86		86			
其他	1 225		225	1 000		
成果完成人情况/人次	1 468	286	441	545	73	123
文化程度:博士研究生	369	62	189	70	17	31
硕士研究生	444	89	145	153	27	30
大 本	589	117	92	295	25	60
大 专	54	15	11	23	4	1
中 专	9	2	2	4		1
其 他	3	1	2			
年龄结构:35 岁以下(含 35 岁)	403	62	106	188	15	32
36～45 岁	516	96	167	190	25	38

续 7－10

项 目	总 计	独立科研机构	大专院校	企业	医疗机构	其他
46～55 岁	449	106	122	150	25	46
6～65 岁	89	18	41	15	8	7
66 岁以上	11	4	5	2		
技术职称:院士	3		2	1		
正高	410	74	166	105	33	32
副高	544	121	162	187	16	58
中级	403	84	82	194	14	29
初级	54	5	10	29	6	4
其他	54	2	19	29	4	
成果属性/项						
原始性创新	54	15	14	24		1
国外引进消化吸收创新	12	3	3	5	1	
国内技术二次开发	42	6	12	16	4	4
成果水平/项						
国际领先	6		3	3		
国际先进	11	1	1	8		1
国内领先	26	3	6	13	3	1
国内先进	5	2		3		
国内一般						
未评价	60	18	19	18	2	3
成果所处阶段/项						
初期阶段	10	2	5	3		
中期阶段	9	2	4			3
成熟应用阶段	89	20	20	42	5	2
所属高新技术领域/项						
电子信息	16		4	12		
先进制造	6		1	5		
航空航天	3			3		
现代交通	8		1	6		1
生物、医药和医疗器械	15	2	8	1	4	
新材料	10	4	4	2		
新能源与高效节能	5		1	4		
环境保护	6	3		3		
地球、空间与海洋	6		3	1		2
核应用技术						
现代农业	26	15	6	5		
成果应用行业/项						
农、林、牧、渔业	33	19	9	5		
采矿业	5		2	2		1

续7－10

项　目	总　计	独立科研机构	大专院校	企业	医疗机构	其他
制造业	16	2	4	10		
电力、燃气及水的生产和供应业	10			10		
建筑业	7		1	6		
批发和零售业						
交通运输、仓储和邮政业	8		1	6		1
住宿和餐饮业						
信息传输、计算机服务和软件业	6		2	4		
金融业						
房地产业						
租赁和商务服务业						
科学研究、技术服务和地质勘查业	6	2	2			2
水利、环境和公共设施管理业	2			1		1
居民服务和其他服务业						
教育						
卫生、社会保障和社会福利业	15	1	8	1	5	
文化、体育和娱乐业						
公共管理和社会组织						
国际组织						
成果应用情况/项						
产业化应用项目数	61	18	13	29		1
#已转化项目数	46	12	7	27		
小批量或小范围应用项目数	34	3	10	12	5	4
试用项目数	11	2	5	4		
应用后停用项目数						
#资金问题						
技术问题						
市场问题						
管理问题						
政策因素						
未应用项目数	2	1	1			
#资金问题						
技术问题						
市场问题	1		1			
管理问题						
政策因素	1	1				
应用效果						
落后技术、工艺、装备的替代						
进口替代						

续 7－10

项　目	总　计	独立科研机构	大专院校	企业	医疗机构	其他
填补国内空白	2		2			
降低成本						
转移途径						
协议定价						
挂牌交易						
技术拍卖						
其他						
转化的政府支持						
纳入政府计划						
进入政府采购						
得到转化财政经费支持						
享受政府税收优惠						
军民融合						
单位转化政策支持						
单位转化机构参与						
纳入绩效考评						
与职称评定挂钩						
与收入分配挂钩						
转化的奖励和报酬						
未实施转化收益奖励和报酬	2		2			
未完全实施转化收益奖励和报酬						
完全实施转化收益奖励和报酬						
项目研发人员状态						
项目组基本完整保持	2		2			
项目组解散						
横向兼职						
自主创业						
经济效益						
自我转化效益项目数/项	74	13	19	39		3
总收入/万元	3 884 853	71 926	12 292	3 797 563		3 072
净利润/万元	2 581 655	5 918	5 775	2 569 502		460
实交税金/万元	2 270 754	1 500		2 269 254		
出口创汇/万元	8 020			8 020		
节约资金/万元	119 078		4 550	114 468		60
合作转化收入/万元	177 989	91 927	43 547	42 515		
#技术入股股权折价	350		350			
技术转让与许可收入/万元	123	123				
#知识产权技术转让收入	121	121				

八 国家级科技计划课题跟踪

8－1 课题结题后2017年发表/出版的论文和著作

分 布	课题数/项	发表科技论文/篇			出版科技著作/万字
			#向国外发表	SCI、EI、ISTP收录	
总 计	32	65	14	23	52
按完成时间					
2013年完成的课题					
2014年完成的课题	2				
2015年完成的课题	6	10	5	6	26
2016年完成的课题	18	53	9	17	26
2017年完成的课题	6	2			
按计划类别					
863计划	7	7	1	2	
973计划	3	8	3	6	26
国家科技支撑计划	22	50	10	15	26
国家重大科学研究计划					
国家科技重大专项					
按单位性质					
非企业单位	12	26	5	7	26
事业型研究单位	5	4		3	
大专院校	7	22	5	4	26
其他事业单位					
企业	20	39	9	16	26
转制为企业的科研院所	3	9	1	2	
国有企业	10	18	3	8	26
私营企业	1	9	5	5	
合资企业	6	3		1	
外商投资企业					
按项目所属学科					
地球科学	1	3		3	
地质学	1	3		3	
农学	1				
农学其他学科	1				
林学	1	9	5	5	
林业工程	1	9	5	5	
药学	1	1	1	1	
药剂学	1	1	1	1	
信息与系统科学相关工程与技术	2				
控制科学与技术	1				
信息与系统科学相关工程与技术其他学科	1				
自然科学相关工程与技术	1	1			
农业工程	1	1			
材料科学	3				
材料合成与加工工艺	1				
有机高分子材料	2				
矿山工程技术	3	15	2	2	
采矿工程	1	3			
选矿工程	1	5	1		
矿山安全	1	7	1	2	
冶金工程技术	1				
有色金属冶金	1				
机械工程	2	2			
机械设计	1	2			
流体传动与控制	1				
动力与电气工程	3	11		6	26
电气工程	2	10		5	26
动力与电气工程其他学科	1	1		1	

续 8－1

分 布	课题数/项	发表科技论文/篇			出版科技著作/万字
			#向国外发表	SCI、EI、ISTP 收录	
计算机科学技术	1				
计算机科学技术其他学科	1				
化学工程	2	2	2	2	
化学反应工程	1				
无机化学工程	1	2	2	2	
土木建筑工程	1	2			
土木建筑工程设计	1	2			
航空、航天科学技术	1	2			
飞行器控制、导航技术	1	2			
环境科学技术及资源科学技术	6	17	4	4	26
环境科学技术基础学科	2	9	4	4	26
环境学	1				
环境工程学	1	2			
环境科学技术及资源科学技术其他学科	2	6			
安全科学技术	1				
公共安全	1				
经济学	1				
金融学	1				
按项目服务行业					
农、林、牧、渔业	4	10	5	5	
农业	2	1			
林业	1	9	5	5	
农、林、牧、渔专业及辅助性活动	1				
采矿业	5	25	3	3	
煤炭开采和洗选业	1	7	1	2	
有色金属矿采选业	2	7	1	1	
非金属矿采选业	2	11	1		
制造业	9	7	3	3	
石油、煤炭及其他燃料加工业	1				
化学原料和化学制品制造业	1	2	2	2	
医药制造业	1	1	1	1	
有色金属冶炼和压延加工业	2				
金属制品业	1				
专用设备制造业	2	2			
铁路、船舶、航空航天和其他运输设备制造业	1	2			
电力、热力、燃气及水生产和供应业	4	10		5	26
电力、热力生产和供应业	2	10		5	26
水的生产和供应业	2				
建筑业	2	3		1	
房屋建筑业	1	2			
土木工程建筑业	1	1		1	
信息传输、软件和信息技术服务业	1				
互联网和相关服务	1				
金融业	1				
资本市场服务	1				
水利、环境和公共设施管理业	2	2			
生态保护和环境治理业	2	2			
公共管理、社会保障和社会组织	1				
人民政协、民主党派	1				
不分行业的 973 和国家重大科学研究计划的课题	3	8	3	6	26

8－2　课题结题后2017年申请与授权的专利以及获得的科技奖励

分　布	课题数/项	专利申请数/件	#发明专利	向国外申请专利	专利授权数/件	#发明专利	国外授权专利	国家科技奖/项	省、部级科技奖/项
总　计	32	82	39		67	37			9
按完成时间									
2013 年完成的课题									
2014 年完成的课题	2				1	1			
2015 年完成的课题	6	6	2		22	11			1
2016 年完成的课题	18	75	36		40	21			8
2017 年完成的课题	6	1	1		4	4			
按计划类别									
863 计划	7	3	3		6	6			1
973 计划	3				1	1			1
国家科技支撑计划	22	79	36		60	30			7
国家重大科学研究计划									
国家科技重大专项									
按单位性质									
非企业单位	12	67	28		46	17			1
事业型研究单位	5								
大专院校	7	67	28		46	17			1
其他事业单位									
企业	20	15	11		21	20			8
转制为企业的科研院所	3	3	2		1	1			1
国有企业	10	1	1		13	13			6
私营企业	1				1	1			
合资企业	6	11	8		6	5			1
外商投资企业									
按项目所属学科									
地球科学	1								
地质学	1								
农学	1								
农学其他学科	1								
林学	1				1	1			
林业工程	1				1	1			
药学	1				1	1			
药剂学	1				1	1			
信息与系统科学相关工程与技术	2								1
控制科学与技术	1								1
信息与系统科学相关工程与技术其他学科	1								

续 8－2

分布	课题数/项	专利申请数/件	#发明专利	向国外申请专利	专利授权数/件	#发明专利	国外授权专利	国家科技奖/项	省、部级科技奖/项
自然科学相关工程与技术	1								
农业工程	1								
材料科学	3				1	1			
材料合成与加工工艺	1				1	1			
有机高分子材料	2								
矿山工程技术	3	49	22		14	5			
采矿工程	1	49	22		13	4			
选矿工程	1								
矿山安全	1				1	1			
冶金工程技术	1								
有色金属冶金	1								
机械工程	2	9	6		2	1			1
机械设计	1	4	4		1	1			1
流体传动与控制	1	5	2		1				
动力与电气工程	3	2	2		16	16			5
电气工程	2				13	13			5
动力与电气工程其他学科	1	2	2		3	3			
计算机科学技术	1								
计算机科学技术其他学科	1								
化学工程	2								
化学反应工程	1								
无机化学工程	1								
土木建筑工程	1	3	2						1
土木建筑工程设计	1	3	2						1
航空、航天科学技术	1	1	1						
飞行器控制、导航技术	1	1	1						
环境科学技术及资源科学技术	6	18	6		32	12			1
环境科学技术基础学科	2				1	1			1
环境学	1				1	1			
环境工程学	1	4			18	7			
环境科学技术及资源科学技术其他学科	2	14	6		12	3			
安全科学技术	1								
公共安全	1								
经济学	1								
金融学	1								
按项目服务行业									

续 8 - 2

分 布	课题数/项	专利申请数/件	#发明专利	向国外申请专利	专利授权数/件	#发明专利	国外授权专利	国家科技奖/项	省、部级科技奖/项
农、林、牧、渔业	4				1	1			
农业	2								
林业	1				1	1			
农、林、牧、渔专业及辅助性活动	1								
采矿业	5	63	28		26	8			
煤炭开采和洗选业	1				1	1			
有色金属矿采选业	2	49	22		13	4			
非金属矿采选业	2	14	6		12	3			
制造业	9	10	7		4	3			2
石油、煤炭及其他燃料加工业	1								
化学原料和化学制品制造业	1								
医药制造业	1				1	1			
有色金属冶炼和压延加工业	2								1
金属制品业	1				1	1			
专用设备制造业	2	9	6		2	1			1
铁路、船舶、航空航天和其他运输设备制造业	1	1	1						
电力、热力、燃气及水生产和供应业	4				13	13			5
电力、热力生产和供应业	2				13	13			5
水的生产和供应业	2								
建筑业	2	5	4		3	3			1
房屋建筑业	1	3	2						1
土木工程建筑业	1	2	2		3	3			
信息传输、软件和信息技术服务业	1								
互联网和相关服务	1								
金融业	1								
资本市场服务	1								
水利、环境和公共设施管理业	2	4			19	8			
生态保护和环境治理业	2	4			19	8			
公共管理、社会保障和社会组织	1								
人民政协、民主党派	1								
不分行业的973和国家重大科学研究计划的课题	3				1	1			1

8－3 专利维持和实施

分 布	课题数/项	累计申请专利/件	#发明专利	国外专利	累计获得专利授权/件	#发明专利	国外专利
总 计	32	820	486	3	401	206	2
按完成时间							
2013 年完成的课题							
2014 年完成的课题	2	55	52		23	22	
2015 年完成的课题	6	306	138		120	60	
2016 年完成的课题	18	383	245		216	104	
2017 年完成的课题	6	76	51	3	42	20	2
按计划类别							
863 计划	7	123	106		54	32	
973 计划	3	4	4		1	1	
国家科技支撑计划	22	693	376	3	346	173	2
国家重大科学研究计划							
国家科技重大专项							
按单位性质							
非企业单位	12	246	173		131	77	
事业型研究单位	5	25	15		15	8	
大专院校	7	221	158		116	69	
其他事业单位							
企业	20	574	313	3	270	129	2
转制为企业的科研院所	3	68	40	3	55	28	2
国有企业	10	186	140		92	51	
私营企业	1	29	29		17	17	
合资企业	6	291	104		106	33	
外商投资企业							
按项目所属学科							
地球科学	1						
地质学	1						
农学	1	18	13		11	6	
农学其他学科	1	18	13		11	6	
林学	1	29	29		17	17	
林业工程	1	29	29		17	17	
药学	1	16	14		11	10	
药剂学	1	16	14		11	10	
信息与系统科学相关工程与技术	2	210	69		70	18	
控制科学与技术	1	22	16		15		

2017年交纳年费的专利/件	#发明专利	2017年被实施的专利/件	#发明专利	2017年被国际技术标准采用的专利/件	#发明专利	2017年被国家（行业）技术标准采用的专利/件	#发明专利
309	175	208	120			2	
21	21	23	21				
83	60	28	23				
175	81	127	60			2	
30	13	30	16				
41	29	38	26				
1	1						
267	145	170	94			2	
115	68	33	26				
4	2	10	8				
111	66	23	18				
194	107	175	94			2	
42	23	43	23				
79	48	72	48			2	
6	4						
67	32	60	23				
		6	6				
		6	6				
6	4						
6	4						
11	10	11	10				
11	10	11	10				
23	18	23	18				
5		5					

续8－3

分　布	课题数/项	累计申请专利/件	#发明专利	国外专利	累计获得专利授权/件	#发明专利	国外专利
信息与系统科学相关工程与技术其他学科	1	188	53		55	18	
自然科学相关工程与技术	1	7	2		4	2	
农业工程	1	7	2		4	2	
材料科学	3	68	60		27	20	
材料合成与加工工艺	1	16	9		8	1	
有机高分子材料	2	52	51		19	19	
矿山工程技术	3	129	82		61	31	
采矿工程	1	71	32		23	4	
选矿工程	1	25	25		12	9	
矿山安全	1	33	25		26	18	
冶金工程技术	1	12	6	3	10	4	2
有色金属冶金	1	12	6	3	10	4	2
机械工程	2	72	27		40	11	
机械设计	1	48	16		27	6	
流体传动与控制	1	24	11		13	5	
动力与电气工程	3	71	60		33	25	
电气工程	2	56	45		30	22	
动力与电气工程其他学科	1	15	15		3	3	
计算机科学技术	1						
计算机科学技术其他学科	1						
化学工程	2	36	14		20	8	
化学反应工程	1	5	5		3	3	
无机化学工程	1	31	9		17	5	
土木建筑工程	1	23	9		19	6	
土木建筑工程设计	1	23	9		19	6	
航空、航天科学技术	1	6	6		1	1	
飞行器控制、导航技术	1	6	6		1	1	
环境科学技术及资源科学技术	6	117	92		74	47	
环境科学技术基础学科	2	12	9		5	2	
环境学	1	12	10		7	6	
环境工程学	1	68	57		44	33	
环境科学技术及资源科学技术其他学科	2	25	16		18	6	
安全科学技术	1	6	3		3		
公共安全	1	6	3		3		
经济学	1						

2017年交纳年费的专利/件	#发明专利	2017年被实施的专利/件	#发明专利	2017年被国际技术标准采用的专利/件	#发明专利	2017年被国家（行业）技术标准采用的专利/件	#发明专利
18	18	18	18				
4	2	4	2				
4	2	4	2				
27	20	27	20				
8	1	8	1				
19	19	19	19				
56	27	26	18				
23	4						
9	7	2	2				
24	16	24	16				
10	4	4	1				
10	4	4	1				
38	10	34	4				
26	5	27	4				
12	5	7					
32	24	29	21				
29	21	29	21				
3	3						
18	6	11	6				
1	1	1	1				
17	5	10	5				
8	3	15	6				
8	3	15	6				
1	1	1	1				
1	1	1	1				
72	46	14	7				
5	2	4	1				
5	5	7	5				
44	33						
18	6	3	1				
3		3				2	
3		3				2	

续8-3

分　布	课题数/项	累计申请专利/件	#发明专利	国外专利	累计获得专利授权/件	#发明专利	国外专利
金融学	1						
按项目服务行业							
农、林、牧、渔业	4	54	44		32	25	
农业	2	25	15		15	8	
林业	1	29	29		17	17	
农、林、牧、渔专业及辅助性活动	1						
采矿业	5	162	103		83	38	
煤炭开采和洗选业	1	33	25		26	18	
有色金属矿采选业	2	79	37		27	5	
非金属矿采选业	2	50	41		30	15	
制造业	9	180	92	3	105	35	2
石油、煤炭及其他燃料加工业	1	5	5		3	3	
化学原料和化学制品制造业	1	31	9		17	5	
医药制造业	1	16	14		11	10	
有色金属冶炼和压延加工业	2	34	22	3	25	4	2
金属制品业	1	16	9		8	1	
专用设备制造业	2	72	27		40	11	
铁路、船舶、航空航天和其他运输设备制造业	1	6	6		1	1	
电力、热力、燃气及水生产和供应业	4	108	96		49	41	
电力、热力生产和供应业	2	56	45		30	22	
水的生产和供应业	2	52	51		19	19	
建筑业	2	38	24		22	9	
房屋建筑业	1	23	9		19	6	
土木工程建筑业	1	15	15		3	3	
信息传输、软件和信息技术服务业	1	188	53		55	18	
互联网和相关服务	1	188	53		55	18	
金融业	1						
资本市场服务	1						
水利、环境和公共设施管理业	2	80	67		51	39	
生态保护和环境治理业	2	80	67		51	39	
公共管理、社会保障和社会组织	1	6	3		3		
人民政协、民主党派	1	6	3		3		
不分行业的973和国家重大科学研究计划的课题	3	4	4		1	1	

2017 年交纳年费的专利/件	#发明专利	2017 年被实施的专利/件	#发明专利	2017 年被国际技术标准采用的专利/件	#发明专利	2017 年被国家（行业）技术标准采用的专利/件	#发明专利
10	6	10	8				
4	2	10	8				
6	4						
78	34	33	20				
24	16	24	16				
27	5	4	1				
27	13	5	3				
91	32	74	23				
1	1	1	1				
17	5	10	5				
11	10	11	10				
15	4	9	1				
8	1	8	1				
38	10	34	4				
1	1	1	1				
48	40	48	40				
29	21	29	21				
19	19	19	19				
11	6	15	6				
8	3	15	6				
3	3						
18	18	18	18				
18	18	18	18				
49	38	7	5				
49	38	7	5				
3		3				2	
3		3				2	
1	1						

8－4 课题核心成果形态

分 布	课题数	新产品（新品种、新材料）	新技术（新工艺）	新装置（新仪器备设）	标准（测试）方法	原型样机
总 计	32	10	13	5	1	1
按完成时间						
2013 年完成的课题						
2014 年完成的课题	2	1				
2015 年完成的课题	6	2		1		
2016 年完成的课题	18	7	9	2		
2017 年完成的课题	6		4	2	1	1
按计划类别						
863 计划	7	3	4	1		
973 计划	3	1				
国家科技支撑计划	22	6	9	4	1	1
国家重大科学研究计划						
国家科技重大专项						
按单位性质						
非企业单位	12	2	3			1
事业型研究单位	5	1	1			1
大专院校	7	1	2			
其他事业单位						
企业	20	8	10	5	1	
转制为企业的科研院所	3		2	2		
国有企业	10	4	5	3		
私营企业	1	1	1			
合资企业	6	3	2		1	
外商投资企业						
按项目所属学科						
地球科学	1					
地质学	1					
农学	1		1			
农学其他学科	1		1			
林学	1	1	1			
林业工程	1	1	1			
药学	1		1			
药剂学	1		1			
信息与系统科学相关工程与技术	2		1			

单位:项

集成系统、计算机软件、集成电路布图设计	示范工程	技术支撑平台（数据库、技术研发或推广平台）	专利	论文（著作）研究（咨询）报告	其他形态
2	13	3	17	17	1
	2		1	1	
	3	1	4	4	
1	7	1	8	11	1
1	1	1	4	1	
	2	2	3	3	
			1	3	1
2	11	1	13	11	
2	5		8	10	1
2	1		1	3	1
	4		7	7	
	8	3	9	7	
	2		2	1	
	4	2	3	4	
	1				
	1	1	4	2	
				1	1
				1	1
			1		
			1		
	1				
	1				
			1	1	
			1	1	
	1	1	1		

续 8－4

分　布	课题数	新产品（新品种、新材料）	新技术（新工艺）	新装置（新仪器备设）	标准（测试）方法	原型样机
控制科学与技术	1		1			
信息与系统科学相关工程与技术其他学科	1					
自然科学相关工程与技术	1	1				
农业工程	1	1				
材料科学	3	2	2		1	
材料合成与加工工艺	1		1		1	
有机高分子材料	2	2	1			
矿山工程技术	3		2			
采矿工程	1					
选矿工程	1		1			
矿山安全	1		1			
冶金工程技术	1		1	1		
有色金属冶金	1		1	1		
机械工程	2	2	1			
机械设计	1	1				
流体传动与控制	1	1	1			
动力与电气工程	3	1		1		
电气工程	2			1		
动力与电气工程其他学科	1	1				
计算机科学技术	1					1
计算机科学技术其他学科	1					1
化学工程	2		1	1		
化学反应工程	1		1			
无机化学工程	1			1		
土木建筑工程	1			1		
土木建筑工程设计	1			1		
航空、航天科学技术	1		1			
飞行器控制、导航技术	1		1			
环境科学技术及资源科学技术	6	2	1			
环境科学技术基础学科	2	2	1			
环境学	1					
环境工程学	1					
环境科学技术及资源科学技术其他学科	2					
安全科学技术	1	1		1		
公共安全	1	1		1		

集成系统、计算机软件、集成电路布图设计	示范工程	技术支撑平台（数据库、技术研发或推广平台）	专利	论文（著作）研究（咨询）报告	其他形态
	1	1			
			1		
1				1	
1				1	
	1		1		
			1		
	1				
	2		2	3	
	1		1	1	
			1	1	
	1			1	
			1		
			1		
			1	1	
			1	1	
	1	1	3	2	
	1	1	2	1	
			1	1	
1	1				
1	1				
	1		1	1	
			1		
	1			1	
	1		1		
	1		1		
				1	
				1	
	3		4	6	
			1	2	
	1		1	1	
	1		1	1	
	1		1	2	

续 8－4

分　布	课题数	新产品（新品种、新材料）	新技术（新工艺）	新装置（新仪器备设）	标准（测试）方法	原型样机
经济学	1					
金融学	1					
按项目服务行业						
农、林、牧、渔业	4	2	2			1
农业	2	1	1			
林业	1	1	1			
农、林、牧、渔专业及辅助性活动	1					1
采矿业	5	1	3			
煤炭开采和洗选业	1		1			
有色金属矿采选业	2	1	1			
非金属矿采选业	2		1			
制造业	9	2	7	2	1	
石油、煤炭及其他燃料加工业	1		1			
化学原料和化学制品制造业	1			1		
医药制造业	1		1			
有色金属冶炼和压延加工业	2		2	1		
金属制品业	1		1		1	
专用设备制造业	2	2	1			
铁路、船舶、航空航天和其他运输设备制造业	1		1			
电力、热力、燃气及水生产和供应业	4	2	1	1		
电力、热力生产和供应业	2			1		
水的生产和供应业	2	2	1			
建筑业	2	1		1		
房屋建筑业	1			1		
土木工程建筑业	1	1				
信息传输、软件和信息技术服务业	1					
互联网和相关服务	1					
金融业	1					
资本市场服务	1					
水利、环境和公共设施管理业	2					
生态保护和环境治理业	2					
公共管理、社会保障和社会组织	1	1		1		
人民政协、民主党派	1	1		1		
不分行业的973和国家重大科学研究计划的课题	3	1				

集成系统、计算机软件、集成电路布图设计	示范工程	技术支撑平台（数据库、技术研发或推广平台）	专利	论文（著作）研究（咨询）报告	其他形态
	1	1			
	1	1			
2	2		1	1	
1			1	1	
	1				
1	1				
	3		3	5	
	1			1	
	1		1	2	
	1		2	2	
	2	1	5	4	
			1		
	1			1	
			1	1	
	1	1	1		
			1		
			1	1	
				1	
	2	1	2	1	
	1	1	2	1	
	1				
	1		2	1	
	1		1		
			1	1	
			1		
			1		
	1	1			
	1	1			
	2		2	2	
	2		2	2	
			1	3	1

8－5　课题成果主要服务的社会经济目标

分　布	课题数	环境保护、生态建设及污染防治	能源生产、分配和合理利用	卫生事业发展	教育事业发展	基础设施以及城市和农村规划	社会发展和社会服务
总　计	32	13	9	1	2	2	9
按完成时间							
2013 年完成的课题							
2014 年完成的课题	2	2					
2015 年完成的课题	6	2			1		2
2016 年完成的课题	18	7	6	1	1	2	5
2017 年完成的课题	6	2	3				2
按计划类别							
863 计划	7	3	2				3
973 计划	3	1			1		
国家科技支撑计划	22	9	7	1	1	2	6
国家重大科学研究计划							
国家科技重大专项							
按单位性质							
非企业单位	12	5	1	1	2		3
事业型研究单位	5						1
大专院校	7	5	1	1	2		2
其他事业单位							
企业	20	8	8			2	6
转制为企业的科研院所	3	3	3			1	1
国有企业	10	4	3				4
私营企业	1	1	1				
合资企业	6		1			1	1
外商投资企业							
按项目所属学科							
地球科学	1						
地质学	1						
农学	1						
农学其他学科	1						
林学	1	1	1				
林业工程	1	1	1				
药学	1			1	1		
药剂学	1			1	1		
信息与系统科学相关工程与技术	2						2
控制科学与技术	1						1

单位：项

地球和大气层的探索与利用	民用空间探测及开发	农林牧渔业发展	工商业发展	非定向研究	国防	其他民用目标
4		6	6		1	
		1				
1		1	2			
2		2	3		1	
1		2	1			
2			1			
2						
		6	5		1	
2		5	2			
2		3				
		2	2			
2		1	4		1	
			1			
1			2			
		1				
1			1		1	
1						
1						
		1				
		1				
		1				
		1				
			1			
			1			
			1			
			1			

续 8－5

分　布	课题数	环境保护、生态建设及污染防治	能源生产、分配和合理利用	卫生事业发展	教育事业发展	基础设施以及城市和农村规划	社会发展和社会服务
信息与系统科学相关工程与技术其他学科	1						1
自然科学相关工程与技术	1						
农业工程	1						
材料科学	3	2	1				
材料合成与加工工艺	1		1				
有机高分子材料	2	2					
矿山工程技术	3	2	2				2
采矿工程	1		1				
选矿工程	1	1					1
矿山安全	1	1	1				1
冶金工程技术	1	1	1				
有色金属冶金	1	1	1				
机械工程	2					1	
机械设计	1						
流体传动与控制	1					1	
动力与电气工程	3	1	2				1
电气工程	2	1	2				1
动力与电气工程其他学科	1						
计算机科学技术	1						1
计算机科学技术其他学科	1						1
化学工程	2		1				1
化学反应工程	1		1				1
无机化学工程	1						
土木建筑工程	1	1	1			1	
土木建筑工程设计	1	1	1			1	
航空、航天科学技术	1						
飞行器控制、导航技术	1						
环境科学技术及资源科学技术	6	5			1		1
环境科学技术基础学科	2	2			1		
环境学	1	1					
环境工程学	1	1					1
环境科学技术及资源科学技术其他学科	2	1					
安全科学技术	1						1
公共安全	1						1

地球和大气层的探索与利用	民用空间探测及开发	农林牧渔业发展	工商业发展	非定向研究	国防	其他民用目标
		1				
		1				
			1			
			1			
			1			
			1			
					1	
					1	
1						
1						
		1				
		1				
			1			
			1			
1						
1						
1		2				
		1				
		1				
1						

续 8－5

分　布	课题数	环境保护、生态建设及污染防治	能源生产、分配和合理利用	卫生事业发展	教育事业发展	基础设施以及城市和农村规划	社会发展和社会服务
经济学	1						
金融学	1						
按项目服务行业							
农、林、牧、渔业	4	1	1				1
农业	2						
林业	1	1	1				
农、林、牧、渔专业及辅助性活动	1						1
采矿业	5	4	2				2
煤炭开采和洗选业	1	1	1				1
有色金属矿采选业	2	1	1				
非金属矿采选业	2	2					1
制造业	9	1	3	1	1	1	2
石油、煤炭及其他燃料加工业	1		1				1
化学原料和化学制品制造业	1						
医药制造业	1			1	1		
有色金属冶炼和压延加工业	2	1	1				1
金属制品业	1		1				
专用设备制造业	2					1	
铁路、船舶、航空航天和其他运输设备制造业	1						
电力、热力、燃气及水生产和供应业	4	3	2				1
电力、热力生产和供应业	2	1	2				1
水的生产和供应业	2	2					
建筑业	2	1	1			1	
房屋建筑业	1	1	1			1	
土木工程建筑业	1						
信息传输、软件和信息技术服务业	1						1
互联网和相关服务	1						1
金融业	1						
资本市场服务	1						
水利、环境和公共设施管理业	2	2					1
生态保护和环境治理业	2	2					1
公共管理、社会保障和社会组织	1						1
人民政协、民主党派	1						1
不分行业的973和国家重大科学研究计划的课题	3	1			1		

地球和大气层的探索与利用	民用空间探测及开发	农林牧渔业发展	工商业发展	非定向研究	国防	其他民用目标
			1			
			1			
		4				
		2				
		1				
		1				
			1			
			1			
1			4		1	
			1			
			1			
			2			
					1	
1						
1						
1						
			1			
			1			
		2				
		2				
2						

8－6　课题成果转化应用情况

单位：项

分　布	课题数	已转化(应用)	未转化(应用)	不适宜转化(应用)
总　计	32	25	5	2
按完成时间				
2013年完成的课题				
2014年完成的课题	2	2		
2015年完成的课题	6	4	2	
2016年完成的课题	18	13	3	2
2017年完成的课题	6	6		
按计划类别				
863计划	7	6	1	
973计划	3		2	1
国家科技支撑计划	22	19	2	1
国家重大科学研究计划				
国家科技重大专项				
按单位性质				
非企业单位	12	9	2	1
事业型研究单位	5	3	1	1
大专院校	7	6	1	
其他事业单位				
企业	20	16	3	1
转制为企业的科研院所	3	3		
国有企业	10	8	2	
私营企业	1	1		
合资企业	6	4	1	1
外商投资企业				
按项目所属学科				
地球科学	1		1	
地质学	1		1	
农学	1	1		
农学其他学科	1	1		
林学	1	1		
林业工程	1	1		
药学	1	1		
药剂学	1	1		
信息与系统科学相关工程与技术	2	1	1	
控制科学与技术	1	1		
信息与系统科学相关工程与技术其他学科	1		1	
自然科学相关工程与技术	1	1		
农业工程	1	1		
材料科学	3	3		
材料合成与加工工艺	1	1		
有机高分子材料	2	2		
矿山工程技术	3	3		
采矿工程	1	1		
选矿工程	1	1		
矿山安全	1	1		
冶金工程技术	1	1		
有色金属冶金	1	1		
机械工程	2	1		1
机械设计	1	1		
流体传动与控制	1			1
动力与电气工程	3	3		

续 8－6

分　布	课题数	已转化(应用)	未转化(应用)	不适宜转化(应用)
电气工程	2	2		
动力与电气工程其他学科	1	1		
计算机科学技术	1	1		
计算机科学技术其他学科	1	1		
化学工程	2	1	1	
化学反应工程	1		1	
无机化学工程	1	1		
土木建筑工程	1	1		
土木建筑工程设计	1	1		
航空、航天科学技术	1	1		
飞行器控制、导航技术	1	1		
环境科学技术及资源科学技术	6	4	1	1
环境科学技术基础学科	2	1	1	
环境学	1	1		
环境工程学	1	1		
环境科学技术及资源科学技术其他学科	2	1		1
安全科学技术	1		1	
公共安全	1		1	
经济学	1	1		
金融学	1	1		
按项目服务行业				
农、林、牧、渔业	4	4		
农业	2	2		
林业	1	1		
农、林、牧、渔专业及辅助性活动	1	1		
采矿业	5	5		
煤炭开采和洗选业	1	1		
有色金属矿采选业	2	2		
非金属矿采选业	2	2		
制造业	9	7	1	1
石油、煤炭及其他燃料加工业	1		1	
化学原料和化学制品制造业	1	1		
医药制造业	1	1		
有色金属冶炼和压延加工业	2	2		
金属制品业	1	1		
专用设备制造业	2	1		1
铁路、船舶、航空航天和其他运输设备制造业	1	1		
电力、热力、燃气及水生产和供应业	4	4		
电力、热力生产和供应业	2	2		
水的生产和供应业	2	2		
建筑业	2	2		
房屋建筑业	1	1		
土木工程建筑业	1	1		
信息传输、软件和信息技术服务业	1		1	
互联网和相关服务	1		1	
金融业	1	1		
资本市场服务	1	1		
水利、环境和公共设施管理业	2	2		
生态保护和环境治理业	2	2		
公共管理、社会保障和社会组织	1		1	
人民政协、民主党派	1		1	
不分行业的973和国家重大科学研究计划的课题	3		2	1

8－7 课题成果转化/应用的主要途径

分 布	成果已转化课题数	自行投资实施转化	对外技术（专利）转让	许可他人使用该科技成果	以成果为合作条件，与他人共同实施转化
总 计	25	18	2	2	5
按完成时间					
2013 年完成的课题					
2014 年完成的课题	2	1			
2015 年完成的课题	4	3			
2016 年完成的课题	13	9	2	1	4
2017 年完成的课题	6	5		1	1
按计划类别					
863 计划	6	5		1	1
973 计划					
国家科技支撑计划	19	13	2	1	4
国家重大科学研究计划					
国家科技重大专项					
按单位性质					
非企业单位	9	7	2		2
事业型研究单位	3	3			
大专院校	6	4	2		2
其他事业单位					
企业	16	11		2	3
转制为企业的科研院所	3			1	2
国有企业	8	7		1	1
私营企业	1				
合资企业	4	4			
外商投资企业					
按项目所属学科					
农学	1	1			
农学其他学科	1	1			
林学	1				
林业工程	1				
药学	1	1			

单位:项

以成果作价投资,折算股份或者出资比例	利用成果对外提供技术服务(咨询)	批准为技术标准	用于大型工程项目或大型技术系统	用于公益性推广应用	其他途径
	7	4	4	4	1
		1	1	1	
	1	1		1	
	4	1	2		1
	2	1	1	2	
	2	1	2		
	5	3	2	4	1
	3	1	1	4	1
	1			2	1
	2	1	1	2	
	4	3	3		
	1	1			
	2	1	3		
	1				
		1			
				1	
				1	
	1				
	1				

续8-7

分　布	成果已转化课题数	自行投资实施转化	对外技术（专利）转让	许可他人使用该科技成果	以成果为合作条件，与他人共同实施转化
药剂学	1	1			
信息与系统科学相关工程与技术	1			1	1
控制科学与技术	1			1	1
自然科学相关工程与技术	1	1			
农业工程	1	1			
材料科学	3	3			
材料合成与加工工艺	1	1			
有机高分子材料	2	2			
矿山工程技术	3	2	2		1
采矿工程	1	1	1		
选矿工程	1	1	1		1
矿山安全	1				
冶金工程技术	1			1	1
有色金属冶金	1			1	1
机械工程	1	1			
机械设计	1	1			
动力与电气工程	3	3			
电气工程	2	2			
动力与电气工程其他学科	1	1			
计算机科学技术	1	1			
计算机科学技术其他学科	1	1			
化学工程	1	1			
无机化学工程	1	1			
土木建筑工程	1				1
土木建筑工程设计	1				1
航空、航天科学技术	1	1			
飞行器控制、导航技术	1	1			
环境科学技术及资源科学技术	4	2			1
环境科学技术基础学科	1	1			
环境学	1				
环境工程学	1				

以成果作价投资，折算股份或者出资比例	利用成果对外提供技术服务（咨询）	批准为技术标准	用于大型工程项目或大型技术系统	用于公益性推广应用	其他途径
	1				
	1				
					1
					1
		2	2		
		1			
		1	2		
	2		1		
			1		
	1				
	1				
	1		1		
	1		1		
	1			1	
	1			1	
		1			
		1			
	1	1		2	
				1	
	1	1		1	

续 8 -7

分　布	成果已转化课题数	自行投资实施转化	对外技术（专利）转让	许可他人使用该科技成果	以成果为合作条件，与他人共同实施转化
环境科学技术及资源科学技术其他学科	1	1			1
经济学	1	1			
金融学	1	1			
按项目服务行业分					
农、林、牧、渔业	4	3			
农业	2	2			
林业	1				
农、林、牧、渔专业及辅助性活动	1	1			
采矿业	5	4	2		2
煤炭开采和洗选业	1				
有色金属矿采选业	2	2	1		
非金属矿采选业	2	2	1		2
制造业	7	5		2	2
化学原料和化学制品制造业	1	1			
医药制造业	1	1			
有色金属冶炼和压延加工业	2			2	2
金属制品业	1	1			
专用设备制造业	1	1			
铁路、船舶、航空航天和其他运输设备制造业	1	1			
电力、热力、燃气及水生产和供应业	4	4			
电力、热力生产和供应业	2	2			
水的生产和供应业	2	2			
建筑业	2	1			1
房屋建筑业	1				1
土木工程建筑业	1	1			
金融业	1	1			
资本市场服务	1	1			
水利、环境和公共设施管理业	2				
生态保护和环境治理业	2				
不分行业的973和国家重大科学研究计划的课题					

以成果作价投资，折算股份或者出资比例	利用成果对外提供技术服务（咨询）	批准为技术标准	用于大型工程项目或大型技术系统	用于公益性推广应用	其他途径
	2			2	1
				1	1
	1				
	1			1	
	2		1		
	1				
			1		
	1				
	1	1			
	1				
		1			
	1	1	3		
	1		1		
		1	2		
		1			
		1			
	1	1		2	
	1	1		2	

8－8 课题成果转化/应用的主要用户

分 布	成果已转化课题数/项	本课题承担(参加)单位/个	所属项目内其他课题承担(参加)单位/个	所属项目外单位/个	利用课题成果创办的新企业/个	其他用户/个
总 计	25	22	6	8	1	2
按完成时间						
2013 年完成的课题						
2014 年完成的课题	2	2	1	1		
2015 年完成的课题	4	2	1			1
2016 年完成的课题	13	12	2	4		1
2017 年完成的课题	6	6	2	3	1	
按计划类别						
863 计划	6	4	4	3	1	1
973 计划						
国家科技支撑计划	19	18	2	5		1
国家重大科学研究计划						
国家科技重大专项						
按单位性质						
非企业单位	9	8	1	2		1
事业型研究单位	3	3				
大专院校	6	5	1	2		1
其他事业单位						
企业	16	14	5	6	1	1
转制为企业的科研院所	3	3	1	2		
国有企业	8	7	3	3	1	1
私营企业	1	1				
合资企业	4	3	1	1		
外商投资企业						
按项目所属学科						
农学	1	1				
农学其他学科	1	1				
林学	1	1				
林业工程	1	1				
药学	1	1				
药剂学	1	1				

续 8－8

分 布	成果已转化课题数/项	本课题承担（参加）单位/个	所属项目内其他课题承担（参加）单位/个	所属项目外单位/个	利用课题成果创办的新企业/个	其他用户/个
信息与系统科学相关工程与技术	1	1		1		
控制科学与技术	1	1		1		
自然科学相关工程与技术	1	1				
农业工程	1	1				
材料科学	3	3	1	2		
材料合成与加工工艺	1	1		1		
有机高分子材料	2	2	1	1		
矿山工程技术	3	3	2	1		
采矿工程	1	1	1			
选矿工程	1	1		1		
矿山安全	1	1	1			
冶金工程技术	1	1		1		
有色金属冶金	1	1		1		
机械工程	1	1				
机械设计	1	1				
动力与电气工程	3	2	2	1		
电气工程	2	2	1	1		
动力与电气工程其他学科	1		1			
计算机科学技术	1	1				
计算机科学技术其他学科	1	1				
化学工程	1	1				
无机化学工程	1	1				
土木建筑工程	1	1		1		
土木建筑工程设计	1	1		1		
航空、航天科学技术	1	1	1		1	
飞行器控制、导航技术	1	1	1		1	
环境科学技术及资源科学技术	4	2		1		2
环境科学技术基础学科	1					1
环境学	1	1				
环境工程学	1					1

续8－8

分　布	成果已转化课题数/项	本课题承担（参加）单位/个	所属项目内其他课题承担（参加）单位/个	所属项目外单位/个	利用课题成果创办的新企业/个	其他用户/个
环境科学技术及资源科学技术其他学科	1	1		1		
经济学	1	1				
金融学	1	1				
按项目服务行业分						
农、林、牧、渔业	4	4				
农业	2	2				
林业	1	1				
农、林、牧、渔专业及辅助性活动	1	1				
采矿业	5	4	2	2		1
煤炭开采和洗选业	1	1	1			
有色金属矿采选业	2	1	1			1
非金属矿采选业	2	2		2		
制造业	7	7	1	3	1	
化学原料和化学制品制造业	1	1				
医药制造业	1	1				
有色金属冶炼和压延加工业	2	2		2		
金属制品业	1	1		1		
专用设备制造业	1	1				
铁路、船舶、航空航天和其他运输设备制造业	1	1	1		1	
电力、热力、燃气及水生产和供应业	4	4	2	2		
电力、热力生产和供应业	2	2	1	1		
水的生产和供应业	2	2	1	1		
建筑业	2	1	1	1		
房屋建筑业	1	1		1		
土木工程建筑业	1		1			
金融业	1	1				
资本市场服务	1	1				
水利、环境和公共设施管理业	2	1				1
生态保护和环境治理业	2	1				1
不分行业的973和国家重大科学研究计划的课题						

8－9 课题成果应用的范围和规模

单位：项

分 布	成果已转化课题数	应用的范围			应用的规模			目前应用状态	
		只在课题承担单位内应用，尚未进一步推广	除用于课题承担单位外，已实现行业内推广	其他	实现较小规模应用	实现中等规模应用	实现较大规模应用	继续应用	已停止应用
总 计	25	15	9	1	12	7	6	25	
按完成时间									
2013 年完成的课题									
2014 年完成的课题	2	1	1		1		1	2	
2015 年完成的课题	4	4			3		1	4	
2016 年完成的课题	13	8	5		5	4	4	13	
2017 年完成的课题	6	2	3	1	3	3		6	
按计划类别									
863 计划	6	2	4		2	3	1	6	
973 计划									
国家科技支撑计划	19	13	5	1	10	4	5	19	
国家重大科学研究计划									
国家科技重大专项									
按单位性质									
非企业单位	9	5	3	1	5	2	2	9	
事业型研究单位	3	1	1	1	1	2		3	
大专院校	6	4	2		4		2	6	
其他事业单位									
企业	16	10	6		7	5	4	16	
转制为企业的科研院所	3	1	2		2		1	3	
国有企业	8	4	4		1	4	3	8	
私营企业	1	1			1			1	
合资企业	4	4			3	1		4	
外商投资企业									
按项目所属学科									
农学	1		1			1		1	
农学其他学科	1		1			1		1	
林学	1	1			1			1	
林业工程	1	1			1			1	
药学	1	1					1	1	
药剂学	1	1					1	1	

续 8－9

分 布	成果已转化课题数	应用的范围			应用的规模			目前应用状态	
		只在课题承担单位内应用，尚未进一步推广	除用于课题承担单位外，已实现行业内推广	其他	实现较小规模应用	实现中等规模应用	实现较大规模应用	继续应用	已停止应用
信息与系统科学相关工程与技术	1		1			1		1	
控制科学与技术	1		1			1		1	
自然科学相关工程与技术	1	1			1			1	
农业工程	1	1			1			1	
材料科学	3	2	1		1		2	3	
材料合成与加工工艺	1	1			1			1	
有机高分子材料	2	1	1				2	2	
矿山工程技术	3	2	1		2		1	3	
采矿工程	1	1			1			1	
选矿工程	1		1				1	1	
矿山安全	1	1			1			1	
冶金工程技术	1		1		1			1	
有色金属冶金	1		1		1			1	
机械工程	1	1				1		1	
机械设计	1	1				1		1	
动力与电气工程	3	2	1		1	2		3	
电气工程	2	1	1			2		2	
动力与电气工程其他学科	1	1			1			1	
计算机科学技术	1			1		1		1	
计算机科学技术其他学科	1			1		1		1	
化学工程	1	1					1	1	
无机化学工程	1	1					1	1	
土木建筑工程	1		1				1	1	
土木建筑工程设计	1		1				1	1	
航空、航天科学技术	1	1			1			1	
飞行器控制、导航技术	1	1			1			1	
环境科学技术及资源科学技术	4	2	2		3	1		4	
环境科学技术基础学科	1		1			1		1	
环境学	1	1			1			1	
环境工程学	1	1			1			1	
环境科学技术及资源科学技术其他学科	1		1		1			1	

续 8－9

分 布	成果已转化课题数	应用的范围：只在课题承担单位内应用，尚未进一步推广	应用的范围：除用于课题承担单位外，已实现行业内推广	应用的范围：其他	应用的规模：实现较小规模应用	应用的规模：实现中等规模应用	应用的规模：实现较大规模应用	目前应用状态：继续应用	目前应用状态：已停止应用
经济学	1	1			1			1	
金融学	1	1			1			1	
按项目服务行业分									
农、林、牧、渔业	4	2	1	1	2	2		4	
农业	2	1	1		1	1		2	
林业	1	1			1			1	
农、林、牧、渔专业及辅助性活动	1			1		1		1	
采矿业	5	2	3		3	1	1	5	
煤炭开采和洗选业	1	1			1			1	
有色金属矿采选业	2	1	1		1	1		2	
非金属矿采选业	2		2		1		1	2	
制造业	7	5	2		3	2	2	7	
化学原料和化学制品制造业	1	1					1	1	
医药制造业	1	1					1	1	
有色金属冶炼和压延加工业	2		2		1	1		2	
金属制品业	1	1			1			1	
专用设备制造业	1	1				1		1	
铁路、船舶、航空航天和其他运输设备制造业	1	1			1			1	
电力、热力、燃气及水生产和供应业	4	2	2			2	2	4	
电力、热力生产和供应业	2	1	1			2		2	
水的生产和供应业	2	1	1				2	2	
建筑业	2	1	1		1		1	2	
房屋建筑业	1		1				1	1	
土木工程建筑业	1	1			1			1	
金融业	1	1			1			1	
资本市场服务	1	1			1			1	
水利、环境和公共设施管理业	2	2			2			2	
生态保护和环境治理业	2	2			2			2	
不分行业的973和国家重大科学研究计划的课题									

8－10　课题成果形成产品应用于市场情况

单位：项

分　布	成果已转化课题数	课题结束时成果应用于市场情况				2017 年课题成果应用于市场情况			
		未形成产品	形成产品，但尚未推向市场	形成产品，并占有较小市场份额	形成产品，并占有较大市场份额	未形成产品	形成产品，但尚未推向市场	形成产品，并占有较小市场份额	形成产品，并占有较大市场份额
总　计	25	3	9	8	5	3	5	12	5
按完成时间									
2013 年完成的课题									
2014 年完成的课题	2		1		1		1		1
2015 年完成的课题	4	1	1	1	1	1		2	1
2016 年完成的课题	13		5	5	3		2	8	3
2017 年完成的课题	6	2	2	2		2	2	2	
按计划类别									
863 计划	6		2	3	1	1		4	1
973 计划									
国家科技支撑计划	19	3	7	5	4	2	5	8	4
国家重大科学研究计划									
国家科技重大专项									
按单位性质									
非企业单位	9	1	5	2	1	1	2	5	1
事业型研究单位	3	1	1	1		1		2	
大专院校	6		4	1	1		2	3	1
其他事业单位									
企业	16	2	4	6	4	2	3	7	4
转制为企业的科研院所	3	1	1		1		1	1	1
国有企业	8		3	3	2	1	1	4	2
私营企业	1			1				1	
合资企业	4	1		2	1	1	1	1	1
外商投资企业									
按项目所属学科									
农学	1	1				1			
农学其他学科	1	1				1			
林学	1			1				1	
林业工程	1			1				1	
药学	1				1				1
药剂学	1				1				1

续 8－10

分 布	成果已转化课题数	课题结束时成果应用于市场情况				2017 年课题成果应用于市场情况			
		未形成产品	形成产品，但尚未推向市场	形成产品，并占有较小市场份额	形成产品，并占有较大市场份额	未形成产品	形成产品，但尚未推向市场	形成产品，并占有较小市场份额	形成产品，并占有较大市场份额
信息与系统科学相关工程与技术	1			1				1	
控制科学与技术	1			1				1	
自然科学相关工程与技术	1			1				1	
农业工程	1			1				1	
材料科学	3			2	1		1	1	1
材料合成与加工工艺	1			1			1		
有机高分子材料	2			1	1			1	1
矿山工程技术	3		3				1	2	
采矿工程	1		1				1		
选矿工程	1		1					1	
矿山安全	1		1					1	
冶金工程技术	1	1					1		
有色金属冶金	1	1					1		
机械工程	1				1				1
机械设计	1				1				1
动力与电气工程	3		1	2			1	2	
电气工程	2		1	1			1	1	
动力与电气工程其他学科	1			1				1	
计算机科学技术	1		1					1	
计算机科学技术其他学科	1		1					1	
化学工程	1				1				1
无机化学工程	1				1				1
土木建筑工程	1				1				1
土木建筑工程设计	1				1				1
航空、航天科学技术	1		1			1			
飞行器控制、导航技术	1		1			1			
环境科学技术及资源科学技术	4		3	1			1	3	
环境科学技术基础学科	1		1					1	
环境学	1		1				1		
环境工程学	1		1					1	
环境科学技术及资源科学技术其他学科	1			1				1	

续 8－10

分 布	成果已转化课题数	课题结束时成果应用于市场情况				2017 年课题成果应用于市场情况			
		未形成产品	形成产品，但尚未推向市场	形成产品，并占有较小市场份额	形成产品，并占有较大市场份额	未形成产品	形成产品，但尚未推向市场	形成产品，并占有较小市场份额	形成产品，并占有较大市场份额
经济学	1	1				1			
金融学	1	1				1			
按项目服务行业分									
农、林、牧、渔业	4	1	1	2		1		3	
农业	2	1		1		1		1	
林业	1			1				1	
农、林、牧、渔专业及辅助性活动	1		1					1	
采矿业	5		4	1			1	4	
煤炭开采和洗选业	1		1					1	
有色金属矿采选业	2		2				1	1	
非金属矿采选业	2		1	1				2	
制造业	7	1	1	2	3	1	2	1	3
化学原料和化学制品制造业	1				1				1
医药制造业	1				1				1
有色金属冶炼和压延加工业	2	1		1			1	1	
金属制品业	1			1			1		
专用设备制造业	1				1				1
铁路、船舶、航空航天和其他运输设备制造业	1		1			1			
电力、热力、燃气及水生产和供应业	4		1	2	1		1	2	1
电力、热力生产和供应业	2		1	1			1	1	
水的生产和供应业	2			1	1			1	1
建筑业	2			1	1			1	1
房屋建筑业	1				1				1
土木工程建筑业	1			1				1	
金融业	1	1				1			
资本市场服务	1	1				1			
水利、环境和公共设施管理业	2		2				1	1	
生态保护和环境治理业	2		2				1	1	
不分行业的 973 和国家重大科学研究计划的课题									

8－11 课题成果后续产业化阶段投融资情况

单位:项

分 布	成果已转化课题数	产业化阶段的经费是否充足					是否已获得投资		有无风险投资介入	
		充足	比较充足	一般	不足	严重不足	是	否	有	无
总 计	25	6	2	9	8		3	22		25
按完成时间										
2013 年完成的课题										
2014 年完成的课题	2	1			1			2		2
2015 年完成的课题	4	1	1	1	1		1	3		4
2016 年完成的课题	13	3	1	5	4		1	12		13
2017 年完成的课题	6	1		3	2		1	5		6
按计划类别										
863 计划	6	1	1	4				6		6
973 计划										
国家科技支撑计划	19	5	1	5	8		3	16		19
国家重大科学研究计划										
国家科技重大专项										
按单位性质										
非企业单位	9	2		1	6		2	7		9
事业型研究单位	3				3		1	2		3
大专院校	6	2		1	3		1	5		6
其他事业单位										
企业	16	4	2	8	2		1	15		16
转制为企业的科研院所	3			2	1			3		3
国有企业	8	3		5			1	7		8
私营企业	1				1			1		1
合资企业	4	1	2	1				4		4
外商投资企业										
按项目所属学科										
农学	1				1			1		1
农学其他学科	1				1			1		1
林学	1				1			1		1
林业工程	1				1			1		1
药学	1	1						1		1
药剂学	1	1						1		1

续 8－11

分布	成果已转化课题数	产业化阶段的经费是否充足					是否已获得投资		有无风险投资介入	
		充足	比较充足	一般	不足	严重不足	是	否	有	无
信息与系统科学相关工程与技术	1			1				1		1
控制科学与技术	1			1				1		1
自然科学相关工程与技术	1				1			1		1
农业工程	1				1			1		1
材料科学	3	3						3		3
材料合成与加工工艺	1	1						1		1
有机高分子材料	2	2						2		2
矿山工程技术	3	1		1	1			3		3
采矿工程	1				1			1		1
选矿工程	1	1						1		1
矿山安全	1			1				1		1
冶金工程技术	1			1				1		1
有色金属冶金	1			1				1		1
机械工程	1		1					1		1
机械设计	1		1					1		1
动力与电气工程	3		1	2				3		3
电气工程	2			2				2		2
动力与电气工程其他学科	1		1					1		1
计算机科学技术	1				1		1			1
计算机科学技术其他学科	1				1		1			1
化学工程	1	1					1			1
无机化学工程	1	1					1			1
土木建筑工程	1				1			1		1
土木建筑工程设计	1				1			1		1
航空、航天科学技术	1			1				1		1
飞行器控制、导航技术	1			1				1		1
环境科学技术及资源科学技术	4			2	2		1	3		4
环境科学技术基础学科	1			1				1		1
环境学	1				1			1		1
环境工程学	1				1			1		1

续 8－11

分布	成果已转化课题数	产业化阶段的经费是否充足					是否已获得投资		有无风险投资介入	
		充足	比较充足	一般	不足	严重不足	是	否	有	无
环境科学技术及资源科学技术其他学科	1			1			1			1
经济学	1			1				1		1
金融学	1			1				1		1
按项目服务行业分										
农、林、牧、渔业	4				4		1	3		4
农业	2				2			2		2
林业	1				1			1		1
农、林、牧、渔专业及辅助性活动	1				1		1			1
采矿业	5	1		3	1		1	4		5
煤炭开采和洗选业	1			1				1		1
有色金属矿采选业	2			1	1			2		2
非金属矿采选业	2	1		1			1	1		2
制造业	7	3	1	3			1	6		7
化学原料和化学制品制造业	1	1					1			1
医药制造业	1	1						1		1
有色金属冶炼和压延加工业	2			2				2		2
金属制品业	1	1						1		1
专用设备制造业	1		1					1		1
铁路、船舶、航空航天和其他运输设备制造业	1			1				1		1
电力、热力、燃气及水生产和供应业	4	2		2				4		4
电力、热力生产和供应业	2			2				2		2
水的生产和供应业	2	2						2		2
建筑业	2		1		1			2		2
房屋建筑业	1				1			1		1
土木工程建筑业	1		1					1		1
金融业	1			1				1		1
资本市场服务	1			1				1		1
水利、环境和公共设施管理业	2				2			2		2
生态保护和环境治理业	2				2			2		2
不分行业的 973 和国家重大科学研究计划的课题										

8－12　课题成果后续产业化阶段实际获得投融资情况

分　布	成果已转化课题数/项	投融资金额/万元	国家	地方政府	企业资金	#上市公司	商业贷款	个人投资	其他来源
总　计	25	29 162	209	100	10 315		18 538		
按完成时间									
2013 年完成的课题									
2014 年完成的课题	2								
2015 年完成的课题	4	23 982			5 444		18 538		
2016 年完成的课题	13	4 180	209		3 971				
2017 年完成的课题	6	1 000		100	900				
按计划类别									
863 计划	6								
973 计划									
国家科技支撑计划	19	29 162	209	100	10 315		18 538		
国家重大科学研究计划									
国家科技重大专项									
按单位性质									
非企业单位	9	5 180	209	100	4 871				
事业型研究单位	3	1 000		100	900				
大专院校	6	4 180	209		3 971				
其他事业单位									
企业	16	23 982			5 444		18 538		
转制为企业的科研院所	3								
国有企业	8	23 982			5 444		18 538		
私营企业	1								
合资企业	4								
外商投资企业									
按项目所属学科									
农学	1								
农学其他学科	1								
林学	1								
林业工程	1								
药学	1								
药剂学	1								

续 8－12

分 布	成果已转化课题数/项	投融资金额/万元							
			国家	地方政府	企业资金	#上市公司	商业贷款	个人投资	其他来源
信息与系统科学相关工程与技术	1								
控制科学与技术	1								
自然科学相关工程与技术	1								
农业工程	1								
材料科学	3								
材料合成与加工工艺	1								
有机高分子材料	2								
矿山工程技术	3								
采矿工程	1								
选矿工程	1								
矿山安全	1								
冶金工程技术	1								
有色金属冶金	1								
机械工程	1								
机械设计	1								
动力与电气工程	3								
电气工程	2								
动力与电气工程其他学科	1								
计算机科学技术	1	1 000		100	900				
计算机科学技术其他学科	1	1 000		100	900				
化学工程	1	23 982			5 444		18 538		
无机化学工程	1	23 982			5 444		18 538		
土木建筑工程	1								
土木建筑工程设计	1								
航空、航天科学技术	1								
飞行器控制、导航技术	1								
环境科学技术及资源科学技术	4	4 180	209		3 971				
环境科学技术基础学科	1								
环境学	1								
环境工程学	1								

续8－12

分　布	成果已转化课题数/项	投融资金额/万元	国家	地方政府	企业资金	#上市公司	商业贷款	个人投资	其他来源
环境科学技术及资源科学技术其他学科	1	4 180	209		3 971				
经济学	1								
金融学	1								
按项目服务行业分									
农、林、牧、渔业	4	1 000		100	900				
农业	2								
林业	1								
农、林、牧、渔专业及辅助性活动	1	1 000		100	900				
采矿业	5	4 180	209		3 971				
煤炭开采和洗选业	1								
有色金属矿采选业	2								
非金属矿采选业	2	4 180	209		3 971				
制造业	7	23 982			5 444		18 538		
化学原料和化学制品制造业	1	23 982			5 444		18 538		
医药制造业	1								
有色金属冶炼和压延加工业	2								
金属制品业	1								
专用设备制造业	1								
铁路、船舶、航空航天和其他运输设备制造业	1								
电力、热力、燃气及水生产和供应业	4								
电力、热力生产和供应业	2								
水的生产和供应业	2								
建筑业	2								
房屋建筑业	1								
土木工程建筑业	1								
金融业	1								
资本市场服务	1								
水利、环境和公共设施管理业	2								
生态保护和环境治理业	2								
不分行业的973和国家重大科学研究计划的课题									

8－13 课题成果累计产生的经济效益

分 布	成果已转化课题数/项	#实现经济效益的课题数	新增产值/万元	出口额/万美元	净利润额/万元	实交税金/万元
总 计	25	15	292 080.3	36 025.0	106 105.4	46 187.9
按完成时间						
2013 年完成的课题						
2014 年完成的课题	2	1	3 000.0	275.0	1 210.0	1 140.0
2015 年完成的课题	4	2	250 550.0	35 750.0	94 740.0	42 590.5
2016 年完成的课题	13	10	37 244.6		7 889.3	2 457.4
2017 年完成的课题	6	2	1 285.8		2 266.1	
按计划类别						
863 计划	6	4	5 087.5	275.0	1 830.0	1 257.4
973 计划						
国家科技支撑计划	19	11	286 992.8	35 750.0	104 275.4	44 930.5
国家重大科学研究计划						
国家科技重大专项						
按单位性质						
非企业单位	9	3	30 242.5		7 386.0	2 120.0
事业型研究单位	3					
大专院校	6	3	30 242.5		7 386.0	2 120.0
其他事业单位						
企业	16	12	261 837.8	36 025.0	98 719.4	44 067.9
转制为企业的科研院所	3	3	1 957.7		2 116.0	263.5
国有企业	8	6	256 583.3	36 025.0	96 120.0	43 756.4
私营企业	1					
合资企业	4	3	3 296.9		483.3	48.0
外商投资企业						
按项目所属学科						
农学	1					
农学其他学科	1					
林学	1					
林业工程	1					
药学	1					

续 8 - 13

分　布	成果已转化课题数/项	#实现经济效益的课题数	新增产值/万元	出口额/万美元	净利润额/万元	实交税金/万元
药剂学	1					
信息与系统科学相关工程与技术	1	1	1 737.5		360.0	67.3
控制科学与技术	1	1	1 737.5		360.0	67.3
自然科学相关工程与技术	1					
农业工程	1					
材料科学	3	3	4 585.8	275.0	1 397.8	1 144.5
材料合成与加工工艺	1	1	1 285.8		157.8	
有机高分子材料	2	2	3 300.0	275.0	1 240.0	1 144.5
矿山工程技术	3	3	16 131.2		4 577.7	1 688.4
采矿工程	1	1	11 700.0		3 120.0	1 420.0
选矿工程	1	1	3 642.5		1 450.0	238.0
矿山安全	1	1	788.7		7.7	30.4
冶金工程技术	1	1			2 108.3	
有色金属冶金	1	1			2 108.3	
机械工程	1	1	1 711.1		85.6	
机械设计	1	1	1 711.1		85.6	
动力与电气工程	3	2	1 545.8		240.0	48.0
电气工程	2	1	1 245.8			
动力与电气工程其他学科	1	1	300.0		240.0	48.0
计算机科学技术	1					
计算机科学技术其他学科	1					
化学工程	1	1	250 250.0	35 750.0	94 500.0	42 542.5
无机化学工程	1	1	250 250.0	35 750.0	94 500.0	42 542.5
土木建筑工程	1	1	1 169.0			233.1
土木建筑工程设计	1	1	1 169.0			233.1
航空、航天科学技术	1					
飞行器控制、导航技术	1					
环境科学技术及资源科学技术	4	2	14 950.0		2 836.0	464.1
环境科学技术基础学科	1	1	50.0		20.0	2.1
环境学	1					

续 8－13

分　布	成果已转化课题数/项	#实现经济效益的课题数	新增产值/万元	出口额/万美元	净利润额/万元	实交税金/万元
环境工程学	1					
环境科学技术及资源科学技术其他学科	1	1	14 900.0		2 816.0	462.0
经济学	1					
金融学	1					
按项目服务行业						
农、林、牧、渔业	4					
农业	2					
林业	1					
农、林、牧、渔专业及辅助性活动	1					
采矿业	5	5	31 081.2		7 413.7	2 152.5
煤炭开采和洗选业	1	1	788.7		7.7	30.4
有色金属矿采选业	2	2	11 750.0		3 140.0	1 422.1
非金属矿采选业	2	2	18 542.5		4 266.0	700.0
制造业	7	5	254 984.4	35 750.0	97 211.7	42 609.8
化学原料和化学制品制造业	1	1	250 250.0	35 750.0	94 500.0	42 542.5
医药制造业	1					
有色金属冶炼和压延加工业	2	2	1 737.5		2 468.3	67.3
金属制品业	1	1	1 285.8		157.8	
专用设备制造业	1	1	1 711.1		85.6	
铁路、船舶、航空航天和其他运输设备制造业	1					
电力、热力、燃气及水生产和供应业	4	3	4 545.8	275.0	1 240.0	1 144.5
电力、热力生产和供应业	2	1	1 245.8			
水的生产和供应业	2	2	3 300.0	275.0	1 240.0	1 144.5
建筑业	2	2	1 469.0		240.0	281.1
房屋建筑业	1	1	1 169.0			233.1
土木工程建筑业	1	1	300.0		240.0	48.0
金融业	1					
资本市场服务	1					
水利、环境和公共设施管理业	2					
生态保护和环境治理业	2					
不分行业的973和国家重大科学研究计划的课题						

8－14　课题成果尚未应用/转化的原因

分　布	成果未转化或不适宜转化课题数	成果没有应用/转化价值	成果目前还不具备应用/转化条件	缺乏产业配套技术支持	没有足够的经费	缺乏后续转化应用的人员队伍	市场存在非良性竞争(如仿制、地方保护等)
总　计	7	1	4	4	3		1
按完成时间							
2013年完成的课题							
2014年完成的课题							
2015年完成的课题	2		1	1	1		
2016年完成的课题	5	1	3	3	2		1
2017年完成的课题							
按计划类别							
863计划	1			1	1		
973计划	3	1	1	1	1		
国家科技支撑计划	3		3	2	1		1
国家重大科学研究计划							
国家科技重大专项							
按单位性质							
非企业单位	3	1	1	1	1		
事业型研究单位	2	1	1				
大专院校	1			1	1		
其他事业单位							
企业	4		3	3	2		1
转制为企业的科研院所							
国有企业	2		1	2	1		1
私营企业							
合资企业	2		2	1	1		
外商投资企业							
按项目所属学科							
地球科学	1		1				
地质学	1		1				
信息与系统科学相关工程与技术	1		1				
信息与系统科学相关工程与技术其他学科	1		1				
机械工程	1		1	1	1		
流体传动与控制	1		1	1	1		
化学工程	1			1	1		
化学反应工程	1			1	1		
环境科学技术及资源科学技术	2	1		1	1		
环境科学技术基础学科	1			1	1		
环境科学技术及资源科学技术其他学科	1	1					
安全科学技术	1		1	1			1
公共安全	1		1	1			1
按项目服务行业分							
制造业	2		1	2	2		
石油、煤炭及其他燃料加工业	1			1	1		
专用设备制造业	1		1	1	1		
信息传输、软件和信息技术服务业	1		1				
互联网和相关服务	1		1				
公共管理、社会保障和社会组织	1		1	1			1
人民政协、民主党派	1		1	1			1
不分行业的973和国家重大科学研究计划的课题	3	1	1	1	1		

单位:项

对成果宣传推广力度不足	有关研究人员对转化或产业化无兴趣、或无精力开展有关工作	对产业化有关工作及市场不熟悉	缺乏良好的转化中介服务	无合适的合作单位	愿意转让技术,但自己进行转化或产业化有困难	其他
2		1	1	1		
1		1	1			
1				1		
1		1	1			
1				1		
1		1	1			
1		1	1			
1				1		
				1		
1						
1						
1						
1		1	1			
1		1	1			
				1		
				1		
1						
1						
				1		
				1		
1		1	1			

8－15　课题后续发展的主要目标

单位:项

分　布	课题数	完善理论	基于理论发展新的技术和方法	改善性能	减少成本	加快产业化	提高生产规模	其他	尚无后续发展目标
总　计	32	1	10	2		12	4		3
按完成时间									
2013 年完成的课题									
2014 年完成的课题	2		1				1		
2015 年完成的课题	6		3			2			1
2016 年完成的课题	18	1	5	2		6	2		2
2017 年完成的课题	6		1			4	1		
按计划类别									
863 计划	7		2			3	1		1
973 计划	3	1	1						1
国家科技支撑计划	22		7	2		9	3		1
国家重大科学研究计划									
国家科技重大专项									
按单位性质									
非企业单位	12	1	4			4	2		1
事业型研究单位	5	1	1			2			1
大专院校	7		3			2	2		
其他事业单位									
企业	20		6	2		8	2		2
转制为企业的科研院所	3		1			2			
国有企业	10		4	1		3	1		1
私营企业	1					1			
合资企业	6		1	1		2	1		1
外商投资企业									
按项目所属学科									
地球科学	1	1							
地质学	1	1							
农学	1					1			
农学其他学科	1					1			
林学	1					1			
林业工程	1					1			
药学	1						1		
药剂学	1						1		
信息与系统科学相关工程与技术	2		1			1			
控制科学与技术	1					1			
信息与系统科学相关工程与技术其他学科	1		1						

续 8－15

分　布	课题数	完善理论	基于理论发展新的技术和方法	改善性能	减少成本	加快产业化	提高生产规模	其他	尚无后续发展目标
自然科学相关工程与技术	1		1						
农业工程	1		1						
材料科学	3		1				2		
材料合成与加工工艺	1						1		
有机高分子材料	2		1				1		
矿山工程技术	3		1			1	1		
采矿工程	1						1		
选矿工程	1					1			
矿山安全	1		1						
冶金工程技术	1					1			
有色金属冶金	1					1			
机械工程	2			1		1			
机械设计	1			1					
流体传动与控制	1					1			
动力与电气工程	3			1		2			
电气工程	2			1		1			
动力与电气工程其他学科	1					1			
计算机科学技术	1					1			
计算机科学技术其他学科	1					1			
化学工程	2		1						1
化学反应工程	1								1
无机化学工程	1		1						
土木建筑工程	1					1			
土木建筑工程设计	1					1			
航空、航天科学技术	1		1						
飞行器控制、导航技术	1		1						
环境科学技术及资源科学技术	6		4			1			1
环境科学技术基础学科	2		2						
环境学	1		1						
环境工程学	1					1			
环境科学技术及资源科学技术其他学科	2		1						1
安全科学技术	1					1			
公共安全	1					1			

续 8－15

分　布	课题数	完善理论	基于理论发展新的技术和方法	改善性能	减少成本	加快产业化	提高生产规模	其他	尚无后续发展目标
经济学	1								1
金融学	1								1
按项目服务行业									
农、林、牧、渔业	4		1			3			
农业	2		1			1			
林业	1					1			
农、林、牧、渔专业及辅助性活动	1					1			
采矿业	5		3			1	1		
煤炭开采和洗选业	1		1						
有色金属矿采选业	2		1				1		
非金属矿采选业	2		1			1			
制造业	9		2	1		3	2		1
石油、煤炭及其他燃料加工业	1								1
化学原料和化学制品制造业	1		1						
医药制造业	1						1		
有色金属冶炼和压延加工业	2					2			
金属制品业	1						1		
专用设备制造业	2			1		1			
铁路、船舶、航空航天和其他运输设备制造业	1		1						
电力、热力、燃气及水生产和供应业	4		1	1		1	1		
电力、热力生产和供应业	2			1		1			
水的生产和供应业	2		1				1		
建筑业	2					2			
房屋建筑业	1					1			
土木工程建筑业	1					1			
信息传输、软件和信息技术服务业	1		1						
互联网和相关服务	1		1						
金融业	1								1
资本市场服务	1								1
水利、环境和公共设施管理业	2		1			1			
生态保护和环境治理业	2		1			1			
公共管理、社会保障和社会组织	1					1			
人民政协、民主党派	1					1			
不分行业的973和国家重大科学研究计划的课题	3	1	1						1

8－16 课题后续发展所得到的支持情况

单位：项

分 布	课题数	国家自然科学基金	国家科技重大专项	973 和国家重大科学研究计划	863 计划	科技支撑计划	科技惠民计划	公益性行业科研专项	国际科技合作专项	国家级星火项目	农业科技成果转化基金
总 计	32	4	2			1				1	1
按完成时间											
2013 年完成的课题											
2014 年完成的课题	2										
2015 年完成的课题	6		1								
2016 年完成的课题	18	3									
2017 年完成的课题	6	1	1			1				1	1
按计划类别											
863 计划	7										
973 计划	3	1									
国家科技支撑计划	22	3	2			1				1	1
国家重大科学研究计划											
国家科技重大专项											
按单位性质											
非企业单位	12	4	2			1				1	1
事业型研究单位	5	2	1			1				1	1
大专院校	7	2	1								
其他事业单位											
企业	20										
转制为企业的科研院所	3										
国有企业	10										
私营企业	1										
合资企业	6										
外商投资企业											
按项目所属学科											
地球科学	1	1									
地质学	1	1									
农学	1	1	1			1				1	1
农学其他学科	1	1	1			1				1	1
林学	1										
林业工程	1										
药学	1										
药剂学	1										
信息与系统科学相关工程与技术	2										
控制科学与技术	1										

续 8 – 16

分　布	课题数	国家自然科学基金	国家科技重大专项	973 和国家重大科学研究计划	863 计划	科技支撑计划	科技惠民计划	公益性行业科研专项	国际科技合作专项	国家级星火项目	农业科技成果转化基金
信息与系统科学相关工程与技术其他学科	1										
自然科学相关工程与技术	1										
农业工程	1										
材料科学	3										
材料合成与加工工艺	1										
有机高分子材料	2										
矿山工程技术	3	1									
采矿工程	1										
选矿工程	1	1									
矿山安全	1										
冶金工程技术	1										
有色金属冶金	1										
机械工程	2										
机械设计	1										
流体传动与控制	1										
动力与电气工程	3										
电气工程	2										
动力与电气工程其他学科	1										
计算机科学技术	1										
计算机科学技术其他学科	1										
化学工程	2										
化学反应工程	1										
无机化学工程	1										
土木建筑工程	1										
土木建筑工程设计	1										
航空、航天科学技术	1										
飞行器控制、导航技术	1										
环境科学技术及资源科学技术	6	1	1								
环境科学技术基础学科	2										
环境学	1										
环境工程学	1		1								
环境科学技术及资源科学技术其他学科	2	1									
安全科学技术	1										
公共安全	1										

续 8－16

分　布	课题数	国家自然科学基金	国家科技重大专项	973 和国家重大科学研究计划	863 计划	科技支撑计划	科技惠民计划	公益性行业科研专项	国际科技合作专项	国家级星火项目	农业科技成果转化基金
经济学	1										
金融学	1										
按项目服务行业											
农、林、牧、渔业	4	1	1			1				1	1
农业	2	1	1			1				1	1
林业	1										
农、林、牧、渔专业及辅助性活动	1										
采矿业	5	2									
煤炭开采和洗选业	1										
有色金属矿采选业	2										
非金属矿采选业	2	2									
制造业	9										
石油、煤炭及其他燃料加工业	1										
化学原料和化学制品制造业	1										
医药制造业	1										
有色金属冶炼和压延加工业	2										
金属制品业	1										
专用设备制造业	2										
铁路、船舶、航空航天和其他运输设备制造业	1										
电力、热力、燃气及水生产和供应业	4										
电力、热力生产和供应业	2										
水的生产和供应业	2										
建筑业	2										
房屋建筑业	1										
土木工程建筑业	1										
信息传输、软件和信息技术服务业	1										
互联网和相关服务	1										
金融业	1										
资本市场服务	1										
水利、环境和公共设施管理业	2		1								
生态保护和环境治理业	2		1								
公共管理、社会保障和社会组织	1										
人民政协、民主党派	1										
不分行业的 973 和国家重大科学研究计划的课题	3	1									

续 8－16

分　布	国家级火炬项目	国家重点新产品计划	科技型中小企业创新基金	其他国家级科技计划	国务院各部门科技计划	地方科技计划	产业部门/行业协会支持	企业支持	其他方面支持	不了解或未得到外部支持
总　计				1		9	2	12	4	6
按完成时间										
2013 年完成的课题										
2014 年完成的课题								1		1
2015 年完成的课题						2		1	1	1
2016 年完成的课题				1		6	2	7	2	2
2017 年完成的课题						1		3	1	2
按计划类别										
863 计划						1	1	4	1	1
973 计划						1				
国家科技支撑计划				1		7	1	8	3	5
国家重大科学研究计划										
国家科技重大专项										
按单位性质										
非企业单位						5		3	2	2
事业型研究单位						2		1	2	
大专院校						3		2		2
其他事业单位										
企业				1		4	2	9	2	4
转制为企业的科研院所						2		2		
国有企业						2	1	7		1
私营企业				1						
合资企业							1		2	3
外商投资企业										
按项目所属学科										
地球科学										
地质学										
农学						1				
农学其他学科						1				
林学				1						
林业工程				1						
药学								1		
药剂学								1		
信息与系统科学相关工程与技术						1	1	1		1
控制科学与技术						1	1	1		
信息与系统科学相关工程与技术其他学科										1

续 8－16

分　布	国家级火炬项目	国家重点新产品计划	科技型中小企业创新基金	其他国家级科技计划	国务院各部门科技计划	地方科技计划	产业部门/行业协会支持	企业支持	其他方面支持	不了解或未得到外部支持
自然科学相关工程与技术						1			1	
农业工程						1			1	
材料科学								2		1
材料合成与加工工艺										1
有机高分子材料								2		
矿山工程技术						2		2		1
采矿工程										1
选矿工程						1		1		
矿山安全						1		1		
冶金工程技术								1		
有色金属冶金								1		
机械工程							1		1	1
机械设计										1
流体传动与控制							1		1	
动力与电气工程								2	1	
电气工程								2		
动力与电气工程其他学科									1	
计算机科学技术								1	1	
计算机科学技术其他学科								1	1	
化学工程								1		
化学反应工程										
无机化学工程								1		
土木建筑工程						1				
土木建筑工程设计						1				
航空、航天科学技术										1
飞行器控制、导航技术										1
环境科学技术及资源科学技术						2		1		1
环境科学技术基础学科						1		1		
环境学										1
环境工程学						1				
环境科学技术及资源科学技术其他学科										
安全科学技术						1				
公共安全						1				
经济学										

续 8 – 16

分　布	国家级火炬项目	国家重点新产品计划	科技型中小企业创新基金	其他国家级科技计划	国务院各部门科技计划	地方科技计划	产业部门/行业协会支持	企业支持	其他方面支持	不了解或未得到外部支持
金融学										
按项目服务行业										
农、林、牧、渔业				1		2		1	2	
农业						2			1	
林业				1						
农、林、牧、渔专业及辅助性活动								1	1	
采矿业						2		3		1
煤炭开采和洗选业						1		1		
有色金属矿采选业								1		1
非金属矿采选业						1		1		
制造业						1	2	4	1	3
石油、煤炭及其他燃料加工业										
化学原料和化学制品制造业								1		
医药制造业								1		
有色金属冶炼和压延加工业						1	1	2		
金属制品业										1
专用设备制造业							1		1	1
铁路、船舶、航空航天和其他运输设备制造业										1
电力、热力、燃气及水生产和供应业								4		
电力、热力生产和供应业								2		
水的生产和供应业								2		
建筑业						1			1	
房屋建筑业						1				
土木工程建筑业									1	
信息传输、软件和信息技术服务业										1
互联网和相关服务										1
金融业										
资本市场服务										
水利、环境和公共设施管理业						1				1
生态保护和环境治理业						1				1
公共管理、社会保障和社会组织						1				
人民政协、民主党派						1				
不分行业的973和国家重大科学研究计划的课题						1				

8－17　课题后续发展依托基地情况

单位:项

分　布	课题数	国家实验室或国家重点实验室	国家工程实验室	863研发基地	863产业化基地	部门或省级实验室	国家工程技术(研究)中心	国家认定企业技术中心	其他基地	未依托基地
总　计	32	5			1	10	8	7	2	9
按完成时间										
2013年完成的课题										
2014年完成的课题	2									2
2015年完成的课题	6	2			1	2	2	1		1
2016年完成的课题	18	3				6	6	4	1	5
2017年完成的课题	6					2		2	1	1
按计划类别										
863计划	7						3	3		2
973计划	3	1				1				
国家科技支撑计划	22	4			1	9	5	4	2	7
国家重大科学研究计划										
国家科技重大专项										
按单位性质										
非企业单位	12	4				6	4	1	2	3
事业型研究单位	5	1				1			1	1
大专院校	7	3				5	4	1	1	2
其他事业单位										
企业	20	1			1	4	4	6		6
转制为企业的科研院所	3					2				1
国有企业	10	1			1	1	2	5		3
私营企业	1						1			
合资企业	6					1	1	1		2
外商投资企业										
按项目所属学科										
地球科学	1	1								
地质学	1	1								
农学	1					1				
农学其他学科	1					1				
林学	1						1			
林业工程	1						1			
药学	1	1				1	1			
药剂学	1	1				1	1			
信息与系统科学相关工程与技术	2						1	1		1
控制科学与技术	1						1	1		

续 8－17

分　布	课题数	国家实验室或国家重点实验室	国家工程实验室	863研发基地	863产业化基地	部门或省级实验室	国家工程技术（研究）中心	国家认定企业技术中心	其他基地	未依托基地
信息与系统科学相关工程与技术其他学科	1									1
自然科学相关工程与技术	1									1
农业工程	1									1
材料科学	3							1		2
材料合成与加工工艺	1							1		
有机高分子材料	2									2
矿山工程技术	3	1				2	1			1
采矿工程	1									1
选矿工程	1	1				1	1			
矿山安全	1					1				
冶金工程技术	1					1				
有色金属冶金	1					1				
机械工程	2					1				1
机械设计	1					1				
流体传动与控制	1									1
动力与电气工程	3					1	1			1
电气工程	2					1				1
动力与电气工程其他学科	1						1			
计算机科学技术	1								1	
计算机科学技术其他学科	1								1	
化学工程	2	1			1			1		
化学反应工程	1									
无机化学工程	1	1			1			1		
土木建筑工程	1									1
土木建筑工程设计	1									1
航空、航天科学技术	1							1		
飞行器控制、导航技术	1							1		
环境科学技术及资源科学技术	6	1				3	3	2	1	1
环境科学技术基础学科	2					1	1	1		
环境学	1									1
环境工程学	1	1				1	1			
环境科学技术及资源科学技术其他学科	2					1	1	1	1	
安全科学技术	1							1		
公共安全	1							1		

续 8－17

分　布	课题数	国家实验室或国家重点实验室	国家工程实验室	863研发基地	863产业化基地	部门或省级实验室	国家工程技术（研究）中心	国家认定企业技术中心	其他基地	未依托基地
经济学	1									
金融学	1									
按项目服务行业										
农、林、牧、渔业	4					1	1		1	1
农业	2					1				1
林业	1						1			
农、林、牧、渔专业及辅助性活动	1								1	
采矿业	5	1				3	3	2	1	1
煤炭开采和洗选业	1					1				
有色金属矿采选业	2						1	1		1
非金属矿采选业	2	1				2	2	1	1	
制造业	9	2			1	3	2	4		1
石油、煤炭及其他燃料加工业	1									
化学原料和化学制品制造业	1	1			1			1		
医药制造业	1	1				1	1			
有色金属冶炼和压延加工业	2					1	1	1		
金属制品业	1							1		
专用设备制造业	2					1				1
铁路、船舶、航空航天和其他运输设备制造业	1							1		
电力、热力、燃气及水生产和供应业	4					1				3
电力、热力生产和供应业	2					1				1
水的生产和供应业	2									2
建筑业	2						1			1
房屋建筑业	1									1
土木工程建筑业	1						1			
信息传输、软件和信息技术服务业	1									1
互联网和相关服务	1									1
金融业	1									
资本市场服务	1									
水利、环境和公共设施管理业	2	1				1	1			1
生态保护和环境治理业	2	1				1	1			1
公共管理、社会保障和社会组织	1							1		
人民政协、民主党派	1							1		
不分行业的 973 和国家重大科学研究计划的课题	3	1				1				

8－18　后续研究项目(课题)情况

分　布	后续研究项目(课题)数/项	预计投资总额/万元
总　计	34	10 172
按完成时间分布		
2013 年完成的课题		
2014 年完成的课题		
2015 年完成的课题	4	4 390
2016 年完成的课题	25	4 589
2017 年完成的课题	5	1 192
按计划类别分布		
863 计划	7	2 222
973 计划	1	60
国家科技支撑计划	26	7 889
国家重大科学研究计划		
国家科技重大专项		
按单位性质分布		
非企业单位	8	5 588
事业型研究单位		
大专院校	8	5 588
其他事业单位		
企业	26	4 584
转制为企业的科研院所	14	300
国有企业	8	2 992
私营企业	1	50
合资企业	3	1 242
外商投资企业		
按项目所属学科分布		
林学	1	50
林业工程	1	50
信息与系统科学相关工程与技术	1	500
控制科学与技术	1	500
矿山工程技术	18	1 428
采矿工程	1	30
选矿工程	3	1 098
矿山安全	14	300

续 8－18

分　布	后续研究项目（课题）数/项	预计投资总额/万元
机械工程	2	712
流体传动与控制	2	712
动力与电气工程	5	1 872
电气工程	4	1 342
动力与电气工程其他学科	1	530
航空、航天科学技术	2	500
飞行器控制、导航技术	2	500
环境科学技术及资源科学技术	4	4 460
环境科学技术基础学科	1	60
环境工程学	2	3 800
环境科学技术及资源科学技术其他学科	1	600
安全科学技术	1	650
公共安全	1	650
按项目服务行业分布		
农、林、牧、渔业	1	50
林业	1	50
采矿业	19	2 028
煤炭开采和洗选业	14	300
有色金属矿采选业	1	30
非金属矿采选业	4	1 698
制造业	5	1 712
有色金属冶炼和压延加工业	1	500
专用设备制造业	2	712
铁路、船舶、航空航天和其他运输设备制造业	2	500
电力、热力、燃气及水生产和供应业	4	1 342
电力、热力生产和供应业	4	1 342
建筑业	1	530
土木工程建筑业	1	530
水利、环境和公共设施管理业	2	3 800
生态保护和环境治理业	2	3 800
公共管理、社会保障和社会组织	1	650
人民政协、民主党派	1	650
不分行业的973和国家重大科学研究计划的课题	1	60